凤凰文库
PHOENIX LIBRARY

U0213825

凤凰文库·海外中国研究系列

主　　编　　刘　东

项目总监　　府建明

项目执行　　王保顶

凤凰文库
海外中国研究系列

刘 东 主编

[美] 易明 著

姜智芹 译

THE RIVER RUNS BLACK

一江黑水

中国未来的环境挑战

The Environmental Challenge to China's Future

江苏人民出版社

图书在版编目(CIP)数据

　　一江黑水：中国未来的环境挑战/(美)易明著；
姜智芹译. --南京：江苏人民出版社，2012.6
　　(凤凰文库·海外中国研究系列)
　　ISBN 978 - 7 - 214 - 08132 - 2

　　Ⅰ.①一… Ⅱ.①易…②姜… Ⅲ.①淮河—流域—
水环境—环境保护—研究 Ⅳ.①TV213.4

　　中国版本图书馆 CIP 数据核字(2012)第 082074 号

The River Runs Black：The Environmental Challenge to China's Future，by Elizabeth C.
Economy，a Council on Foreign Relations book，originally published by Cornell University Press
Copyright © 2004 by Cornell University
This edition is a translation authorized by the original publisher，via Big Apple Tuttle-Mori
Agency Inc.
The Simplified Chinese edition published 2010 by Jiangsu People's Publishing House All rights
reserved.
江苏省版权局著作权合同登记：图字 10 - 2009 - 150

书　　　　名	一江黑水：中国未来的环境挑战	
著　　　　者	［美］易　　明	
译　　　　者	姜智芹	
责 任 编 辑	王保顶	
装 帧 设 计	陈　䴕	
责 任 监 制	王列丹	
出 版 发 行	凤凰出版传媒集团	
	凤凰出版传媒股份有限公司	
	江苏人民出版社	
集 团 地 址	南京市湖南路 1 号 A 楼，邮编：210009	
集 团 网 址	http://www.ppm.cn	
出版社地址	南京市湖南路 1 号 A 楼，邮编：210009	
出版社网址	http://www.book-wind.com	
	http://jsrmcbs.tmall.com	
经　　　　销	凤凰出版传媒股份有限公司	
照　　　　排	江苏凤凰制版有限公司	
印　　　　刷	江苏凤凰扬州鑫华印刷有限公司	
开　　　　本	960 毫米×1 304 毫米　　1/32	
印　　　　张	9.25　插页 4	
字　　　　数	240 千字	
版　　　　次	2012 年 6 月第 2 版　2018 年 3 月第 2 次印刷	
标 准 书 号	ISBN 978 - 7 - 214 - 08132 - 2	
定　　　　价	27.00 元	

出版说明

要支撑起一个强大的现代化国家,除了经济、制度、科技、教育等力量之外,还需要先进的、强有力的文化力量。凤凰文库的出版宗旨是:忠实记载当代国内外尤其是中国改革开放以来的学术、思想和理论成果,促进中西方文化的交流,为推动我国先进文化建设和中国特色社会主义建设,提供丰富的实践总结、珍贵的价值理念、有益的学术参考和创新的思想理论资源。

凤凰文库将致力于人类文化的高端和前沿,放眼世界,具有全球胸怀和国际视野。经济全球化的背后是不同文化的冲撞与交融,是不同思想的激荡与扬弃,是不同文明的竞争和共存。从历史进化的角度来看,交融、扬弃、共存是大趋势,一个民族、一个国家总是在坚持自我特质的同时,向其他民族、其他国家吸取异质文化的养分,从而与时俱进,发展壮大。文库将积极采撷当今世界优秀文化成果,成为中西文化交流的桥梁。

凤凰文库将致力于中国特色社会主义和现代化的建设,面向全国,具有时代精神和中国气派。中国工业化、城市化、市场化、国际化的背后是国民素质的现代化,是现代文明的培育,是先进文化的发展。在建设中国特色社会主义的伟大进程中，中华民族必将展示新的实践，产生新的经验，形成新的学术、思想和理论成果。文库将展现中国现代化的新实践和新总结，成为中国学术界、思想界和理论界创新平台。

凤凰文库的基本特征是：围绕建设中国特色社会主义，实现社会主义现代化这个中心，立足传播新知识，介绍新思潮，树立新观念，建设新学科，着力出版当代国内外社会科学、人文学科、科学文化的最新成果，以及文学艺术的精品力作，同时也注重推出以新的形式、新的观念呈现我国传统思想文化的优秀作品，从而把引进吸收和自主创新结合起来，并促进传统优秀文化的现代转型。

凤凰文库努力实现知识学术传播和思想理论创新的融合，以若干主题系列的形式呈现，并且是一个开放式的结构。它将围绕马克思主义研究及其中国化、政治学、哲学、宗教、人文与社会、海外中国研究、外国现当代文学等领域设计规划主题系列，并不断在内容上加以充实；同时，文库还将围绕社会科学、人文学科、科学文化领域的新问题、新动向，分批设计规划出新的主题系列，增强文库思想的活力和学术的丰富性。

从中国由农业文明向工业文明转型、由传统社会走向现代社会这样一个大视角出发，从中国现代化在世界现代化浪潮中的独特性出发，中国已经并将更加鲜明地表现自己特有的实践、经验和路径，形成独特的学术和创新的思想、理论，这是我们出版凤凰文库的信心之所在。因此，我们相信，在全国学术界、思想界、理论界的支持和参与下，在广大读者的帮助和关心下，凤凰文库一定会成为深为社会各界欢迎的大型丛书，在中国经济建设、政治建设、文化建设、社会建设中，实现凤凰出版人的历史责任和使命。

凤凰文库出版委员会

"海外中国研究系列"总序

　　中国曾经遗忘过世界，但世界却并未因此而遗忘中国。令人嗟讶的是，20世纪60年代以后，就在中国越来越闭锁的同时，世界各国的中国研究却得到了越来越富于成果的发展。而到了中国门户重开的今天，这种发展就把国内学界逼到了如此的窘境：我们不仅必须放眼海外去认识世界，还必须放眼海外来重新认识中国；不仅必须向国内读者迻译海外的西学，还必须向他们系统地介绍海外的中学。

　　这个系列不可避免地会加深我们150年以来一直怀有的危机感和失落感，因为单是它的学术水准也足以提醒我们，中国文明在现时代所面对的绝不再是某个粗蛮不文的、很快就将被自己同化的、马背上的战胜者，而是一个高度发展了的、必将对自己的根本价值取向大大触动的文明。可正因为这样，借别人的眼光去获得自知之明，又正是摆在我们面前的紧迫历史使命，因为只要不跳出自家的文化圈子去透过强烈的反差反观自身，中华文明就找不到进入其现代形态的入口。

　　当然，既是本着这样的目的，我们就不能只从各家学说中筛选那些我们可以或者乐于接受的东西，否则我们的"筛子"本身就可能使读者失去选择、挑剔和批判的广阔天地。我们的译介毕竟还只是初步的尝试,而我们所努力去做的,毕竟也只是和读者一起去反复思索这些奉献给大家的东西。

刘　东

目 录

献给我的家人

译者的话

本书是根据 *The River Runs Black*: *The Environmental Challenge to China's Future* 的第二版翻译出来的,与 2004 年的第一版相比,2010 年的第二版补充了最近五年世界环境变化特别是中国环境发展的最新数据和相关事例。

本书的作者易明(Elizabeth C. Economy)是美国外交关系协会高级研究员、亚洲研究中心主任,获密歇根大学博士学位、斯坦福大学硕士学位,曾在哥伦比亚大学、约翰·霍普金斯大学、华盛顿大学讲授过国际关系方面的课程。她的著作除了这部《一江黑水:中国未来的环境挑战》以外,还与人合作出版了《中国融入世界:进步与展望》(1999)、《环境保护的国际化》(1997)等,同时经常在《外交》、《国际先驱论坛报》、《纽约时报》、《华盛顿邮报》等报刊和新闻媒体上,发表有关中国和中美关系的文章及时事评论。

进入 21 世纪以来,环境保护、可持续发展进一步成为全球瞩目的焦点,中国经济发展所取得的成就以及面临的环境挑战也引起了国际社会的进一步关注。这部《一江黑水:中国未来的环境挑战》第一版出版以后很快便产生了广泛影响,2005 年被国际亚洲研究学者大会评为社科类最佳图书,2008年被剑桥大学评为关于可持续发展的50部最佳著作之一。

该书以淮河流域的生态环境变化为切入点,主要论述了中国为经济高速发展付出的环境代价,介绍了中国环境保护所采取的政策措施和取得的突出成就,分析了中国面临的环境压力以及环境治理的艰巨任务。全书共分八章,第一章介绍了淮河治理取得的成绩和需要解决的问题,第二章从历史的角度追溯了中国当前环境危机的深层根源,认为中国的历代帝王甚至中国的哲学思想都缺乏真正的环保意识。第三章阐释了改革开放后中国的经济发展给环境带来的冲击,从体制机制、法律法规、机构建设等方面分析了环保工作存在的不足。第四章描述了中国政府的环保努力和取得的成效。作者提出,中国自1972年参加联合国人类环境会议之后,从中央到地方逐步设立和完善环境保护部门,增强环保管理部门的职能,强化环境保护的法律法规,签署一系列国际环境保护协议,并围绕环境法规培训相关的律师和法官。第五章探讨了中国政府在环保方面的进一步举措,对中国组织并利用各方面的力量开展环境保护工作进行了分析。第六章论述了中国在环境保护方面的国际合作,认为中国政府积极开展与国际社会合作,同时制定新政策,采用新技术,越来越重视把环境保护和经济发展有机地结合起来。第七章列举了国外环保发展过程中的一些教训,为中国环保事业的健康发展提供借鉴。第八章分析了中国环保工作面临的挑战,提出中国政府不同的选择会形成中国未来不同的环境政策,从而对中国的社会、经济和政治产生不同的影响。

淮河是我国的母亲河之一,作为一名外国人,本书作者从她自己的视角探讨了淮河流域的环境保护乃至是中国环境保护面临的挑战。她在书中论述的怎样让经济发展和环境保护更好地协调起来的问题,也是目前中国政府高度关注和致力于解决的问题。作者在书中引用了大量数据、事例和资料,甚至引用了她与中国环保官员、环保人士的谈话记录。由于角度和立场的不同以及认识的分歧,作者的某些分析和表述在引起我们思考和警醒的同时，也不免显得尖锐和激进，甚至片面和偏颇。

作为译者，我还想就翻译本身做一点说明。本书的翻译花费了我很大精力。接到翻译任务后不久，我了解到作者要对本书进行修改，出版第二版。但考虑到作者的修改可能只是一些数据方面的变动，同时也想抓紧时间尽快把书翻译过来，于是便根据第一版进行了翻译。译稿完成后，作者也基本完成了对原作的修改。看到作者发来的修改稿，我不禁暗暗叫苦，作者改动的何止是数据，她对大量内容进行了重写。于是，我重新打起精神，以加倍的小心和谨慎根据作者新的书稿修改译稿。译稿修改完成后，恰逢原作的第二版出版，我又根据正式出版本对译稿进行了校改，前前后后付出了很多时间和精力。

专有名词的翻译是本书翻译时遇到的一大难题。该书作者的英文名字是 Elizabeth C. Economy，通过邮件沟通，我得知她有中文名字，并按照她的意见翻译成"易明"。本书翻译时碰到了大量的中国人名、地名、条约名、法规名、古代典籍名等等，这一切都要忠实地翻译过来，重要领导人的讲话也必须准确地还原成原文，有时看似一句简短的引文，翻译时却要在浩瀚的文献典籍中埋头查找很久。需要说明的是，由于本书涉及的中文人名众多，虽然翻译时尽心尽力地查找，有些仍然没有找到，因此只好采用了音译。同时，书中作者引述的一些中国人说的话，由于直接引自英文，完全忠实地还原根本不可能。这些还请读者宽宏地予以谅解。另外，出版社根据出版要求，对本书的一些地方做了或简或繁的删改。

在本书的翻译过程中，我就一些词句的理解多次和作者易明及她的助手 Jaeah Lee 交流，她们耐心、及时地为我解释翻译中碰到的疑难问题，并多次用邮件发来最新修改的电子版，令我非常感动。直到本书的第二版出版，作者一直都在进行着修改，并尽可能地用明显的标记及时告知我新修改的内容，让我深切体会到作者对待学术严谨、认真和负责的态度。正是由于她们的热心帮助和敬业精神，本书的中文版才得以早日与读者见面。在此谨向她们致以诚挚的谢意！在本书的翻译、出版过程中，清华大学国学院的刘东教授、江苏人民出版社都给予了热情的支持、鼓励和帮助，在此一并向他们表示衷心的感谢！

本书也是译者正在进行的研究项目——山东省自然科学基金项目"基于文艺手段的科学传播研究"（项目号：Y2008H22）、山东省软科学研究计划项目"科学知识传播途径研究"（项目号：2007RKA093）的成果之一。

姜智芹

2010 年 11 月于济南

致 谢

近三十年来,我和世界其他国家的人一样,目睹了中国人民如何把一个贫穷落后的国家建成一个经济大国的历程。然而,同样令我震惊的是中国的环境为这个巨大的转变所付出的沉重代价。今天,环境已经对中国人民进行报复了,阻碍经济的持续发展,迫使大规模的人口迁移,危害公众的健康。当《一江黑水:中国未来的环境挑战》2004年首次出版时,这些问题不论在国外还是在中国国内,都才初露端倪。如今六年过去了,北京奥运会、气候变化等使得中国的环境挑战成了世界人民普遍关注的问题。中国怎样才能有效地把经济发展和环境保护结合起来,这引起了人们极大的兴趣,并切实行动起来,中国政府高层官员、商界精英和民间组织都在探索如何改革中国经济发展的方式。《一江黑水:中国未来的环境挑战》的第二版恰合这一势头的节拍:北京积极采用绿色环保技术,中国民众对环境保护的热情越来越高,中国的规划者和他们的国际合作伙伴正努力在全中国建立生态型城市。尽管如此,现行体制中仍有轻视环保的因素。我希望本书不仅能够反映出这些可喜的变化,还能警示中国人他们依然面临着环境的挑战,从而推动中国在环保方面做出新的努力。毕竟,对于环境带来的挑战,无论是中国人民还是其他国家的人民,都没有资本漠视。

过去 15 年来,我一直在美国外交关系协会(Council on Foreign Relations)做研究员。这期间,我从该协会的前主席莱斯利·盖尔伯(Leslie Gelb)和现任主席理查德·哈斯(Richard Haass)那里受益良多,他们总是能提出让我不断改进的意见,但又从来不干涉我确定研究重点的自由。他们同该协会的主任林德赛(James Lindsay)一起,活跃了学术队伍。这些学者学养深厚,通过与他们的交往,我在各方面都有很大收获。特别是史国力(Adam Segal)先生,在本书的写作和修订过程中,他从自己繁忙的研究工作中抽出身来,对我和我的观点提出了宝贵的建议。

很多中国环保人士、科学家和政府官员 15 年来不吝赐教,极其耐心地帮助我了解中国的环境政治,让我分享他们的研究成果,其中很多已成为我的好朋友。尽管我在这儿不一一列举他们的名字,但我要向他们表达诚挚的谢意。

在美国外交关系协会做研究期间,幸运的是我碰到了一群出类拔萃的同事和实习生。在本书的第二版修订过程中,尤其感谢我的研究助手李婕雅(Jaeah Lee)和实习生萨拉·麦格拉思(Sarah McGrath),她们以出色的研究能力、风趣幽默的谈吐、一以贯之的耐心,给了我很多帮助。他们花费大量时间帮我深入分析中国的有关统计数据,让我透过树木看到了整片森林。萨拉·米勒(Sarah Miller)和保罗·兰特(Paull Randt)在开始修订本书时对我帮助很大,姚楠(Nancy Yao)、凡妮莎·盖斯特(Vanessa Guest)、艾利克·奥尔德里奇(Eric Aldrich)、罗拉·盖勒(Laura Geller)对本书的第一版给予了宝贵的支持。

感谢康奈尔大学出版社的罗杰·海顿(Roger Haydon),他欣然接受本书稿并尽快促成其出版。乔纳森·霍尔(Jonathan Hall)在本书的第一版出版后给予高度评价,正是他们的不断鼓励使我对本书的修订和重新思考充满了乐趣。

　　我还要感谢家人对我的关爱和支持。父亲詹姆士、母亲阿纳斯塔西娅以及我的兄弟姐妹彼得、凯瑟琳和梅丽萨为我的成长营造了一种充满亲情、不断进取的家庭氛围。尤其幸运的是,我现在和我的丈夫大卫·瓦(David Wah)及我们的三个孩子亚历山大、尼古拉斯和艾莲妮幸福地生活在一起,他们让我的生活每天都充满了惊喜。

易　明

纽约

第一章　淮河的死亡

2001 年 7 月底,中国的粮仓——肥沃的淮河平原,发生了一场环境灾难。淮河支流普降暴雨,从而将 380 多亿加仑严重污染的水排入淮河。[①] 淮河下游流经安徽省,河水充斥着垃圾,泛着黄色泡沫,漂浮着死鱼。[②] 尽管政府很快就宣布控制了局势,但此次事件使得中国治淮的巨大努力付诸东流。仅仅七个月前,中国政府还宣布成功治理了淮河污染,清理了淮河。经过六年的攻坚治理,中国政府关停了向淮河排放污水的工厂,大大提高了干流和 100 多条支流的水质,人们又可以在河里捕鱼,用河水浇灌庄稼,甚至是饮用河水了。

淮河过去 50 年的历史是中国环境变迁的缩影。这是一段充满沧桑的历史,一方面向人们展示了中国治理淮河的美好前景,另一方面又暴露出中国目前环境治理的不足,而这种不足又和中国几百年来的传统有关。

淮河流域包括安徽、江苏、山东和河南,是华东地区的一片沃土,面积大约有英国那么大,人口超过 1.5 亿,其生活和发展用水皆依赖淮河。

---

① 《不要再让淮河出现污染险情——国家环保总局》,新华社,2001 年 8 月 7 日。
② 米歇尔·马:《淮河泛滥敲响污染警钟》,《南华早报》,2001 年 8 月 4 日,第 8 版。

淮河起源于河南省桐柏山,向东流经河南、安徽和江苏,全长 600 多英里,最后汇入东海。

淮河流域是相对富庶、繁荣的地区,2007 年人均收入从安徽省的950 美元到江苏省的近 1680 美元之间。[①] 该流域盛产粮食、棉花、油和鱼类。在过去的 20 年里,淮河干流、大小支流两岸雨后春笋般地建立起数以万计的工厂,有纸浆厂、化工厂、印染厂、皮革厂,雇用几千到一万人不等,极大地推动了该地区以及中国的经济发展。这些工厂公然把污水排入河中,使得淮河成为四条污染最严重的河流之一。[②]

淮河治理具有惨痛、悲壮的历史。1950 年,为治理淮河水灾,毛泽东决定成立淮河水利委员会,该委员会按照毛泽东的指示,组织数百万名劳力,沿河建造了 195 座大坝。[③] 1975 年 8 月,两座最大的大坝——石漫滩水库大坝和板桥水库大坝溃决,损失惨重。[④]

20 多年来,这些大坝还导致了淮河数不胜数的污染事件,给淮河带来了极大的危害。上游的地方官员不断打开大坝的闸门,把污水排入下游,毒害了下游地区的庄稼和鱼类,破坏了当地的农业和渔业。由于沿河建造了大约 4000 多座水库,限制了淮河的排污能力,因此导致问题更加严重。[⑤] 淮河沿岸的很多地区,河水都不能饮用。

尽管年度降水量达 34 英寸,高于平均降雨水平,但淮河流域的很多地段仍趋于干涸[⑥],从而加重了污染的程度。在沿河有些地区,癌症发病

[①] 关于安徽省的情况,参照《安徽经济发展年度报告》,安徽省政府网站,2008 年 8 月 20 日,http://apps.ah.gov.cn/showcontent.asp? newsid=1595.关于江苏省的情况,参照宋红梅(音译)《30 年巨变看江苏》,《中国日报》英文版,2008 年 11 月 6 日,www.chinadaily.com.cn/bizchina/2008-11/06/content_7181596.htm.

[②]《2002 年中国环境状况公报》,北京:国家环保总局,2003 年。

[③] 贾斯柏·贝克:《淮河水被污染》,《南华早报》,2001 年 1 月 13 日,第 10 版。

[④] 雨果·雷斯塔尔:《审视亚洲:一种挖空心思的掩盖》,《华尔街日报》亚洲版,2001 年 3 月 14日,第 6 版。

[⑤]《中国呼吁理性开发淮河流域》,新华社,2001 年 4 月 9 日。

[⑥] 张久生(音译):《淮河流域的水资源保护与水污染防治》,世界银行淮河流域污染防治项目报告,第 2—3 页,www.wb.home.by/nopr/china/pids/huai.htm.

率和新生婴儿畸形率高于其他地区。据一项估计,淮河一个支流沿岸的死亡率比该省高出1/3,癌症发病率是平均水平的两倍。① 上世纪90年代末,一份关于该地区的报告指出:"多年来,淮河地区的男孩没有一个达到参军体检标准。"②

中国政府并不是不知道淮河污染日益严重。1974年淮河污染灾难首次发生后,中国政府成立了淮河流域水资源保护局和水利部淮河保护委员会。然而,这两个部门没有经费,也没有实权,随着淮河流域经济的发展,环境迅速恶化。国家环保总局是中央政府负责环境的职能部门,该局的一个官员这样描述道:"经济发展相当盲目。"③1988年,中国成立淮河流域水资源保护领导小组,至少是希望从体制上解决淮河流域的污染问题。但是,直到1990年,为了降低成本,增加利润,淮河流域内只有不到一半的企业安装运行了排污系统,其中仅有25%的排污达到了国家标准。由于问题越来越严重,水资源保护局要求地方官员关闭或迁出一些污染大户。一些污染企业关闭了,但很快又有新的污染企业上马。④

更为严重的是,在治理污染这个问题上,沿淮四省不能采取协调一致的政策。1993年,水资源保护局局长抱怨说,省份之间关于治理淮河污染的争议越来越多,而该局则缺乏解决这些问题的权力。1994年5月,中央政府对地方环境官员发出警告,可以说这是对该地区日益严重的社会不安的回应。⑤ 国家最高环境监察部门——国家环境保护委员会(SEPC),根据国务院的指示,在安徽召开淮河流域环境保护执法检查现场会,讨论相关省份在治理环境污染方面的合作问题。但是,该会议既没有在政策上,也没有在行动上带来真正的变化。

---

① 贝克:《淮河水被污染》,第10版。

② 马克·赫兹加德:《中国问题的真正所在》,《大西洋月刊》,1997年11月,www.theatlantic.com/issues/97nov/china.htm.

③ 阿比盖尔·扎黑尔:《中国的环境组织》,《中国季刊》,第156卷,1998年12月,第781页。

④《中国环境新闻》,1993年7月,第4页。

⑤ 赫兹加德:《中国问题的真正所在》。

仅仅两个月之后,淮河流域的一批工厂直接将污水排进淮河,形成一条混有氨氮化合物、高锰酸钾和酚的有毒污染带,使淮河中下游受到严重污染。河水变黑,工厂被强迫关闭。渔业遭受毁灭性打击,将近2600万磅鱼类死亡,几千人因此而患上痢疾、腹泻、呕吐等疾病。[①] 紧接着,安徽蚌埠的一个乡镇政府掘开当地一个蓄满污水的大坝。在两周的时间里,有520亿加仑的污水流向淮河中下游。新闻媒体到现场后,地方官员试图隐瞒事故的严重性,导致民怨上升。[②]

中央政府立即派出调查组,备受尊敬的国务院环境保护委员会主任宋健亲临指导。调查期间,一个农民递给宋健一杯河水。宋健蘸水尝了尝,把杯子交给陪同的省级和地方官员,要他们喝下去,并同时警告他们,如果河水不能变清,将受到开除的处分。[③] 随后,淮河污水治理采取了一些行动措施。据报道,将近一千家工厂或被关闭,或被迁移,还有一些被命令三年内必须改善环境质量。当时的李鹏总理宣布了一个两步走的治理战略,第一步是1997年以前治理所有工业污染,第二步是到2000年让淮河水变清。

为了完成这个目标,国务院成立了由水利部、国家计委、财政部以及其他部门组成的委员会。[④] 时任国家环保总局局长解振华宣布采取特别措施,沿淮四省的19个国有大中型企业要符合规定的排污标准。到了1996年,淮河沿岸关闭了几百家污染企业。

然而,经济的强劲发展继续给环境带来巨大的压力。国家环保总局污染控制司原司长臧玉祥1997年报告说:

> 他们(地方工业)只关心短期利益,忽视长期的危害,或者只关心本地区的利益,忽视对整个淮河流域的危害,置对别人的危害于

---

① 帕特里克·泰勒:《污染狂潮威胁中国的繁荣》,《纽约时报》,1994年9月25日,第A3版。
② 赫兹加德:《中国问题的真正所在》。
③ 同上。
④ 中国科学家1996年6月提供给笔者的材料。

不顾,公然将大量的污水排到其他地区……尽管政府在治理期间暂时关闭了 5000 家工厂,一些乡镇、村庄还在继续盲目上马小型造纸厂、印染厂、制革厂、化工厂……淮河流域的水质仅达到 4—5 级(水质指标,从 1 到 5,数字越高,污染程度越大),有些支流的水质甚至超过 5 级,在干旱季节,竟然变成了污水排水沟。[1]

还有报告称,那些被关闭的工厂把生产设备卖给其他工厂。[2] 根据美国驻华大使馆的报告,在两年之内,40%被关闭的工厂重又开工。

尽管如此,政府依然加快实施第二阶段的行动。1998 年 1 月 1 日,中国领导人宣布实施为期三年的淮河治污"零点行动"。地方官员紧急关闭了 35 个工厂,命令 198 家工厂停工。[3] 然而,中国社会科学院农村发展研究所的学者对此次行动的效果表示怀疑:

> 我们不认为这个很严重的地区性污染能够通过"零点行动"得以解决……在"零点行动"开始以前,很多污染企业只是在国家环境保护总局检查时暂时停止排污……污染情况不会在短时间内好转。对国家来说,向那些规模小、分散在各地的工厂征收排污费是非常困难的。他们做假账,因此,没有人知道他们真正的收入经营情况。[4]

在讨论这个问题时,中国一位著名的环境专家介绍了淮河沿岸工厂为避免关门而采取的对策。他指出,一些小型造纸厂和纸浆厂进行合并,形成规模大的工厂,从而规避政府关于工厂大小的限制;还有的工厂白天关闭,晚上开工。更有甚者,地方政府由于担忧经济发展受到影响,

---

[1]《中国淮河清淤滞后》,日本共同新闻社经济新闻专题报道,1997 年 11 月 21 日。

[2] 约瑟夫·卡恩:《中国的绿色工程赢得了淮河治理的胜利》,《华尔街日报》,1996 年 8 月 2 日,第 A8 版。

[3]《中国采取行动整治淮河污染者》,新华社,1998 年 1 月 1 日。

[4] 贾斯柏·贝克:《坚决打击逍遥法外的化学废弃物制造者》,《南华早报》,1999 年 5 月 21 日,第 15 版。

向环保官员施加压力,使他们消极执法。中国调查类电视节目《新闻调查》在 2000 年对淮河地区进行了两次采访,第一次是报道淮河清理所做的努力,第二次是报道淮河治理取得的成效。如人所料的是,在第二次调查中,新闻调查记者发现很多本应关闭的工厂仍在开工。①

淮河污染问题远不止这些。1998 年 1 月,"零点行动"刚刚开始时,位于淮河一个支流下游的工业城市宿州,河水变黑,鱼类死亡,市民两周都没有自来水喝。(而几天前,中国政府宣布淮河的"环境复兴"正稳步进行。)②一个市民向外国记者抱怨道:"这里的水老是污染,真的很严重,我们都不能用水洗衣服。而且我们用水饮猪,猪几天都不吃食。"③

第二个特别令人震惊的淮河污染事件发生在安徽省阜阳市,阜阳的污水持续不断地排入淮河。1999 年,阜阳等十个城市被选为"全国清洁生产试点城市"。然而,在 2000 年 5 月,阜阳先后有 10 人倒在一条被称为"七里长沟"的污水沟内,其中 6 人因污水中毒而死亡。阜阳市政府已经拿出了近 60 万美元建设污水控制水闸系统,他们不愿再耗资 3000 万美元处理通过水闸系统排入淮河的污水,理由是如果治理污水,将使该城市的很多企业面临关闭的危险。④ 阜阳市民深知污水的危险,当城市拉起水闸排出重要工业区的污水时,水都是黑的,发出刺鼻的气味,升腾起阵阵薄雾。尽管市民多次公开抱怨"七里长沟"的污染问题,但这些抱怨到了那些冷漠的地方官员那里大多石沉大海。1999 年,在一个关于阜阳的电视报道中,农民的批评经过新闻记者编辑后听起来像是赞誉。

阜阳现在面临严重的水资源短缺。当地的地下水资源已经被污染,城市不得不打更深的井来获取洁净水,这又导致严重的地表下沉。根据

---

① 作者 2000 年 4 月在北京对《新闻调查》的记者兼制作人进行的访谈。
② 马洁涛(音译)、罗伯特·西吉尔、诺亚·亚当斯:《淮河治理》,美国国家公共广播电台 1998 年 4 月 7 日的"时事纵览"节目。
③ 同上。
④《臭名昭著的淮河污染事件中死难者家属要求讨回公道》,《南华早报》,2000 年 6 月 16 日,第 7 版。

一项报告,"地下水现在已经完全枯竭。"①

　　1999 年和 2000 年,淮河在 20 年中第一次断流。② 因为船搁浅在又深又干的泥坑里③,航运被迫停止。在洪泽湖下游,居民"发现了大约 300 年前被洪水淹没的泗州城墙"。④ 当地经济由于农作物大面积枯死、数千吨鱼类死亡而遭受重创。

　　尽管有这些报告,2001 年 1 月,有关部门仍然宣布淮河水质达到国家 3 级标准,也就是达到了可以饮用和养鱼的水平,70% 的支流河水达到 4 级标准,也就是达到了工业和农业用水的水平。⑤

　　在过去,没人质疑这样的报道,现在则不同了。2001 年 1 月 18 日,《工人日报》在头版刊登一篇文章,认为政府淮河治污的行动是失败的。当时的淮南工业学院教授、安徽省政协(安徽省政府的改革顾问机构)副主席疏开生⑥认为,河水污染仍然很严重,远没有达到国务院规定的目标。他还说,2000 年的污染物排放实际上是政府规定目标的两倍,安徽境内淮河水质的级别是 5 级,甚至不能用来灌溉,"为了达到国务院规定的标准,一些省份向党中央报告虚假数字。事实上,尽管强制关停了一些小工厂,但污染问题没有多大改观。"疏教授进一步指出,根据政府计划,淮河沿岸要建设 52 个污水处理厂,但实际上仅有 6 个,还有几个在建设中。⑦

　　疏教授的分析很快被证实。2001 年夏天,暴雨再次引发了淮河的污染危机,淮河上游大坝拦截的 1.44 亿立方米(380 亿加仑)污水受洪水冲击,顺流而下,鱼类死亡,植物受淹,给饮用水带来严重威胁。中央政府

---

①《过度开发导致淮河流量减少》,《南华早报》,2001 年 1 月 14 日,第 6 版。

②《中国遭受严重旱灾》,美联社,1999 年 8 月 26 日。

③《过度开发导致淮河流量减少》,第 6 版。

④ 同上。

⑤ 贾斯柏·贝克:《淮河污染治理措施》,《南华早报》,2001 年 1 月 1 日,第 4 版。

⑥ 疏开生当时是安徽省政协委员,不是政协副主席。另外,政协的职能是参政议政,而不是像作者说的是省政府的改革顾问机构。——译者注

⑦ 贾斯柏·贝克:《停留在口头的淮河治理》,《南华早报》,2001 年 2 月 26 日,第 8 版。

迅速行动,命令 100 家大中型污染企业关闭或停产,派调查组赴淮河调查。① 2002 年,世界银行还签署协议,资助安徽和山东建造几座大型污水处理厂,从而减少淮河流域的水污染问题。②

2003 年,摄影记者霍岱珊发起成立了民间环保组织"淮河卫士",追踪淮河污染给公众健康带来的巨大影响,以引起广大民众的注意。霍岱珊之所以热心环保,是因为癌症夺去了她母亲和一位挚友的生命。淮河流域的许多村民十分拥戴她,积极监督当地的工厂做好污水处理工作。但当地的政府官员害怕损害自己的名誉,常常干涉霍岱珊的环保行动。③

淮河被视为中国污染最为严重的河流,当地政府官员缺乏责任心是淮河依旧面临污染挑战的主要原因。中国环境保护部 2008 年的报告显示,60% 以上的淮河水水质仅达到 4 级甚至更糟,不能用来饮用、养鱼,严重的情况下甚至达不到工农业用水的标准。④ 中国环保部还注意到,城市污水处理厂的年处理能力只有 27 亿吨左右,而中国每年产生的污水却有 44 亿吨。中国的污水处理厂只有原计划的 40%,淮河沿岸的 4 个省份中有 3 个没有完成污水处理指标,它们是河南、安徽和江苏,只有山东达到了预定的指标。⑤

淮河地区污染治理的成本还在增加。⑥ 淮河流域正在进行一项规模大、投入大的南水北调工程,据官方消息,这项工程大部分将于 2014 年完成。至于污染带来的疾病和生命损失,更是巨大的,很难从经济的角度来衡量。

---

① 《叫停污染工厂,避免污染事件》,www. fpeng. peopledaily. com. cn/200108/02/eng200110802_76373. html.
② 《中国:淮河污染治理项目》,世界银行,2001 年 3 月 22 日,www. worldbank. org/sprojects/Project. asp? pid = PO47345.
③ 沈华(音译)和路易塞塔·穆迪:《激进主义者保护中国的淮河》,法新社,2009 年 7 月 20 日。
④ 《地方政府延缓"淮河的治理"》,新华社,2009 年 6 月 24 日。
⑤ 《三个省份淮河治理不达标》,《中国日报》英文版,2008 年 4 月 22 日。
⑥ 贝克:《淮河水被污染》,第 10 版。

不仅是淮河

洪涝 1998 年,长江发生特大洪水,死亡 3000 多人,500 万个家庭丧失家园,淹没农田 5200 万公顷,经济损失达 2000 多亿美元。原因是 20 年来大量的森林砍伐以及湿地破坏。

沙化 沙漠和严重退化的土地已经占中国土地面积的 1/4,并且还在继续扩大。1970 年以来,沙化的速度提高了一倍。通过植树造林和退耕还草,中国进行了遏制沙化进展的努力,但效果并不尽如人意。

水荒 由于生态系统的变化,水需求量的急剧增加,再加上污染严重和保护不力,中国频发水荒,对中国社会和经济发展产生了日益严重的影响。其结果是,即便是在那些水资源曾经丰富的地区,工厂关闭,数百万人背井离乡,公共健康受到严重威胁,政府面临未来河流改道和生态恢复的昂贵代价。

森林资源减少 中国是世界上森林资源最少的国家之一。由于家具、筷子和纸张的需求,加速了国内非法砍伐业的发展,在带来滚滚利润的同时,彻底破坏了环境。目前,中国是世界上最大的木材进口国、最大的纸张和硬纸板生产国、最大的家具出口国。其结果是,生物多样性丧失,气候变化、沙漠化以及土壤侵蚀的速度不断加快。

人口增长 快速增长的人口一直给中国的资源带来很大压力。2003 年 3 月,中国领导人江泽民称人口是他面临的最大问题。

表面上看,中国的环境恶化是经济过度发展的结果。随着转向市场经济,有些地方没有节制、不计代价地消耗自然资源,造成环境危机。这种解释特别符合一些思想家比如卡尔·波兰尼(Karl Polanyi)的逻辑,他预言,自由的市场经济只能对环境带来负面影响。① 其他学者也令人

---

① 卡尔·波兰尼:《伟大的转变》,纽约:莱因哈特出版社,1944 年,第 184 页。

信服地证明,中国庞大的人口和快速地参与国际经济是中国目前面临一系列环境挑战的原因。[①] 然而,还有一些学者同样令人信服地证明,经济发展、人口和贸易有利于一个国家环境的改善。双方关于经济发展、人口、贸易与环境之间关系的长期争论,对于了解中国环境发展的历史,提供了重要的线索。

更广泛的争议

经济发展对环境保护是带来机遇还是挑战,引起了激烈、尖锐的争论。有人坚信发展必然危害环境,因为经济发展需要消耗木材、矿产、石油和水等自然资源。对马来西亚、印度尼西亚和菲律宾等东南亚发展中国家的研究充分表明,以消耗自然资源为代价的经济发展使森林减少、土壤侵蚀和土地沙化达到非常严重的地步。[②] 持这种观点的学者还指出随着经济的发展,污染也会不断加剧。比如,经济学家阿萨耶·德斯塔(Asayehgn Desta)指出,中国农村地区的发展由于大量使用杀虫剂和化肥,使得城市的垃圾和污染程度不断加剧。[③] 根据这个学派(比如波兰尼)很多学者的观点,解决这个问题不能单纯依赖市场,因为市场不能对利用还是破坏环境、自然资源给出合理的解释。因此,随着市场和经济的继续发展,以市场来解决环境问题越来越令人难以信服,环境问题也越来越突出了。[④]

另一方面,其他学者反驳道,经济发展会通过价值观转变、技术进步、国家能力提高等社会内部的重要变革,推动社会加强环境保护。政

[①] 比如,瓦茨拉夫·斯密尔:《中国的环境危机》,纽约阿蒙克:M.E.夏普出版社,1993年;阿比盖尔·扎黑尔:《环境对中国加入 WTO 的影响》,未发表文章,2002年。

[②] 李韶鹤、苏耀昌:《亚洲的环境保护运动》,纽约阿蒙克:M.E.夏普出版社,1999年,第4页。

[③] 阿萨耶·德斯塔:《环境可持续型经济发展》,西巷市:普雷格出版社,1994年,第122—123页。

[④] 乔塞·富尔塔多和塔马拉·贝尔特合编:《经济发展和环境的可持续性:持续均衡发展的政策与原则》,华盛顿特区:世界银行,2000年,第75页。

治学家罗纳德·英格勒哈特(Ronald Inglehart)通过几十年的研究发现,随着收入的增加和贫困的减少,社会的教育水平就会提高,环境保护的意识就会增强,人们会要求有一个更好的生活环境。[①] 民意调查显示,中国同样遵循这一惯例。除此以外,经济发展还会给经济内部结构带来更多的变革,这种变革会对环境保护带来正面的影响。比如,更多地开发对环境无害的技术。世界著名经济学家贾格迪什·巴格沃蒂(Jagdish Bhagwati)认为,经济增长增强了政府课税和提供社会福利的能力,其中就包括进行环境保护。[②]

这不是一个非此即彼的争论。地理学家瓦茨拉夫·斯密尔(Vaclav Smil)就中国环境问题提出了一个折衷的观点:"在目前中国的经济、技术和人力资源状况下,不可能停止或改变环境恶化的趋势,20世纪90年代不能如此,新世纪的头10年内也不能如此。"同时,他说,技术创新以及其他政策战略可以减少经济发展对中国环境影响的程度。[③]

第二个与此相关的观点集中于对外贸易和外国投资对一个国家的环境状况来说,是产生正面的还是负面的影响。一个普遍的观点是,发展中国家在全球贸易中的相对优势是以消耗自然资源为代价换来的,因此,对环境的影响必然是负面的。而且,对外贸易与国内贸易一样,不把环境代价计算在成本之内,从而进一步削弱了国家保护环境的能力。[④] 更为重要的是,为了吸引外国投资,一些国家常常集中发展重污染工业[⑤],从而为其他国家转移污染工业提供了机会。李韶鹤(Yok-shiu Lee)、苏耀昌(Alvin So)在其研究亚洲环境的成果中指出,很多跨国公

① 罗纳德·英格勒哈特:《全球化与后现代价值观》,《华盛顿季刊》,第23卷,2000年第1期,第219页。
② 贾格迪什·巴格沃蒂:《自由贸易个案研究》,收入约翰·J.奥德利:《绿色政治和全球贸易:北美自由贸易协议和环境政治的未来》,华盛顿特区:乔治城大学,1997年,第34页。
③ 瓦茨拉夫·斯密尔:《中国的环境危机》,纽约阿蒙克:M.E.夏普出版社,1993年,第192—193页。
④ 富尔塔多和贝尔特合编:《经济发展和环境的可持续性》,第75页。
⑤ 扎黑尔:《环境对中国加入WTO的影响》,第5页。

司"把低于正常环保标准的工厂和生产线"转移到东南亚,以避免违反他们本国的卫生和污染标准。两位学者认为:"从很大程度上说,东南亚大多数由于贸易、投资所引起的环境恶化和污染问题,都可以追溯到跨国公司,这些跨国公司要么掠夺当地的原材料资源,要么是转移自己的工业生产线。"① 最后,这些分析家一方面承认贸易带来的财富可以改善社会条件,另一方面也指出,国家的政府都会努力保护自己的民族工业。由此,在外企带来的环境负面影响的代价下,本国企业的效率更低了。②

然而,也有学者同样激烈地坚持认为,经济发展以及融入全球经济将给环境保护带来积极的影响。乔塞·富尔塔多(Jose Furtado)和塔马拉·贝尔特(Tamara Belt)认为,贸易刺激经济增长,优化资源配置使用效率,提高生活水平,因此对环境的要求也会提高,开展环境保护的资金也容易增加。③ 同样,约翰·奥德利(John Audley)在其《绿色政治和全球贸易》中指出,自由贸易同时会促进国内经济增长,从而消除国内贫困,使政府有更多的经费用于保护环境,开发更多的环保技术,发展更少污染的工业。④

第三个方面的争论,这也许是分歧最大的争论,即人口对环境有怎样的影响。这个观点是约翰·卡利(John Carey)在其文章《减少人口能拯救我们的地球吗?》中提出来的:

> 尤其是,关于保持可持续发展需要多少人口这个问题引发了异常激烈的争论。一方是持马尔萨斯悲观主义观点的学者,比如斯坦福大学的保罗·埃利希(Paul Ehrlich),这些学者把人看做会毁灭自己赖以生存的地球的恶性肿瘤。他们说,如果人口这颗炸弹不除

---

① 李韶鹤、苏耀昌:《亚洲的环境保护运动》,第4页。
② 《环境与贸易手册》,加拿大曼尼托巴省温尼伯市:联合国环境规划和国际可持续发展研究所,2000年,第3—4页。
③ 富尔塔多和贝尔特合编:《经济发展和环境的可持续性》,第75—80页。
④ 奥德利:《绿色政治和全球贸易》,第34页。

掉,那么任何发展都不会保护我们宝贵的自然资源。持技术乐观主义观点的学者,如国际发展方面的丹麦专家包雪如(Easter Boserup)对此则不屑一顾。他们相信人口增加只会推动经济更快地发展,提高人们的生活水平。这方面的争论之所以热度不减,是因为双方都认为有足够的证据支持自己的观点。[1]

阿萨耶·德斯塔对马尔萨斯的观点进行阐述:"人口增长的一个影响是需要更多的土地,既需要耕作的土地,也需要居住的土地,从而导致环境恶化。同样,人口增长还会导致人均农业耕地、土壤生产能力下降和不可再生资源如煤、石油和矿石减少。"[2]很多中国学者也强烈呼吁控制人口对保护环境的必要性[3]:"长期以来,中国人口对于中国的资源来说,已经变成了压力。人口过多必然导致对资源的过度消耗,可以说是借用了本来属于子孙后代的资源,这已经对中国未来的生存和发展的物质基础产生了挥之不去的威胁。"[4]

然而,另外一些学者坚持认为人口增长会给环境带来好处。也就是说,人口增长能因为自然资源短缺[5]或因为人口增长而意味着有更多的人力资源,使"发展引擎转得更快"[6],从而推动技术创新,增加科学家进行发明创造的机会,这些发明创造从长远看将会改善人类的生存状况。[7]

从卡利的评述可以看出,由于双方都有支持的证据,争论还会持续下去。尽管如此,这些争论并不能提供一个了解中国环境发展史的路线图,但能帮助了解中国在发展经济、融入全球经济、应对人口问题方面面

① 约翰·卡利:《减少人口能拯救我们的地球吗?》,收入德斯塔《环境可持续型经济发展》,第85页。
② 德斯塔:《环境可持续型经济发展》,第84页。
③ 比如,曲格平、李金昌:《中国人口与环境》,科罗拉多大学波尔得分校:林恩·雷纳出版社,1994年;胡鞍钢、邹平:《中国的人口发展》,北京:中国科学技术出版社,1991年。
④ 胡鞍钢、邹平:《中国的人口发展》,第191页。
⑤ E.博斯拉普:《农业发展状况》,伦敦:艾伦—昂温出版社,1965年。
⑥ 卡利:《减少人口能拯救我们的地球吗?》,第85页。
⑦ 德斯塔:《环境可持续型经济发展》,第80页。

临的环境机遇和挑战。

还有一些重要的问题这些争论没有涉及到。从形式上看,这些争论避开讨论政治体制和政治在制定国家环境和经济发展道路方面所起的作用。可是,正如其他很多人指出的,不考虑政治这个变量会把对环境问题的讨论引入歧途。[①] 如果仔细分析中国的情况就会发现,政治在环境这个问题上发挥着关键性的作用,尽管政治介入的形式可能多种多样:

- 谁是关键人物? 他们各自的权力是什么?
- 环境保护的资源是如何分配的?
- 环境政策是如何制定和实施的?
- 中国政府、企业和社会实现环保目标的激励措施有哪些? 还缺哪些?

回答这些问题有助于解释经济发展、人口增长、对外贸易和外商投资为什么以及在什么情况下会对中国的环境施加积极或消极的影响。它们是了解中国何以面临如今的环境挑战以及这个挑战对中国未来有何预兆的关键。

当代政治经济背景

下面我们就会看到,中国目前的环境状况不仅是今天政策选择的结果,而且是数百年来形成的态度、措施和体制的结果。然而,当今中国的环境政策主要是在经济和政治体制改革的大潮中形成的,20 世纪 70 年代末以来,这场改革极大地改变了中国的面貌。

2000 多年来,王朝兴衰更替,都是在巨大的动荡中进行的。中国建

[①] 参见大卫・W.皮尔斯和杰瑞米・J.沃福德:《世界无末日:经济、环境和可持续发展》,纽约:牛津大学出版社,1993 年,第 149 页;《环境与贸易手册》,加拿大曼尼托巴省温尼伯市,联合国环境规划和国际可持续发展研究所,2000 年。

立共和政府的第一次实践始于 1912 年,不久就因为内忧外患而失败。其后经历了 30 多年的动乱,首先是内战,接着是日本侵华,然后是蒋介石要统一中国。但由于蒋介石刚愎自用,腐败无能,最终在 1949 年败北,毛泽东和中国共产党赢得了胜利。

毛泽东借鉴苏联模式实行计划经济。然而,由于坚持"继续革命"的理论,给中国的政治和经济体制带来了不利影响。他发起群众性的运动,比如"反右"和文化大革命,以根除那些思想上不够革命的人;他追求建立一个共产主义乌托邦,掀起"大跃进",确立了不切实际的钢铁、粮食生产目标。由于这些运动,中国与世界的联系被隔绝,中国经济濒于崩溃。

1976 年毛泽东去世的前几年,中国领导人开始着手拨乱反正。从 1971 年起,中国开始重返国际社会,恢复了在联合国的合法席位,台湾则被逐出联合国。此外还采取了其他一些措施,包括与美国建交等。1975 年,周恩来总理提出了"四个现代化"(农业、工业、科学技术和国防),以振兴中国经济,为社会发展注入活力。

邓小平和他的支持者把"四个现代化"作为奋斗目标,启动了一场涉及经济、政治领域的全面改革。20 世纪 80 年代初期,中国开始以多种方式放松中央自 1950 年以来在经济、政治领域的严格控制。①

在经济领域,这种改革标志着由中央下达指令的计划经济,向更加重视市场作用的市场经济转变。中央把经济发展的很多权限下放给各省和地方政府,去除了对地方经济发展的一些政治限制,最大限度地减少中央对地方经济发展的干预。中国还通过外商直接投资和贸易,吸引外国参与中国经济发展。到了 20 世纪 90 年代中后期,中国开始积极改革曾一度作为城市经济基础的国有企业,鼓励私有企业和中外合资企业的发展,通过发展乡镇企业为农村经济增添活力。

① 中国政府只在实行计划生育的地区加大管理力度,目的是扭转毛泽东时期造成的人口爆炸。

在政治领域,也进行了类似的改革,主要体现在四个方面:(1)从人治转向法治,制定了一系列的法规和制度。(2)从中央向地方下放大量权力。(3)中国欢迎国外技术援助,接受国外政策建议和金融援助。(4)接下来的一点可能是最重要的,就是政府在退出市场的同时,也改变了包揽社会福利的传统角色,鼓励私有、非国有部门从事教育、医疗和环境保护这些行业。

中国的改革极大地减少了中央对经济和社会发展的影响,充分发挥市场和私人企业的作用,来满足经济和社会发展的需要。同时,正如下面将要谈到的,中国的改革强化了一些传统政策和方法,有时强化的方式令人惊叹。中国目前的环境挑战以及在环境保护方面采取的措施,都反映出过去和现在之间密切的、有时是复杂的联系,这种联系既深深植根于过去,又体现在目前面临的不断变化的新压力和新机遇上。

破坏环境的传统

中国当前的环境危机有着深层的根源。数百年来,中国帝王贪婪地追逐权力,开辟疆土,发展经济,扩大人口,导致了对森林和矿产资源的破坏性开发,河流泛滥改道,水利疏于兴修,土地因过度开垦而退化。本书第二章还要论及这种对自然资源的开发反过来极大地引发了战争、饥荒和自然灾害,使得中国数百年来灾祸不断。其结果是,经济发展、环境恶化、社会动荡、人口迁徙、经常性的剧烈政治动荡循环往复,不能停止。

更严重的是,中国缺乏任何有约束力的环境保护意识。而且,中国的观念、体制和政策都是在传统的认识和哲学,比如儒家思想中形成的,而儒家思想常常激发人的需求,从而役使自然,获取利益。

这样导致的结果是,中国很少考虑建立保护环境体制。从古到今,中国的领导人在环境问题上依靠高度个人化的道义劝告,很少有环境规定,更没有成文的环境法律。清朝时期,统治者下了很大力气建立详细的法律体系,然而,清朝灭亡后,这个法律体系也随之消失。中国的环境保护体制也是高度分化的,主要依赖地方官员在他们的职权范围内保护环境。

治理环境的典型做法是经常组织群众进行大规模的水利基础设施建设,比如修建大坝、疏通河道,但由于极少考虑实际的环境和科学因素,结果往往是破坏了当地的生态系统。在清理淮河的行动上,中央政府确定了不切合实际的污染控制目标,没有对地方政府和企业实行适当的奖惩措施,这充分体现了通过运动进行治理的思想在中国的政治文化中是多么的根深蒂固(这一点在第四章到第六章还要谈到)。

因此,历史没有给毛泽东以后的改革者留下多少保护环境的智慧和遗产。伴随经济改革的进行,中国实现了年增长率超过8个百分点的快速发展,数千万的中国人摆脱了贫困,最终把中国建设成了一个世界经济大国。然而,仍然没有人计算改革所付出的环境成本。为了促进经济的持续快速发展,自然资源的成本被大大低估。中国领导人深知,他们是在以环境为代价换来经济增长的。在整个20世纪80年代和90年代的大部分时间里,"先发展,再治理"成为普遍的信条。

第三章阐释了改革时期对环境造成的破坏。空气污染和水污染呈几何级数增长。到了2006年,世界30个污染严重的城市中,中国就占了20个。今天的中国,情形依然如此。[①] 目前,酸雨影响到中国1/3的土地,包括近1/3的耕地。流经中国城市的河流,75%以上的水不能饮用和养鱼。由于沙漠化、土壤侵蚀、盐碱化等,中国有1/4的耕地严重退化,耕地退化的速度惊人,每年退化的面积大致相当于一个

---

① 《中国概况》,世界银行,2008年,web. worldbank. org/WBSITE/EXTERNAL/COUNTRIES/EASTASIAPACIFICEXT/CHINAEXTN/O, content MDK:20680895 ~ pagePK:1497618 ~ piPk:217854~theSitePK:318950,00. html.

新泽西州。① 中国领导层已经开始意识到环境恶化对社会、经济造成的广泛影响。在今后 10—20 年时间里,由于资源的枯竭和退化,中国政府预计将有 3000 万—4000 万人进城打工,其中有些人是主动的,但更多的是被迫的。与此同时,麦肯锡公司(McKinsey & Company)2009 年 3 月的一份报告估计,到 2025 年,将会有 3.5 亿农民进城打工。② 环境恶化和环境污染给经济带来的损失也是巨大的,据估计,这些损失达到中国年 GDP 的 8%—12%。

另外,因环境污染而导致的疾病也迅速上升。饮水不洁已经带来传染病的爆发,沿河居民的生命健康受到长期威胁,自发性流产、新生儿畸形和早产儿死亡的比率大大增加。仅空气污染,主要是燃煤所产生的,每年就使 60 万—70 万个早产儿死亡。③

对社会稳定威胁最大的,可能是中国人由于水质污染、作物受害、空气污染等所发出的抗议,这些抗议使已经存在的社会不安更加严重。对于环境污染给党的执政权威和国家的长治久安带来的危险,中国高层领导进行了深刻的论述。

中国的改革塑造了中国政府保护环境的正面形象。正如第四章所描述的,由于一些具有环境忧患意识的中国官员的建议和中国参加 1972年联合国人类环境会议所受到的震动,在 20 世纪 70—80 年代,中国从中央到地方开始了漫长的设立正规环境保护部门的历程,同时开始建立环境保护的法律基础,制定出台了一系列法律法规,签署了一系列国际环境保护协议,并从 20 世纪 90 年代开始培训环境法规方面的律师和法官。

不过,挑战依然存在。面对环境保护的诸多问题,中国还没有建立

---

① 谭燕、郭飞(音译):《中国西部环境问题与人口分布不均》,"亚洲及太平洋地区迁移研究网络第八次国际会议"(2007 年 5 月 26—29 日)上提交的论文,中国福建,www.apmrn.anu.edu/conferences/8thAPMRNconference/26. Tan%20Guo.pdf.
② 乔纳森·韦策尔等:《为中国的十亿城市人口做好准备》,麦肯锡公司,2009 年 3 月。
③ 理查德·麦格雷戈:《中国因污染每年致死 75 万人》,《金融时报》,2007 年 7 月 2 日。

足够强大的环保体制。环保部和地方环保局权力小，资金少，不仅在与权力更大的经济部门竞争时不能保护自身的利益，而且不能利用初创的法律机制保护环境。

而且，中央权力下放极大地促进了地方经济的发展，但在环境保护上，各地所采取的措施却相差很大。有些地区积极主动地应对环境挑战，而有些地区，比如淮河流域，在制定必要的环保政策、提高执法能力方面，则远远地落在了后面。

环境保护的困难有些是因为政治和经济在地方上的紧密结合。地方政府官员与地方企业老板通常有密切的联系，有些官员甚至就是当地企业的股东之一。对于那些地方官员充当股东并利润丰厚的污染企业，当地部门是很难执法的。而且，地方环保部门也是当地政府的部门之一，地方政府关心的是无论有多大的环境代价也要保持经济的高速增长，这给地方环保部门带来很大的压力。从某些方面看，这种权力的下放延续了封建王朝所特有的传统的、个人化的环保体制，并使中国各地的环境保护产生了很大差异。

另外，在20世纪90年代，由于逐渐全面放开卫生、教育和环保等公共福利领域，因此欢迎社会更加积极地参与环境保护工作。正如第五章所要分析的，中国政府已经同意建立真正意义上的非政府组织，鼓励新闻媒体监督环境事宜，批准环保独立执法，从而弥补政府环保部门力量的不足。在中国的很多地区，民间的非政府环保组织如雨后春笋般不断涌现，它们关注的问题范围很广，有藏羚羊的命运问题，有中国最大的淡水湖的恶化问题，还有日益严重的城市垃圾问题。一些非营利性的法律服务中心开始代表农民工以及生活和健康深受地方工厂污染危害的人们，进行集体上诉，要求补偿。

新闻媒体发挥了关键的作用，把公众的视线聚焦于那些拒绝执行环境法律法规的企业，报道政府开展环境治理取得的有效成果，披露那些大规模的环境破坏行为，比如疯狂的森林砍伐等。通过这种方式，中国政府希望缩小公众对改善环境的期望和政府能力限制之间的差距。

前文提到的疏开生教授以及一些新闻媒体在淮河污染问题上敢于提出与政府不同的意见,反映了社会层面要求建设清洁环境、加大政府环保政策力度甚至增强中国整个政治体制的诉求。

中国政府还积极学习国外的经验,寻求国外的援助。第六章对中国积极从国际组织和其他国家寻求技术和经费援助进行了描述。国际社会在环境保护的方方面面给予中国很大的支持,包括培育环境法体系、建立空气污染监测系统、开发能够替代煤的新能源,等等。

然而,随着越来越多地融入国际社会,中国也面临很多没有预料到的挑战。参与国际社会不仅为中国带来了资金和技术援助,还带来了一系列的政治和社会问题。中国环保政策力度小,环保部门协调执法的能力弱,也使得中国与国际社会的合作大打折扣。腐败现象吞噬了经费,违背了国际捐助者的良好愿望,也影响了今后的资助。

同样,中国在亚太地区的邻国,其非政府环保组织尽管不像前苏联和东欧那样活跃,但也一直处于政治变革的前沿。在推动环保事业前进的同时,这些非政府环保组织突出暴露政府体制的腐败以及整个国家治理系统的失信。20世纪70—80年代,在韩国、菲律宾和泰国等国家,环保分子和民运分子密切联系,策划鼓动更大范围的政治改革。在这些事例中,环境保护虽然不是直接导致政权变革的催化剂,却长期为社会活动扩大了政治空间。事实上,中国已经有一些环保主义者欲望过度膨胀,不仅要求中国走绿色道路,而且要求进一步改革中国的体制。

因此,应对当前的环境危机,开创环境保护的未来,中国不仅要依靠中央政府,还要依靠地方政府,依靠广大民众以及国际社会;不仅要正确处理过去的环境遗产,还要对目前改革所带来的环保机遇和挑战做出审慎的反应。第八章勾勒了三幅前景,论述中国政府不同的选择将形成中国未来不同的环境政策,从而对中国的社会、经济和政治产生更大范围的影响。

对环保走势的评价

回顾中国改革以来的历史,仅仅分析环境污染和恶化的趋势,就可以看出改革对目前的环境状况难辞其咎。然而,如果透过现象对中国目前和将来的环境挑战进行深度的分析,就会发现:

第一,在改革时期,中国既漠视环境带来的挑战,也丧失了环境所带来的机遇。同时,在环保问题上仍然沿用陈旧的经验和理念。从某些方面来看,改革强化了那些传统的环境保护方法。比如,采取运动的形式;在环境保护的核心问题上依赖地方官员;把环境看作一个国家安全问题等等。

第二,中国政府在建立环境保护行政体制和法规体系方面取得了巨大进展,但是由于种种原因,环保体系功能的发挥有待加强。

第三,中国环境污染和环境恶化的程度,在不同地区差别很大。正如其他学者所发现的,不同地区之间环保数据的差异,和农业、汽车制造业、技术方面的数据差异一样大,这种差异是由于几十年来中央放权由地方根据各自实际自主制定发展政策造成的。[①]

在中国的几个示范区,改革为中国的环境和社会带来了非常有益的影响。然而,在很多其他地区,环境滑入了危机的深渊。那些改革使环境和社会受益、使污染和环境恶化得到有效治理的地区,都有这样几个共同点:(1) 地方最高官员支持或被其他官员说服支持环保。(2) 国际社会和中国政府在环保方面给予很大支持。(3) 地方官员能够获得应对环境挑战所需要的国内资源。相应地,那些获得国际资源少的地区,与国际环境和发展机构、组织联系得少,其领导片面强调经济发展,认为环境治理投入大,在环境保护方面投入的本地资源远比其他地区少。

---

① 亚当·西格尔和艾里克·图恩:《全球化思维、本土化行动:地方政府、工业部门和中国的发展》,《政治与社会》,第 29 卷,2001 年第 4 期,第 557—588 页。

中国的崛起:对中国和世界的意义

21 世纪的第一个十年,中国领导人取得了骄人的政绩。经过共产党60 年的领导,中国经济获得了前所未有的发展,人们的生活水平获得了前所未有的提高,中国顺利让香港、澳门回归,在亚太和其他地区的影响不断扩大,只有收复台湾是中国共产党未竟的大业。中国 2001 年完成"入世"谈判并加入世界贸易组织,2008 年在北京成功地举办了奥运会,成为世界第三经济大国、第二大贸易出口国。

但是中国为取得这些成功所付出的代价也是巨大的。由于数十年甚至数百年的忽视,中国的环境问题现在已经开始显现出对经济发展产生重大影响的迹象。据估计,为环境污染和恶化所付出的代价每年占GDP 的 8%—12%。更为严重的是,污染和资源短缺已经成为在全国范围内引起社会不安定和公共健康问题的主要因素。

中国政府如何协调经济的持续增长和日益扩大的社会、政治压力并进而改善环境保护,不仅对中国,而且对世界都具有重要的意义。解决世界上最紧迫的全球性环境问题,比如气候变化、臭氧枯竭、生物多样性丧失等,都需要中国全方位的参加与合作。

这个问题的背后是中国今后将实行怎样的体制以及如何与世界共处这个根本问题。中国应对这一挑战的关键是能否处理好环境问题。居民消费、工业发展、公共卫生、经济增长都需要消耗资源,这些消耗是对中国政府减缓或遏制环境污染和退化能力的考验。因此,环境领域将是中国未来很多关键战役打响的战场。

第二章　资源开发的传统

中国今天面临的环境挑战不是近几十年自然资源过度开发引起的，而是数百年来自然资源过度开发引起的。在中国的历史长河中，国家建设、战争、经济发展都对土地、水资源和森林资源产生了极大的压力。早在 7 世纪，中国的人口数量已经开始给环境敲响了警钟。其后的数百年中，资源开发反过来引起战争、灾荒和自然灾害，给中国带来无数的灾难，加速了一个又一个王朝的瓦解。

当然，在环境开发以及造成的破坏方面，不是仅有中国一个国家。正如德里克·沃尔(Derek Wall)在其关于环境发展史的著述中所说的：

> 无数的古代社会由于环境退化而消亡。埃夫伯里石圈、巨石阵很可能引起了大面积的森林砍伐，从而导致了土壤侵蚀、气候变化甚至可能带来饥馑。玛雅金字塔的建设者可能是以同样的方式导致了他们自己的灭亡。苏美尔人过度的灌溉工程把盐灌进土壤，加速了他们社会的崩溃，甚至可能导致了印度河领域文明社会的崩塌。[1]

---

[1] 德里克·沃尔：《绿化的历史》，伦敦：罗德里奇出版社，1994 年，第 2 页。

一个世纪以前,美国同样深陷在困扰当今中国的诸多问题之中:中西部森林资源迅速减少,西部水资源严重缺乏,土壤侵蚀,沙尘暴威胁内陆腹地,鱼类和野生动植物不断消失等等。① 这些挑战激发政府和民众实施了一批大规模的保护土地、水资源、森林资源以及生物多样性的计划。②

但是,当今中国和一百年前的美国以及目前处于同一经济发展水平的国家所不同的是,中国环境恶化的程度更加严重,由此引发的社会、政治和经济挑战更大。没有一个国家面临着中国这样用大致和美国面积差不多的土地,养活将近世界1/4人口的艰巨任务。

环境传统

对中国的历史进行环境文化传统的考察,就会发现中国丰富的艺术和文学史料中,有大量关于自然的重要性和自然美的描写。中国的绘画和诗歌中不乏描写人尊重自然环境的意象。比如,在中国的绘画中,相对于画中的山川、河流和树木,人往往被画得很"小",这反映了人对自然的尊敬。③ 出于反对人是宇宙中心的观念,画家不把人放置于画的中心。④ 在漫长的历史发展中,自然乡野成为远离政治斗争的圣地和避难所。⑤ 山川在中国主要的哲学流派和宗教中尤其具有象征意义,成为人恢复精力、理解"真、善"的所在。⑥ 即便是建筑也要和"当地的宇宙气息"

---

① 撒缪尔·P.海斯:《美、健康和持久》,剑桥:剑桥大学出版社,1987年,第13—22页。
② 同上。
③ 茅于轼:《环境伦理的演进》,收入弗雷德里克·费雷、彼得·哈特费尔主编:《伦理学与环境政策:当理论和实践相遇》,雅典城:佐治亚大学出版社,1994年,第45页。
④ 同上。
⑤ 杨晓山(音译):《中世纪中国诗歌中的荒野理想化》,收入克伦·K.高卢、杰基·希尔兹主编:《太平洋岸边的风景和社区》,纽约:阿蒙克:M.E.夏普出版公司,2000年,第104页。
⑥ 罗兹·墨菲:《中国的人与自然》,《现代亚洲研究》,第1卷,1967年第4期,第316页。

融通和谐。① 比如,中国伟大的哲学家孔子就认为:"智者乐水,仁者乐山。"②这深刻说明了中国古代艺术和文学对自然的重视,从而使一些环境历史学家认为中国的环境传统主要是尊重自然。③

的确,早在西周时期④,中国的精英阶层就认识到了保护环境的必要性。根据《周礼·地官司徒》记载,地方官员担负起保护河流、山川、森林、鸟兽的责任。⑤ 几个世纪以后,东周春秋时期齐国(?—公元前645年)的上卿管仲提出了尊重人、发展和环境之间关系的理论,并付诸实践。他告诫人们可以砍伐森林,捕捞鱼虾,但要有"度"。⑥ 他还提醒人们"荐草虽多,六畜有征;壤地虽肥,桑麻毋数"。⑦

与此形成鲜明对照的是,中国民间故事中更多地描写人是怎样战胜自然、利用自然的。比如,在一个神话传说中,神射手后羿看到10个太阳灼烧大地,威胁地球上的生命,于是他勇敢地射落了9个,从而保护了地球,并从西天王母那里赢得了长生不老药。⑧ 另一个故事讲述大禹治水的经历。大禹生活在7000多年前,通过疏通河道,治理了黄河的泛滥。大禹的成功使人相信,只要因势利导,就可以像"大禹治水"⑨那样征服自然灾害。

中国的环境传统还深受儒家、道家和法家等中国早期主要思想流派

---

① 瓦茨拉夫·斯密尔:《退化的土地》,纽约阿蒙克:M.E.夏普出版公司,1984年,第6页。

② 杨晓山:《中世纪中国诗歌中的荒野理想化》,第92页。

③ 侯文慧(音译):《中国传统自然观反思》,《环境史》,第8卷,1997年第4期,第482—493页。

④ 史料对朝代开始、结束时间的记载并不完全相同。本书中依据的是狄百瑞在《中学原典》(纽约:哥伦比亚大学出版社,1960年)第1卷中对朝代日期的记载,该书用缩写C.E.表示公元,B.C.E.表示公元前。

⑤ 曲格平、李金昌:《中国人口与环境》,科罗拉多大学波尔得分校:林恩·雷纳出版社,1994年,第16页。

⑥ 茅于轼:《环境伦理的演进》,第43页。

⑦ 同上。

⑧ 卡罗尔·斯特潘楚克、查尔斯·王:《月饼和饿鬼》,旧金山:中国图书期刊出版公司,1991年,第53页。

⑨ 侯文慧:《中国的环境危机和环境史研究实例》,《环境史评论》,第14卷,1990年第1—2期合刊,第152—153页。

的影响。佛教尽管不是源于中国,也产生了一定的影响。艺术、文学和实践中所体现的人与自然的关系,每个流派都有所论述,并以自己的思想影响这些理论和实践。同时,这些哲学思想还影响了中国的统治阶层、社会精英以及普通民众和中国社会的整体秩序,这些影响对保护自然环境都是既明显又重要的。当然,正如美国的中国史专家贺凯(Charles O. Hucker)所指出的,尽管这些哲学流派"观点不同,侧重点有别……,但并不是相互抵牾的。儒家重视社会和政治关系中的人,道家重视人在更大宇宙空间中的位置,法家则看重国家的行政管理"①。

哲学基础

在很大程度上,中国的每一个哲学流派都试图在更广阔的宇宙空间建构社会关系,这和西周早期的社会实践有关。西周建立了人与宇宙关系的基本原则,后世大哲学家和政治家以此为基础并加以发展。周朝人认为宇宙由全能的"天"主宰,"天"在世上选一个人,也就是周王,成为天子,来负责管理"普天之下"。中国社会在这个统治者的治理下实现统一,他的任务就是在贤能的人辅佐下治理国家,为他的臣民带来和平与秩序。②

在东周春秋时期,天子尊重环境:"为人君而不能谨守其山林菹泽草莱,不可以立为天下王。""春政不禁则百长不生,夏政不禁则五谷不成。"③

儒家

孔子关于社会组织的观点主要强调道德、礼节和社会和谐。④ 孔子

---

① 贺凯:《帝制中国的岁月》,斯坦福:斯坦福大学出版社,1975年,第69页。
② 同上书,第55—56页。
③ 理查德·埃德蒙兹:《中国经济发展与环境保护失衡:中国环境恶化与环保调查》,伦敦:罗德里奇出版社,1994年,第24—25页,转引自方红(音译)的硕士论文:《中国的环境观》,俄勒冈大学,1997年6月,第44页。
④ 方红:《中国的环境观》,第66页。

认为不仅人有道德,宇宙也有道德。他做这样的联想:宇宙和人都是由非人力所能支配的、强大的"天"统治着,天意让人快乐,并与宇宙和谐(道)①;"人对宇宙和谐所做的贡献就是过一种富有伦理和道德的生活。"②孔子思想的核心是"五常",处理好君臣、父子、夫妻、兄弟、朋友之间的关系。只要君、父、夫等为臣、子、妻作出表率,就能达到和谐、自由,远离冲突。③ 通过成为道德楷模,统治者就会建立秩序,整个国家就可以依靠榜样而不是法律来运行。④

自然的位置在长幼尊卑的秩序中体现出来。儒家的其他代表人物孟子和子思发展了人和自然不可分割(天人合一)的观点,仍然认为天包括天道、鬼神和自然,是高于人的,只有提高人的道德修养,才能理解自然之道。⑤ 荀子是战国时期的哲学家,不过,他认为人和自然处于两个不同的世界,自然不因人的意志而改变其客观法则:"天不为人之恶寒也辍冬,地不为人之恶辽远也辍广。"⑥同时,他认为人有能力应对自然的挑战,并能根据自己的需要控制自然。⑦ 他提出了"制天命而用之"和"应时而使之"的思想⑧,相信只要尊重自然规律,人一定能超越自然,开发自

----

① "道"是"宇宙运行的方式",它是通过阴和阳这两种既对立互补又相辅相成的因素相互作用进行的,阴和阳的关系就好比电的正负两极。和阳有关的是太阳、光明、温暖,与阴联系的是月亮、黑暗、寒冷……一旦阴阳之间的自然平衡被打破,不协调就会出现,可能会带来灾害或其他不利的影响,但从绝对、抽象的意义上来讲,没有好与坏的问题。"参见贺凯:《帝制中国的岁月》,第70—71页。

② 同上书,第84页。

③ 肯尼思·E.威尔肯宁:《分析文化与环境之间安全关系的一种理论框架,以及它在东北亚儒家思想研究中的应用》,为华盛顿大学和太平洋西北部环境安全系列会议提交的论文,会议议题是"文化态度和生态环境,以及它们与地区政治稳定的关系",1998年1月16—17日在西雅图华盛顿大学举行。www.nautilus.org/esena.

④ 贺凯:《帝制中国的岁月》,第79页。

⑤ 徐德蜀:《中国安全文化建设》,成都:四川科技出版社,1994年,第255页,转引自方红:《中国的环境观》,第63页。

⑥ 徐德蜀:《中国安全文化建设》,第255页,转引自方红《中国的环境观》,第65页。

⑦ 同上。

⑧ 侯文慧:《中国的环境危机和环境史研究实例》,第153页。

然,受惠于自然。①

在秦(公元前221—前207年)、汉(公元前202—公元220年)时期,哲学家继续他们对神、自然、人之间关系的阐释。② 秦朝时期,秦始皇的宰相吕不韦组织门下的学者和哲学家,编纂了《吕氏春秋》③,把天子④看作是神、人、自然这三个世界的沟通者。

自然拥有神的能力,可以对人的行为进行奖惩。作为人的精神和世俗领袖,天子负责管理每一个人的行为,保证其都是恰当的,并且和神、自然两个世界的秩序是和谐的。⑤ 天子要认真地履行这个职责。比如,有这样一个传说:商朝(公元前1766?—前1122年?)时期,"汤之时,大旱七年,剪发断爪,以身为牺牲,祷于桑林之野,以六事自责曰:'何不雨至斯极也?'言未已,大雨。"⑥

然而,学者并不仅仅满足于抽象的哲学理想。比如,孟子有一次答梁惠王:"不违农时,谷不可胜食也;数罟不入洿池,鱼鳖不可胜食也;斧斤以时入山林,材木不可胜用也。"⑦

因此,在儒家思想中,世界是由天、地、人三位一体构成的,其中天"拥有意志,具有创造力量";地"把天所创造的呈现出来,生长万物,哺育众生";人则处于天地之间。⑧ 地在满足人的需求方面发挥着关键作用。用通俗的话说就是,"为了实现地的潜能,人要投入辛苦和才智,这样才能创造人赖以生存的条件,创建令蛮夷敬畏的物质文明。国家应该在这

---

① 徐德蜀:《中国安全文化建设》,第255页,转引自方红《中国的环境观》,第65页。
② 狄百瑞:《中学原典》,第207页。
③ 同上。
④ "天"同样指的是天国、上帝、自然;"子"指的是上天之子。
⑤ 狄百瑞:《中学原典》,第207页。
⑥ 方红:《中国的环境观》,第67页。
⑦ 茅于轼:《环境伦理的演进》,第43页。
⑧ 海伦·邓斯坦:《18世纪中国官方对环境问题的思考以及国家在环境治理中的作用》,收入刘翠溶、伊懋可主编:《积渐所至:中国历史上的环境治理与社会发展》,剑桥:剑桥大学出版社,1998年,第587页。

方面发挥领导作用,体现自身存在的必要性"。①

美国历史学家罗兹·墨菲(Rhoads Murphey)论述道:

> 在这样一个传统的农业社会里,中国人不论在物质上还是精神上,都把土地以及维护土地生产的农业体系看作"命根子",看作所有价值和所有美德的源泉。帝国王朝将主要的精力直接或间接地用于管理土地,农业是国家和社会的命脉,其支柱作用比古埃及以后任何一个文明都要大。皇帝每年最重要的活动是到设于都城的天坛去祭天,在那里,他扶犁稼穑,祈求上天保佑风调雨顺……绝大多数士大夫、文人都极其尊重甚至敬畏自然秩序,这种对自然的敬畏远胜于对人类自身的敬畏。需要指出的是,这往往带有某种说教的口吻:人要敬畏自然,就像敬畏上级和长辈一样,尤其是他的父母和顶头上司。在这种情况下,通常的态度是顺从、孝顺。怀疑或者毁坏自然就是与宏大的自然秩序相悖离,有时被称为有违"天意",因此会对中国传统中重要的等级社会秩序带来潜在的危害。②

道家

与高度秩序化、基于伦理道德的儒家和儒家思想完全不同,道家的信条是"顺其自然,回归自我,及时行乐"。③ 贺凯这样评述:

> 道家思想充满诗意,神秘玄奥,但决不是毫无理性地宣扬个人主义、遁世主义,而是倡导与自然(道)同生……自然是超越一切的、非个性化的、超越目的的宇宙,一切都在其中,各有其位,各司其职,物固有所然,物固有所可,如果用自然中所不存在的标准,比如善恶

----

① 海伦·邓斯坦:《18世纪中国官方对环境问题的思考以及国家在环境治理中的作用》,收入刘翠溶、伊懋可主编:《积渐所至:中国历史上的环境治理与社会发展》,剑桥:剑桥大学出版社,1998年,第587页。
② 墨菲:《中国的人与自然》,第314页。
③ 贺凯:《帝制中国的岁月》,第90页。

标准去解释、分类和评价,只能引起曲解和误识。①

道家崇尚简朴的生活,认为人应该尽可能地与自然亲近,国家不要对自然进行干预或管理。② 老子在《道德经》里说:如果一个人"命中注定"要成为一个统治者,那么他应该使人"愚"、"寡",要"虚其心,实其腹,弱其志,强其骨"。③ 黄仁宇(Ray Huang)也指出,道家"认同宇宙统一,希望回归原始古朴,这种思想由于道家反对限制自由而得到进一步强化,道家反对限制自由一是通过游说劝说,二是通过倡导和谐。因此,道家受到泛神论、浪漫主义尤其是无政府主义的欢迎。然而,这些思想并不能给当今的政治混乱提供立竿见影的药方,只能使智者遁世"④。这样一种哲学可能有利于环境保护,也可能会阻碍经济的发展。⑤

新儒学

后来的新儒家学者如张载(1020—1077 年)和王夫之把儒家的秩序和道德同道家的自然"归一"观点融为一体。道家坚持:"天为父,地为母,卑微如我者居其中。故而我身盈宇宙,我性观宇宙,人皆我兄妹,物皆我同伴。"⑥对于新儒学来说,人是与"石头、树木、牲畜有机地联系在一起并与宇宙同为一体的"。⑦ 魏乐博(Robert Weller)和包弼德(Peter Bol)认为:

新儒学继续把思想建立在个人道德和政治道德的基础上,认为

---

① 贺凯:《帝制中国的岁月》,第 90 页。
② 茅于轼:《环境伦理的演进》,第 46 页。
③ 贺凯:《帝制中国的岁月》,第 91 页。
④ 黄仁宇:《中国大历史》,纽约阿蒙克:M. E.夏普出版社,1997 年,第 20—21 页。
⑤ 茅于轼:《环境伦理的演进》,第 46 页。
⑥ 杜维明:《万物一体:中国人的自然观》,收入安乐哲、约翰·白诗朗主编《儒家思想与生态:天地人的内在关系》,剑桥:哈佛大学出版社,1998 年,第 113 页。
⑦ 同上。

> "天地"是一个统一、和谐的有机体,这与宇宙共振理论所倡导的学说极为一致。同时……自然界实际上被喻作一个和谐的统一体,人应该师法自然,在社会生活中也要建立这样一个和谐的统一体,这种思想并不是让学者去真正研究自然的秩序,也不是以生物学为中心的观点来观察世界。①

尽管现代的新儒学家试图解释阐明其知识遗产中含有的环境精神,但是从我们今天对环境的理解来看,他们的前辈先贤并不是环境主义者(保护环境不受污染和破坏的人)。② 新儒学家更注重探讨人在自然界中的作用,并提出,人"作为最高等的生物","生来就具有认识世界、建构思想、付诸行动的能力,一旦这一切都实现了,就会出现一个和谐统一的社会"。③

法家

法家提出了第三个、也是与上述两个哲学流派明显不同的规范人际关系的观点。法家思想最早发端于公元前 7 世纪,其后不断发展完善。法家思想"最后的集大成者"及付诸实践者是秦始皇的丞相李斯(公元前208 年去世)。④

从某些方面说,法家的思想植根于中国当时的自然环境,认为随着中国的人口越来越多,食物和其他用品将变得匮乏,因此应该实行严厉的控制,制订严格的法规。法家思想家认为,只有法律才能保证统治者和被统治者的行为符合国家的统一利益,法律应该条文清楚,内容详尽,对人的行为应该有奖惩措施。⑤ 受法家思想的影响,秦朝建立了任人唯

---

① 魏乐博、包弼德:《从天到地到自然:中国人的环境观及其对政策执行的影响》,收入安乐哲、约翰·白诗朗主编:《儒家思想与生态:天地人的内在关系》,第 322 页。
② 同上书,第 323 页。
③ 同上。
④ 贺凯:《帝制中国的岁月》,第 93 页。
⑤ 同上书,第 94—95 页。

贤的政治体制。

然而,秦朝灭亡后,法家不再受到统治者的重视,他们的一些思想不得不在很多方面适应儒家观念的要求,比如,曾经绝对的法律法规变得相对了、有条件了。司法部门在审理案件时要考虑方方面面,包括背景、动机、危害程度等等,"对法律条文的执行变得不再重要了"。[1] 因此,要惩罚一个污染附近农民水源的当地印染厂,就要考虑印染厂雇用了多少工人,惩罚印染厂会对工人的生活带来怎样的影响。

佛教

公元 2 世纪,佛教从印度传入中国,使中国以一种不同的方式看待自然。佛教认为人和其他众生是平等的,倡导尊重自然。[2] 生死轮回,人就像动物和虫子一样要回归大地。因此,佛教徒不杀生,吃素食,而且还保护他们生活居住的山林环境。根据一个中国学者的研究,"(当今)中国三分之一的风景名山都有佛寺,佛寺古树环绕,环境优美",这一事实反映出佛教崇尚人与自然的和谐。[3]

被破坏的土地

儒家、道家、法家和佛教都正确地认识到了自然的重要性,认识到了自然的力量,希望人们过上富足、繁荣的生活。但是遍观中国历史,可以看到,儒家相信人定胜天的思想占据主导地位。中国古代的环境思想家和官员尽管为保护环境做出了努力,但在战争、经济发展和人口增长面前,环境显得那么微不足道。因此周而复始的社会变迁,包括战争、人口

---

① 贺凯:《帝制中国的岁月》,第 164 页。
② 茅于轼:《环境伦理的演进》,第 45 页。
③ 同上书,第 45—46 页。

增长、经济发展和生态环境变化①,使森林减少、土地沙化、土壤侵蚀、洪水泛滥达到触目惊心的地步。

事实上,环境历史学家伊懋可(Mark Elvin)对中国人与环境之间是否有过和谐表示怀疑:"中国某些经典著作所反映出的中国古代的环保智慧,既普通又可能被人误解:中国先哲关于开发资源的限制可能本不是古代社会和谐的表征,而是对一个虽处萌芽状态但已经露出端倪的生态危机所做出的理性反应。"②早在夏③、商(公元前1766?—前1122?)、周时期,对土地的过度垦殖已经很明显:"由于完全依赖土地,人们为了获得最大产量,对土地进行精耕细作。"④中国的初民不断寻找、耕种土质好的土地,因此"土地抛荒"问题变得十分严重。⑤

伊懋可认为,在中国,国家和个人对权力的追逐把自然环境变成了发动战争的工具,比如肆意砍伐森林是为了获得木炭,疯狂开发矿山、草原是为了寻找矿石,建造长矛、大炮和盔甲。⑥ 他一针见血地指出:

> 直到晚近,中国人对权力的追逐,不管在国家层面还是在个人层面上,主要是基于无休止的土地改良。为了促进农业的精耕细作,中国开发水利技术,修建灌溉工程,控制洪涝干旱,修建海堤,从而确保在气候反常的季节和年份,能够保持生产的稳定……这种权力追求的一个后果是对环境的"剥削",这种"剥削"超过了大自然所能承受的限度和自我修复的能力。在人类活动的历史时期内,由于人的逐利行为,即便是采取有意识的行动,即便是普遍认识到逐利

---

① 段昌群、甘雪春、詹妮·王、保罗·K.钱:《环境因素在中国古代文明中心迁移中的作用》,《人类环境学刊》,第27卷,1998年第7期,第575页。

② 伊懋可:《帝制中国的环境遗产》,《中国季刊》,1998年第156期,第738—739页。

③ 狄百瑞没有提供夏朝在中国历史上的具体时期,而贺凯提供的公元前2205—前1766又不完全可靠。

④ 段昌群、甘雪春、詹妮·王、保罗·K.钱:《环境因素在中国古代文明中心迁移中的作用》,第572页。

⑤ 同上书,第573页。

⑥ 伊懋可:《帝制中国的环境遗产》,第743页。

对环境的破坏效应,对环境的"剥削"仍然难以抑制。①

这种情况在持续了 248 年的战国时代非常明显,战国时代,仅有历史记载的战争就有 590 次。②《春秋》里面就有大量这方面的资料,比如在灾荒时代,交战双方掠夺对方的粮草,切断对方的后勤供应。③《春秋》里面还揭示,齐国宰相管仲说服诸侯国不要兴建对其他国家有害的水利工程,不要在饥馑之年禁运粮食。但是在大约 350 年以后,当孟子向统治者推荐《葵丘盟约》时,发现如此英明的劝告也被嗤之以鼻了。④

由于不断寻找新的肥沃土地,不同诸侯国之间竞争加剧,冲突加深。正如黄仁宇所讲述的:"魏国地处黄河两岸。有一次,可能是在公元前 320 年,魏王告诉亚圣(孟子),如果碰到严重灾年,他就把百姓大规模地迁到河的另一边。这个时候,鲁国的疆域扩大了 5 倍,邻国齐国的面积增加了 10 倍。"⑤

即便是战争之后对权力的巩固,也常常造成对环境的破坏。秦始皇统一六国,建立了中国历史上第一个中央集权国家,直到今天,中国的历史学家仍称其不世之功。秦始皇和他的臣子还兴建了很多重要的灌溉工程,修建运河,以促进经济的发展,维护中央集权统治。⑥ 但是国家建设不论是对于自然环境,还是对于当时的人们,都是一个巨大的负担。曲格平和李金昌有详细的描述:

> 秦的统一是以武力对六国的征服为前提的。……自秦孝公至始皇十三年,破六国兵,斩首达一百数十万,大屠城十三次,……此外,死于饥馑和战乱的穷苦百姓的数量恐怕比战场上的死亡者还要

① 伊懋可:《帝制中国的环境遗产》,第 742—743 页。
② 许进雄:《中国古代社会》,台北:台湾商务印书馆,1988 年,第 408—411 页。文中引用的日期来自伊懋可:《帝制中国的环境遗产》,第 740 页。
③ 黄仁宇:《中国大历史》,第 25 页。
④ 同上书,第 24 页。
⑤ 同上书,第 25—26 页。
⑥ 方红:《中国的环境观》,第 46 页。

多。……秦始皇统一后，并没有让百姓喘息一下，就大兴土木，开始了大规模的非生产性活动。修长城御匈奴去四十万，戎五岭、平百越去五十万，修阿房宫和骊山墓去七十万，而且最后的筑墓人都成了永久的殉葬者。最终导致"男子力耕不足粮饷，女子纺绩不足衣服"的后果。秦始皇统一天下对历史确实做出了大的贡献，但是秦的统治者横征暴敛和沉重的徭役赋税却给当时的老百姓带来了深重的灾难。……可以肯定地讲，秦代的人口比统一前有减无增，必在 2000 万以下。……从环境的角度讲，大规模地兴建土木，势必进行大规模的砍伐和破坏。唐代杜牧的千古绝唱《阿房宫赋》中，不仅有"六王毕，四海一"的赞誉，也有"蜀山兀，阿房出"的叹息。①

因此，如果战争是环境退化的一个因素，那么战后的动荡和经济发展就是环境退化的另一个因素。

汉朝（公元前 202 至公元 220 年）进一步说明了中国的繁荣对环境退化所造成的影响。② 人口增长扩大了食物需求。由于耕地不足，官员把百姓迁到偏远地区开垦荒地，开垦了 2000 万英亩农田。③ 地方志记载了当时环境逐渐退化的过程。比如，在汉朝，位于长江下游的嘉兴，先是生活环境优美，物产富足，穷人即便是没有隔夜粮也能度日。但是到了汉朝后期，该地区"经济衰退、环境退化、社会动荡"。④

随着中国经济在唐（618—906 年）、宋（960—1279 年）和元（1276—1367 年）三个朝代的繁荣，大量人口南迁，造成了森林减少和土壤侵蚀。⑤ 即便如此，人们的生活需要仍然没有得到满足。曲格平和李金昌

---

① 曲格平、李金昌：《中国人口与环境》，第 17 页。

② 2002 年，甘肃的考古学家发现了一道汉朝的敕令，该令禁止春天伐木、猎取幼兽，禁止夏天焚烧林地，秋天开采矿藏。《中国发现最古老的环境保护条例》，人民日报网络版，2002 年 4 月 24 日，www.fpeng.peopledaily.com.cn/200204/24/print20020424_94647.html.

③ 曲格平、李金昌：《中国人口与环境》，第 17 页。

④ 伊懋可：《帝制中国的环境遗产》，第 736—737 页。

⑤ 方红：《中国的环境观》，第 69 页

详细描述了这一时期战争后的快速发展给环境带来的巨大压力。

> 黄河流域最繁华的区域,竟闹到"居无尺椽、人无烟灶、萧条凄惨、游鬼哭"的地步,耕地荒芜,水利失修,人口大量死亡和南移,黄河流域社会经济渐趋衰落。① ……盛唐时,为了养活全国5300多万人口,原有土地上生产的粮食已不能满足需求。因此,仅新垦土地即达620万顷。……这种对"高山绝壑"的开垦,不能不对生态环境带来严重后果。……黄土高原水土流失加重,沟壑增多且延长加宽,导致黄河又一次进入频繁泛滥时期。仅宋朝300多年间,黄河就决口50多次,给人民和社会带来了巨大损失。②

在明清时期,森林减少、洪水泛滥、土壤侵蚀和土地沙化都随着经济的持续发展而加剧:

> 这个时期环境恶化的主要标志,首先是森林遭到毁灭性破坏,数量急剧减少。……在人口迅速增长的情况下,没有土地和失去土地的农民,相继进入秦岭北坡的深山老林垦荒,多至"结棚满山梁"。……由于新开的耕地十分肥沃,无需施肥,就可"种一收百"。过几年贫瘠后,再砍森林,另辟新地。这样,年复一年,终于使秦岭北坡老林几乎荡然无存。……环境恶化的另一个标志,是这个时期的水土流失达到空前严重的程度。这是流域森林破坏的直接后果。水土流失的严重恶果表现为黄河含沙量增高,决徙增多。在明朝近300年的历史过程中,黄河决口127次,约两年多一次;在清朝200多年中,黄河决口增至180多次,差不多一年一次。……另外,汉、唐盛世时在西北、华北北部的一些垦区和古城,在明清时期基本上全被流沙侵吞。……巴丹吉林沙漠、乌兰布和沙漠、毛乌素沙漠等,随着植被的破坏,不断扩展。而东北的科尔沁沙地,则是清代垦殖

---

① 曲格平、李金昌:《中国人口与环境》,第21页。
② 同上书,第22页。

后在较短的时间内出现的。[①]

从 17 世纪中叶清朝初期开始,中国专门修建了园林和公园,主要用作观光和娱乐,这种做法有助于保护那些濒临灭绝的动植物。[②] 然而,从总体上说,清朝经济的发展给环境带来了灾难。清朝时期,人口大量增长,土地过度开垦,草场过度放牧,鱼类过度捕捞,森林过度砍伐。所有这一切都对林业、农业和渔业资源造成了严重的破坏。

正如伊懋可详细描述的,到了 19 世纪末,中国已成为一个被"资源枯竭"困扰的国家,"特别是林业和矿产资源枯竭,水资源缺乏,土壤侵蚀,土地由于粗放开发而盐碱化严重"。[③] 那个时候,"不论是从数量上,还是质量上,对木材都有着极大的需求……经济发展加速了林业资源的消耗,资源消耗的速度远远超过了资源再生的速度,不论是通过林业自身再生,还是通过植树造林,都不能弥补林业资源的消耗。"[④]

自然灾害接踵而来。1876 年,发生了一场持续三年的干旱,造成1300 万人死亡。10 年后,黄河决堤,200 多万人因此丧生。[⑤]

不断增长的人口

中国历代帝王都不停地扩大人口,这成为人类给自然环境造成压力的第三个因素。几乎所有的中国领导人都把人口众多作为国家强盛的一个必要条件,因为人多既可增加税源,又可以壮大军队。商鞅是促进秦朝发展的政治家,他认为大量的人口和强大的军队是统治者最大的财富。唐朝的刘晏认为,"户口滋多,则赋税自广"。同样,南宋的叶适提出:"为国之要,在于得民。民多则田垦而税增,役众而兵强。"明朝的邱

① 曲格平、李金昌:《中国人口与环境》,第 24—25 页。
② 王玉清(音译):《中国的自然保护区》,《人类环境杂志》第 16 卷,1987 年第 6 期,第 326 页。
③ 伊懋可:《帝制中国的环境遗产》,第 736 页。
④ 同上书,第 747 页。
⑤ 贾斯柏·贝克:《饿鬼》,纽约:亨利·霍尔特出版社,1996 年,第 11 页。

浚这样论述:"民生既蕃,户口必增,则国家之根本以固,元气以壮,天下治而君位安矣。"①

由此看出,中国历史上不断地遇到人口问题,这一点也不奇怪。伊懋可把人口问题追溯到唐朝(618—906 年)和宋朝(960—1279 年)②,邓海伦(Helen Dunstan)甚至认为至少可追溯到隋朝(589—618 年)。③ 邓海伦说:"儒家的人文思想倡导人类的繁衍生息,如果一个地区'人口众多、人丁兴旺',那么就标志着这个地区富有活力。"④比如,孟子认为,"不孝有三,无后为大"。⑤

但是,中国也有一些政治家和学者挑战鼓励人口繁衍的传统观点。比如,管仲认为人口增长要受土地和人口构成这两个关键因素的制约。就第一个因素来说,单位面积上的人口太多或太少都会带来效率低下和潜在的食物短缺。他说:"善者心先知其田,乃知其人,田备然后民可足也。"⑥就第二个因素来说,都城人口和农村人口之间,军队和平民之间的均衡也是非常关键的。如果都城人口太多,那么"其野不足以养其民"。同样,如果军队太庞大,那么就会"'地博而国贫',长此以往,早晚会变成'国为丘墟'"。⑦

明朝是人口快速增长对环境产生影响的一个缩影。这一时期,人口从 1403 年的大约 6600 万增长到 17 世纪中叶的一个亿。史书记载,随着农民"抛荒"并不断开发新的林区,森林大面积缩小,土地大面积开垦,土壤严重侵蚀,洪涝不断发生。⑧ 其结果是,为了找活干,"流动"的从商者

---

① 胡鞍钢、邹平:《中国的人口发展》,北京:中国科学技术出版社,1991 年,第 60 页。
② 伊懋可:《帝制中国的环境遗产》,第 753 页。
③ 邓海伦:《政府对环境问题的思考》,第 592 页。
④ 同上。
⑤ 胡鞍钢、邹平:《中国的人口发展》,第 60 页。
⑥ 曲格平、李金昌:《中国人口与环境》,第 16 页。
⑦ 同上。
⑧ 同上书,第 24—25 页。

和手工业者向沿海城市地区流动。①

到了 18 世纪中期,中国的官员清楚地看到人口增长和粮价提高之间的关系,开始真正认识到供养庞大人口的困难。② 但是,直到又过了一个世纪,清朝学者汪士铎才提出一套措施,遏制人口增长的趋势,他甚至建议采取严刑酷法,比如男人 25 岁以下婚娶、女人 20 岁以下婚嫁,就要判处死刑;比如对溺婴和流产者,给予税赋减免。③

促进环保的努力

几百年来,中国的官僚体制很明显不适应环境保护的要求。环保的主要责任由各省巡抚承担,而这些人根本不重视环境保护。比如,对于一个清朝的巡抚来说,最重要的两项职责是刑狱和税政,还负责人丁、治安、邮政、河道(比如地方农田灌溉用的水库、大坝以及道路等)、粮仓、赈灾、救济和祭祀等,祭祀包括祭土地爷、谷神、风神、云神、雷公、雨神、山神、河伯和农神等。最后,地方官员还负有劝课农桑、疏通河道、兴修堤坝等责任。④ 但是,对于这些职责,没有多少官员认真履行。清朝一道皇帝的上谕对此抱怨道:"至以爱养百姓为心,留意于稼穑桑麻,如循吏所为者,盖不可得。"⑤邓海伦这样评述:"如果探讨怎样顺利地收取土地税同时又要顾及百姓利益,那么地方官员可以做得很细致,很认真,很详尽,很合理。与此形成鲜明对照的是,对环境的考虑通常是很少的。"⑥

不过,仍然有一些省份的官员真正关注环保问题。比如,17 世纪末期,在河南做官、负责疏通河道的俞森,提出了大规模种树的建议,以解

---

① 曲格平、李金昌:《中国人口与环境》,第 23 页。
② 邓海伦:《政府对环境问题的思考》,第 592 页。
③ 同上。
④ 瞿同祖:《清朝时期地方政府的职能》,剑桥:哈佛大学出版社,1988 年,第 116—167 页。
⑤《清会典事例》卷九二七,收入《清朝时期地方政府的职能》,第 167 页。
⑥ 邓海伦:《政府对环境问题的思考》,第 591 页。

决明末战乱造成的一些环境破坏问题。他的建议有些没有可操作性,但还是明确地提出了柳树对于控制土壤侵蚀有一定作用:"豫土不坚,濒河善溃,若栽柳列树,根枝纠结,护堤牢固,何处可冲?"①

俞森还从更高的哲学角度来分析人和自然的关系:

> 五行之用,不克不生,今树木稀少,木不克土,土性轻飔,人物粗猛。若树木繁多,则土不飞腾,人环秀饬。②

有些官员还非常了解经济发展和环境退化之间的相互关系,甚至制定了区域性生态系统管理的总体规划。陈宏谋1737年任云南省布政使,他对植树造林、农作物多样化、土地所有制以及如何发酵牲畜粪便制造有机肥等各方面的事情都很关注。③ 他在植树造林方面的报告充分显示出其对人类如何改变了环境的清醒认识。

> 在多山的云南,丘陵上遍布大片大片的原始竹林,草木葳蕤,薪柴充足。但由于盐厂需要木材,矿厂、铸币厂需要木炭,树木被日夜砍伐,结果山秃了,甚至能够一览无余地极目远望。木柴和木炭越来越贵,越来越难以买到,到了最后连树根和树皮都被挖尽剥光了……一度丘陵起伏的云南也难以种植粮食,但并不是不能种树。而且既然这个省以前林木繁茂,竹林葱茏,只是现在才被砍伐殆尽,那么重新让山林披上绿装是完全可能的。④

也在同一时期,陕西巡抚毕沅提出了平衡人口不断增长与自然资源日益短缺的措施,制定过一个"屯田移民"的综合计划,包括在全省范围内重新分配人口,扩大灌溉设施,组织发展畜牧业,主要是饲养骆驼、马、

---

① 邓海伦:《政府对环境问题的思考》,第602页。
② 俞森:《种树说》,转引自邓海伦:《政府对环境问题的思考》,第591页。
③ 邓海伦:《政府对环境问题的思考》,第603—605页。
④ 同上书,第605—606页。

牛、羊等。① 1778 年和 1779 年期间,他把陕南山区的 10 万居民进行了重新安置。

当地居民对于经济盲目发展给他们生活带来的危害也并非熟视无睹,地方工业危害农业发展是清朝人普遍关心的事。据记载,农民强烈抗议环境污染。邓海伦转述过 1737 年发生的一件事,有 108 个当地居民向当地官员递交诉状,抗议苏州虎丘地区的印染作坊污染了他们的水源,毒死了他们的庄稼,污染了他们的饮用水,损害了他们风景优美的佛教胜地。后来,官府恩准,禁止该地区开设印染作坊。② 在云南,有一个居民写信,详述采矿如何污染了水源和空气,使丘陵荒芜,从而影响了当地的农业收成。③

尽管有这些零散的、个人的努力,到 19 世纪下半叶的时候,中国的政治体制仍然面临着与自然资源管理相关的一系列严峻挑战:

> 水运管理体制开始瓦解,部分原因是由于水利疏于兴修,具有讽刺意味的是,更重要的原因是水利工程建设过度。18 世纪,湖南中部由于人口增长的需要大肆围堤造田,阻塞了河道,切断了排水系统,导致了这一农业富庶地区洪涝灾害连连不断。长江沿岸,由于官府和地方乡绅的利益冲突,江堤常年失修。其他地方的水运管理体制也由于类似的利益冲突和水利设施老化而受到严重破坏。尽管清朝初期通过采取良种良法成功地提高了农业生产率,但到了清朝末期和民国初期,农田的亩产量开始停滞,落后于人口增长。④

---

① 邓海伦:《政府对环境问题的思考》,第 595 页。
② 同上书,第 609 页。
③ 同上书,第 609—610 页。
④ 玛丽·B.兰钦、费正清、费维恺:《导言·中国现代史面面观》,见崔瑞德、费正清主编的《剑桥中国史》第 13 卷费正清和费维恺主编的《中华民国,1912—1949》第二部分,剑桥:剑桥大学出版社,1986 年,第 6—7 页,第 15 页。

在有些地区,存在着公共设施投入不足、腐败、暴乱、抗税、边疆少数民族造反以及西方施压等问题,这些问题和人口增长交织在一起,变得愈发严重。①

1911年,中国爆发了辛亥革命,推翻了清政府和以儒家思想为主导的社会秩序,但是并没有缓解大多数中国人面临的日益恶化的社会、经济和环境状况。中国80%以上的人口以农业为生,很多人的生活处于赤贫状态,到处有饥馑、流民、失业、贫困以及土地掠夺。农民被迫背井离乡,在城市沿街乞讨;父母无奈卖儿鬻女。② 当时的海关官员对中国的迅速瓦解进行了一定的分析,认为中国"法律秩序崩溃,交通、市场瘫痪,洪涝、干旱失控"。③

国民政府也不是完全忽视履行发展经济的传统责任,在国民政府的领导下,很多大城市实现了7%—8%的经济增长。国民政府还实施了一些水利灌溉和洪涝防治工程,加强农业研究,解决了农民面临的一些环境和农业问题。但是,由于"官僚作风",这些努力多数无疾而终,只有少数"取得了一点进展"。④ 国民政府的苛捐杂税以及征兵、提供军需和土地征用,让农民更加苦不堪言,雪上加霜。

更严重的是,在1949年前的民国时期(1911—1949),无休止的战争,不管是国内军阀混战,还是抵御外寇日本,都进一步加剧了农业危机、环境退化和社会动荡。到了1930年,中国的人口死亡率是世界上最高的。⑤

---

① 玛丽·B.兰钦、费正清、费维恺:《导言·中国现代史面面观》,见崔瑞德、费正清主编的《剑桥中国史》第13卷费正清和费维恺主编的《中华民国,1912—1949》第二部分,剑桥:剑桥大学出版社,1986年,第7页。
② 马若孟:《中国农业经济》,见《剑桥中国史》第13卷,第257页。
③ 同上书,第13卷,第256页。
④ 易劳逸:《1927—1937年南京政府时期的中国》,见《剑桥中国史》第13卷,第152页。
⑤ 同上书,第151页。

毛泽东领导下的中国环境状况

1949 年,以工农为基础的中国共产党夺取全国政权,在恢复经济、缓解环境方面做出了积极的努力。建国初的五至十年里,中国领导人在深受战争创伤的国土上重建经济,农业和工业迅速发展。同时,中央政府还制定了水土保持规划,实施了水利、造林、抗灾等一批重大公共设施工程,但也未全部达标。比如,新中国第一任林垦部部长梁希在 1956 年指出:"大家都知道,我们的植树造林数据不是基于真正实际的测量,而是仅仅在目测或估算的基础上确定的。因而不可避免地会有错误、高估甚至是全部毫无根据的报告。"[①]工厂,特别是电厂,常常沿河而建,没有任何的废水、废气和工业残渣处理设备,因此就把河道当作排污渠了。

毛泽东的宏图是把中国建设成一个强国,这一宏图的实施很快就使中国进入了人口增长、资源耗费、环境退化、社会动荡这种新一轮的循环之中。中国要备战,要实施宏大的经济发展规划,从而大大加速了资源的利用。毛泽东一方面赞赏秦朝的法家传统,坚信法律法规是"谋幸福之具也"[②];另一方面,从毛泽东的早期著作中可以看到,他认为实施法令需要对人民进行"立信"。毛泽东在他 19 岁时写的也是目前保存的最早的文稿《商鞅徙木立信论》中指出,普通大众反抗商鞅的严刑酷法可以解释为"国民之愚也",一般百姓不愿实施新法,是因为"非常之原,黎民惧焉"。[③] 但毛泽东对商鞅法治思想的推重并没有让他建立一套完善的法制体系,却使他开展了持续不断的群众运动,有些运动对环境带来了影响。这段时间里,中国的环境保护法规建设没有什么大的进展。

早在 1940 年,毛泽东在《陕甘宁边区自然科学研究会成立大会上的

① 莱斯特·罗斯:《中国的环境政策》,布卢明顿:印第安纳大学出版社,1988 年,第 37 页。
② 毛泽东:《商鞅徙木立信论》,见斯图尔特·R.施拉姆:《毛泽东的权力之路:1912—1949 年的革命篇》,纽约阿蒙克:M.E.夏普出版公司,1992 年,第 5 页。
③ 同上书,第 6 页。

讲话》中就指出:"人们为着要在自然界里得到自由,就要用自然科学来了解自然,克服自然和改造自然,从自然里得到自由。"①毛泽东后来的著作和讲话集中论述了人为了满足自身需要而克服自然、改造自然的必要性。墨菲曾经对毛泽东的自然观做过这样的描述:"自然被公然视为敌人,人要憧憬更加光明的前景,更加充满自信和热情地与自然进行一场长期的战争,在这一点上,毛泽东甚至比西方的达尔文、斯宾塞所持的观点还要激进。"②

毛泽东关于自然环境的思想强调解放群众、发动群众战胜来自环境和自然的威胁,他号召人民备战备荒③;深挖洞,广积粮,不称霸。④ 墨菲很率直地指出,这种"对自然的进攻"是"一个经济上、技术上都很落后的社会很自然的行动,有时……很盲目……与自然进行斗争要比保护自然更有吸引力,如果说与天斗充满戏剧冲突,那么保护自然、积累资源、投资环境则显得像散文一样波澜不惊,平淡无奇。"⑤

为了实现建设强国的宏图,毛泽东把扩大人口作为重要措施。1949年8月5日,美国国务院有关人员为杜鲁门总统(Harry S. Truman)编纂《中美关系白皮书》,美国国务卿迪安·艾奇逊(Dean Acheson)认为:"在18世纪和19世纪,中国人口翻了一番,因此给土地带来了难以承受的压力。每一个中国政府不得不面对的第一个问题就是如何养活这一庞大的人口。到目前为止,还没有一个政府成功地做到了这一点。"⑥毛泽东在他的答艾奇逊的文章《唯心历史观的破产》中重申了他关于人口重要性的观点:

---

① 毛泽东:《陕甘宁边区自然科学研究会成立大会上的讲话》,1940年2月5日,转引自《毛主席语录》,北京:外文出版社,1966年,第204—205页。

② 墨菲:《人与自然》,第319页。

③《中国共产党第八届中央委员会第十一次全体会议公报》(1966年8月14日),转引自胡鞍钢、邹平《中国的人口发展》,第103页。

④ 1973年1月1日《人民日报》,转引自胡鞍钢、邹平《中国的人口发展》,第103页。

⑤ 墨菲:《人与自然》,第323页。

⑥ 胡鞍钢、邹平:《中国的人口发展》,第67页。

中国人口众多是一件极大的好事。再增加多少倍人口也完全有办法，这办法就是生产。西方资产阶级经济学家如像马尔萨斯者流所谓食物增加赶不上人口增加的一套谬论，不但被马克思主义者早已从理论上驳斥得干干净净，而且已被革命后的苏联和中国解放区的事实所完全驳倒。①

有时，毛泽东对能否满足中国庞大人口的生活需要似乎也有犹豫。比如，1958 年在成都举行的一次会议上，毛泽东说："人多了不得了，地少了不得了。"②然而，毛泽东时代一个突出特点就是人口高速增长，从 1950 年的 5.4 亿增长到 1976 年的 9.3 亿，对人口的这一增长，中国目前仍然在为此付出代价，而现在中国的人口已经达到 13.06 亿了。③

毛泽东没有听从专家关于限制人口的明智建议。马寅初是一位著名的经济学家，曾任北京大学校长。与毛泽东"人多力量大"④的思想不同，马寅初认为如果中国的人口无节制地增长下去，将会成为生产发展的一大障碍。马寅初认为："只要把人口控制起来，建设社会主义这个崇高的愿望不难成为现实。"⑤马寅初提出了几条措施，包括把计划生育纳入国民经济发展计划，实行晚婚晚育，采取避孕措施，定期进行人口普查等。⑥

尽管马寅初起初得到学术界其他专家和中央领导的支持，但他仍然像其他知识分子一样，成为 20 世纪 50 年代末"反右"运动的牺牲品，由此被解职，失去了生活来源。直到 1979 年，在 98 岁高龄时，马寅初才最

---

① 毛泽东：《唯心历史观的破产》，收入《毛泽东选集》第 4 卷，北京：外文出版社，1967 年，第 453 页。

② 胡鞍钢、邹平：《中国的人口发展》，第 104 页。

③ 同上书，第 68 页(1950 年的中国人口)；刘英玲(音译)：《中国最近人口统计结果》，世界观察研究所，2006 年 3 月 21 日，www.worldwatch.org/node/3899.

④ 夏竹丽：《毛泽东的自然征服》，剑桥：剑桥大学出版社，2001 年，第 33 页。

⑤ 胡鞍钢、邹平：《中国的人口发展》，第 88 页。

⑥ 同上。

终在邓小平的关心下恢复名誉。他被任命为北京大学名誉校长,毛泽东执政时期错误地加给他的指控,全部予以平反。① 然而,这个平反来得太迟了,无法阻止 20 年来毛泽东实行的人口政策所带来的严重影响。

虽然毛泽东很多时候也考虑人口太多这个问题,但直到 1974 年,当来自美国和日本的外来威胁有所减弱时,他才真正感到为中国庞大的人口提供粮食和就业所带来的巨大压力。因此,毛泽东号召人民实行计划生育,控制人口增长。②

群众运动对环境的破坏

1958—1961 的"大跃进"

毛泽东崇尚人定胜天,迫切希望把中国建设成世界强国,这使得他决定在 1958 年发起"大跃进"运动,这个群众性的运动目的旨在加速中国的共产主义进程,在工业发展上赶英超美。中国共产党执政初期采取的环保措施很快便淹没在全国大规模的土地开垦浪潮之中,虽然开垦土地是为了种粮,但却对森林、湿地、湖泊和河流造成了破坏。

曲格平是"大跃进"20 年后中国国家环保局的第一任局长,他对这一时期的环境状况如此描述:

> 在胜利完成第一个五年计划之后,在指导思想上开始滋长起一种骄傲情绪,夸大了主观意志和主观能动的作用,对形势作了不切实际的估计,……以高指标、瞎指挥、浮夸风、"共产风"为主要标志的"左"倾错误在全国严重地泛滥开来,使国民经济发生了严重困难,国家和人民遭受到了重大损失,并且造成了一定程度上的环境

---

① 夏竹丽:《毛泽东的自然征服》,第 45 页。
② 胡鞍钢、邹平:《中国的人口发展》,第 105 页。

污染和比较严重的生态破坏。……在"大炼钢铁"和"大搞群众运动"的方针指导下，小钢铁和其他"小土群"遍地开花。……在工业布局上，几乎冲破一切规章制度和禁忌，随心所欲，不顾环境保护的要求……使生物资源遭到破坏，特别是森林资源锐减，给生态环境带来了一系列严重的后果。这是我国自然环境受到的一次大范围的冲击和破坏。[①]

为了把粮食产量提高到一个以前从未有过的高度，当时甚至发出了很多错误的指示。比如，要求人民除"四害"（老鼠、麻雀、苍蝇和蚊子）；到处植树，"在一切宅旁、村旁、路旁、水旁，以及荒地荒山上，即在一切可能的地方，均要按规格种起树来，实行绿化"[②]；推广种粮新法，包括密植、深耕、广施肥料、使用拖拉机等农业机械，甚至少种（但是多收）等。作为那个时代的记录人，贾斯柏·贝克（Jasper Becker）描述了当时大量进行的、基于苏联生物学家特罗菲姆·李森科（Trofim Lysenko）伪科学的农业革新。有些错误简直难以置信。报纸刊登了孩子坐在麦田上的照片，以显示小麦长得稠密。后来的调查则证明那些照片不过是造的假，拍照时在孩子屁股底下塞了条凳子。[③]

毛泽东还大幅度扩大农业基础设施建设范围，加大农业基础设施建设步伐，包括大建水库、堤坝和灌溉工程："中国的每个县都必须垒坝修渠，建一个水库……不到两三年，大多数县的大坝都坍塌了，三门峡黄河大坝建成后不久，库区就填满了淤泥，极大地损害了水库的功能。"[④]诸如此类的水利枢纽工程导致了大规模的人口迁移。在浙江省新安江水库建设过程中，为了使水库扩容，仅从一个县就迁走了30万人。[⑤]

---

① 曲格平：《中国的环境管理》，第 211—212 页。
② 毛泽东：《征询农业 17 条的意见》，收入《毛泽东选集》第 5 卷，北京：外文出版社，1977 年，第 279 页。
③ 贝克：《饿鬼》，第 70—82 页。
④ 瓦茨拉夫·斯密尔：《退化的土地：中国的环境危机》，转引自贝克：《饿鬼》，第 77 页。
⑤ 贝克：《饿鬼》，第 77 页。

  "大跃进"运动中另一个对环境带来巨大破坏的是大炼钢铁狂潮。为了超过西方发达国家的工业产量,中国全民用土办法炼钢。毛泽东满怀豪情地说:"再加两年,到六二年,可能出八千万到一亿,接近美国……第二个五年计划就要接近或赶上美国。"[①]贝克指出:"全中国人民,从西藏高原偏远地区的农民,到北京中南海的最高领导,都在 1958 年和 1959 年搭起了炼钢炉,用土方法大炼钢铁。每个人都有指标,要把自行车、钢轨、铁床架、门把手、铁锅、铁盆、铁篦子等金属东西上缴。为了烧钢炉,中国人大量砍伐树木。"[②]

  大炼钢铁的结果是炼出了大量的废铁,环境污染急剧上升。北京从一个"连铅笔都不生产"的城市变成了一个拥有"700 家工厂、2000 个炼钢炉"的城市[③],这些工业设施把烟尘不断地排到北京的空气中。总体来说,在"大跃进"中建成了"简陋的炼铁、炼钢炉 60 多万个,小煤窑 59000 多个,小电站 4000 多个,小水泥厂 9000 多个,农具修造厂 80000 多个。工业企业由 1957 年的 17 万个猛增到 1959 年 31 万多个。"[④]

  统计数据可以说明这一时期环境所受的影响。比如,有专家估计,毛泽东实施的土法炼钢政策消耗了中国 10% 的森林。[⑤] 曲格平这样描述:

> 环境污染迅速地发展起来,在许多地方出现了烟雾弥漫、污水横流、渣滓遍地的局面。在"大办"的冲击下,对矿产资源滥挖滥采,不仅造成了惊人的浪费,而且破坏了许多地方的地貌和景观。更为严重的是使生物资源遭到破坏,特别是森林资源锐减,给生态环境

① 毛泽东在第十五次最高国务会上的讲话,1958 年 9 月 8 日(节选),冷战国际历史计划,伍德罗·威尔逊国际研究中心,www.wwics.si.edu.

② 贝克:《饿鬼》,第 63—64 页。

③ 安安托阿内塔·贝兹洛娃:《环境—中国:北京呼唤新鲜空气》,国际新闻社,2000 年 1 月 3 日。

④ 曲格平:《中国的环境管理》,第 212 页。

⑤ 夏竹丽:《毛泽东的自然征服》,第 82—83 页。

带来了一系列严重的后果。这是我国自然环境受到的一次大范围的冲击和破坏。①

"文化大革命"及其后果

由于看到"大跃进"带来的危害,中国领导人开始放慢国家社会经济基础设施建设的速度。1966年,也就是"大跃进"政策仅仅调整甚至停止实施5年后,毛泽东又发动了新的革命——"文化大革命",这次运动同样对国家和环境带来了严重影响。

"文化大革命"对国家的经济和社会秩序造成的破坏要比"大跃进"严重得多,对环境带来了长期的负面影响。曲格平认为:"在工业、农业和城市等领域建立起来的极为有限的有利于环境保护的规章制度,被当作资本主义和修正主义的'管、卡、压'受到批判和被否定,环境污染和自然生态破坏无遏止地迅速蔓延开来,达到了触目惊心的程度。"②

"文化大革命"中实施的一些政策极大地危害了中国的环境。工业生产一味强调数量,追求高产量,很少注意采用适用的技术,因此在原材料和能源方面产生了极大的浪费。由于不再执行劳动和环境法规,空气和水污染不断加剧,同时还导致了生物多样性的严重丧失。③

"文化大革命"片面强调粮食产量,忽视林业、畜牧业和渔业。人民毁林造田,毁草造田,填湖造田,建成人造平原,种植粮食。中国北部的东北和新疆的造田运动由于不能"延长生长季节或投入巨额资金改良土壤",结果只能以失败告终。④

瓦茨拉夫·斯密尔详细阐述了"文化大革命"期间中国土地退化的情况:

---

① 曲格平:《中国的环境管理》,第212页。
② 同上书,第213页。
③ 同上。
④ 墨菲:《人与自然》,第330页。

非法砍伐森林一直是缺乏木材的中国的一个难题,"文革"期间,非法砍伐变得更加猖獗,农村地区能源供应紧张使这个问题更加严重,给环境带来了更大的破坏……在大多数地区,毁林造田后不久,就会开始环境的恶性循环:新开垦的土地种几年粮食后,土壤里积累的有机物就会急剧减少,薄薄的土壤层迅速侵蚀,粮食产量大幅下降,然后为了多打粮食,再去毁林造更多的田。被抛弃的、荒芜的土地就会完全侵蚀,如果全部土壤侵蚀殆尽,基岩裸露,那么就可能带来环境不可修复的后果。①

毛泽东还实行"三线"建设的政策,为了不受外国列强攻击,要求把生产从沿海地区搬到内地,把工厂建在"靠山、分散、进洞"的地方。② 其结果是,这些工厂把有毒废气、废物排放到山里,污染了空气和水质。③

不过,就像"大跃进"一样,"文化大革命"产生的最大影响是对整个中国社会造成的破坏。中国知识青年——后来扩大到所有领域,包括环保领域的科研人员和知识分子——被打倒。数以万计的知识分子和他们的家庭被发配到农村或工厂去劳动。还有一些知识分子甚至被投入监狱或者被迫害致死。从"大跃进"到"文化大革命"的大约 15 年时间里,中国的社会秩序极端混乱,经济处于崩溃边缘,环境遭到严重破坏。

遗产

中国悠久的历史中深深镌刻着役使环境、为己所需的传统,很少考虑自然和人恢复地球资源的能力。中国对环境采取的态度、建立的体制、实行的政策植根于并浸润着中国的传统思想和传统哲学,比如儒家哲学鼓励人为了自身的利益去征服自然,而相对来说关切生态的道家和

---

① 斯密尔:《退化的土地》,第 16 页。
② 简称山、散、洞。——译者注
③ 曲格平:《中国的环境管理》,第 213 页。

佛教对中国大众和中国领导人的影响却很有限。

实际上,中国传统中在攫取权力、发展经济、满足需要方面表现得过度进取,给森林和矿产资源带来了浩劫,使河道和水利管理工程变得盲目,使土地因集约耕种而日益退化。周而复始的社会变革(包括战争、人口增长、经济发展)和生态环境变化,导致森林面积大幅减少,沙漠化、土壤侵蚀、洪涝这些危害随着时间的推移而在深度和广度上不断升级。

中国的保护环境体制带有极强的个人色彩,也就是说,维持人与自然之间和谐的责任首先在帝王或国家的领导人那里,其次在地方要员那里。简而言之,帝王的"天命观"以及儒家推崇的官员道德观和责任观,成为中国历史大多数时期内保护环境的主导思想。因此,如何有效地保护和保持水土资源,主要依靠个别官员的自觉性和个人倾向。有些开明政治家和地方要员,比如管仲、俞森,积极推行保护环境的政策,但大多数官员一味地发展经济,增强武力,很少考虑环境资源的承受能力。

同时,普通大众在环境保护上几乎发挥不了任何作用,除非他们眼前的环境和资源受到威胁。比如,水污染和庄稼毁坏可能导致恶性的地方冲突。但是对于中国普通百姓来说,他们认为环境保护是中央和地方政府的事,只是在自己的切身利益受到危害时,他们才有所行动。

中国的环境保护制度一方面存在依赖个人行为的弱点,另一方面,中国又缺乏制定和实施环境法律法规的传统。儒家价值观和法家理想的结合强化了地方政府的权力,地方政府更愿意以就事论事的方式平衡各方的利益冲突,而不是主要依靠系统的法律制度。这就使得帝王或官员在处理问题上更加率性而为,从而对环境产生极大的负面影响。尤为严重的是,负责执法的环保机构要么权力小,要么根本就没有设立。最后,中国社会缺乏强大的司法机构,这在很大程度上导致腐败愈演愈烈,进而削弱了环保方面所做的努力,加剧了社会动乱和动荡。

尤为严重的是,从中国的历史上看,历代统治者在管理自然资源方面有着惊人的一致性,都喜欢采取运动的方式,以群众运动来解决洪涝灾害和森林减少等环境问题,但是这些运动多以失败告终。在强调速度、扩大范围的同时,很少考虑对于成功至关重要的环境和科学因素,也不允许有质疑科学的精神,不允许实行其他方案。因此,中国的专家就不能向政策制定者提供详细的、有价值的研究分析。

中国传统上对环境所持的态度、建立的体制和采取的措施,没有为建立强大的环保机构打下基础。在保护自然环境方面,毛泽东以后的中国领导人又将面临着新的、更大的挑战。

第三章　经济扩张和环境代价

1976年,毛泽东逝世,文化大革命结束,中国的内政外交开始了根本的转型。从1978年开始,中国领导人实施了一直持续到今天的改革政策,把中国带入了一条前人从未走过的道路,市场在推动经济发展方面越来越发挥着远比行政命令要大的作用。中国通过贸易和加入多种国际组织、奉行多种国际公约,已经融入到国际社会当中。

这场改革还带来了一系列新的环境问题。20世纪80年代,邓小平号召"致富光荣",这无意中为掀起另一场出于经济发展目的而开发自然资源的运动搭设了舞台。今天,30年的经济发展几乎没有受到环保部门的限制,这种做法强化了中国为了快速发展经济而牺牲环境的传统。

同时,中国领导人为了平衡日益增长的人口和自然资源的关系,采取了很多重要措施。为了降低人口增长率,中国设立了具有协调职能的计划生育委员会,出台了大量限制人口增长的规章制度。这些措施取得了很大成效(下面还要谈),但同时,中国的人口政策由于积极推进的经济改革而受到严重影响。

中国还必须应对经济改革和环境两种因素交织而带来的社会和经

济方面的挑战。这些挑战都有哪些？摆在中国政府首要议事日程上的是农村和城市日渐突出的社会问题、日益增多的公共卫生问题以及环境污染和退化给经济带来的成本增加，比如工厂整顿、企业倒闭以及治理湖泊、河流的环境修复工程等。而且，随着环境挑战的加剧，中国政府有效应对的政策措施也必须在力度和强度上进一步加大，从而进一步增加了中央和地方领导在经济和政治上的压力。

经济奇迹

中国的经济改革是最近 30 年最成功的改革之一。20 世纪 70 年代末之前，中国经济由于几十年来采取国家计划的发展方式而步履蹒跚、了无生机。70 年代末以后，由于中央的部署和基层的积极配合，改革得以进行，从而把中国建设成了全球经济大国。

经济获得发展的一个关键因素是 20 世纪 80 年代初期中央把经济发展权力下放到省市（直辖市）的决定，同时给予一批城市省级管理权。省级政府因而获得了财政支配权、项目审批权、外商投资审批权以及更大的官员任命自主权。[①] 其结果是惊人的："地方政府和党委满腔热情地争取新的优惠政策，他们兴建新的地方工业，以自己省份的优势吸引外资。在地方优惠措施的推动下，不论是地方经济还是国家经济，都实现了跨越式发展。"[②]人均 GDP 增长了近 30 倍，从 1984 年的 84 美元（合692 元人民币）增加到 2008 年的 3259 美元（合 22250 元人民币）。[③]

在农村，即便是改革以前，这样的经济活力已经在部分地区出现了。在地方官员的默许下，一些省份的农民开始分配自留地，发展副业。到了 1983 年，邓小平和他的支持者明确肯定了农民取得的成绩，下发了实

---

① 谢淑丽：《中国经济改革的政治逻辑》，伯克利：加州大学出版社，1993 年，第 176—181 页。
② 同上书，第 181—182 页。
③ 国际货币基金组织，世界经济瞭望数据库，2009 年 10 月，参见 www.imf.org.

行"农村承包责任制"的红头文件,在全国范围内开始了农村改革。很多地区的粮食产量翻了一番。

农村经济改革的成功、农民收入的增加,带动了农村、城市经济其他方面意义深远的改革。[①] 农民建立了事实上的劳动力市场和粮食市场,这导致一批又一批的农民到经济活跃的沿海城市去打工,一方面提供了急需的低端劳动力,另一方面也加速了这些城市的资源开发。

早在 1987 年,中央领导就开始酝酿减少国有企业在国民经济中的比重。自 20 世纪 60 年代初开始,在很多大城市建立的大型国有企业是地方经济的支柱,有些企业甚至有十多万工人。这些国有企业控制着经济发展的重要基础产业,比如电力、有色金属、交通、化工、机械甚至纺织。其突出特点是,雇用上万名职工,并提供工人的教育、医疗和退休金等所有的社会福利保障。然而,就像前苏联那样,这些企业总的来说效率低下,需要国家财政的补贴。十年后,也就是 1997 年,时任国务院总理朱镕基下决心积极推进国有企业改革,这项改革无论在政治上还是经济上都是一大挑战,因此在许多城市产生了很大影响。

从那以后,中国政府大力发展集体、私有和合资企业,作为对国有企业的重要补充。在农村,乡镇企业异军突起,成为国民经济发展的重要引擎,吸纳了农村大量富余劳动力,避免了农民涌向城市。

外商投资企业和中外合资企业在中国新的经济发展中也发挥了同样重要的作用。20 世纪 80 年代初期,中国政府在一些城市和省份,主要是东部沿海地区,设立了经济特区,因此外商投资迅速增加,从 1982 年的 4.3 亿美元增长到 2008 年的 924 亿美元。[②] 沿海居民的生活水平大幅提高,比如上海的人均 GDP 从 1978 年的最多 300 美元[③]上升到 2008

[①] 周晓:《农民如何改变中国》,科罗拉多州博尔德市:西方论点出版社,1996 年,第 46—47 页。

[②]《中国外商直接投资 2008 年创新高》,《国际财经时报》,2009 年 1 月 16 日,http://www.ibtimes.com.cn/articles/20090116/zhongguowaimao.htm.

[③] 罗恩·邓肯、田晓文:《中国地区经济差距成因初探》,《北京大学中国经济研究中心内部讨论稿系列》第 1999012 号,表 2。

年的 10592 美元。[①] 国际政府组织,比如世界银行和亚洲开发银行早在
20 世纪 80 年代中期就开始在公路、铁路、码头和能源项目等基础设施建
设上发挥重要作用。

21 世纪的头 10 年,中国经济焕发出的活力和对自然资源的需求,促
使其实施"走出去"的发展战略,成了在发展中国家进行国际开发和国际
投资的重要源头。在这个过程中,中国带动了很多国家的经济发展,但
正如我们在第六章中将会看到的,中国也给这些国家的环境带来了影响
深远的负面作用。

当中国领导人总结 30 年改革的伟大成就时,他们有理由感到自豪。
经济体制改革为很多中国人带来了翻天覆地的变化,生活水平的提高、
物资的丰富、服务的便捷、人员流动和职业选择的自由,为亿万人民带来
了机遇,创造了美好的生活前景。

环境破坏

然而经济领域的成功也带来了对自然环境的极大破坏。经济的高
速增长导致了对水、土地和能源的巨大需求。特别是,森林资源的减少
引发了诸如沙化、洪涝和物种消失等灾难性影响。

环保工作明显落后。在 20 世纪 70 年代中叶,中国政府开始进行小
规模的环境保护,并逐渐提高环保力度,扩大环境保护的范围。然而,地
方环保局往往听从当地政府的指示,一切要为经济建设让步。

在没有强大、独立的环保机构的情况下,中央的放权使得地方政府
更加自主地集中各类资源,推动经济增长,环境保护工作则被放到一边,
远离政府工作重心。因此,在很多地区,土地、水、森林资源被大规模利
用,根本没有考虑到这些自然资源的保护和恢复问题。

---

①《上海介绍》,美国驻华使馆商务处,2009 年,http://www.buyusa.gov/china/en/shanghai.
html.

乡镇企业推动了中国经济的增长,环保部门对这些企业很难进行监督和管理。随着对中国经济重要性的提高,乡镇企业对环境产生了很大威胁,其严重程度一点不亚于国有企业。2000年,乡镇企业排放的污染物占全国的50%。[1]即便是最热情的环保主义者,比如国家环保总局前局长解振华,也只能默认经济发展在中国政策中的优先地位。

中国融入全球经济,一方面获得了一些环境方面的利益;另一方面,中国更是成为石化、半导体、采矿等世界上重污染行业的新基地,成为纸张、家具等资源消耗性产品的全球市场提供商。

中国的森林采伐

中国经济改革初期的几年(1978—1986)时间里,地方官员竞相利用新出台的经济发展优惠政策和相对宽松的管理措施。在此背景下,林业采伐上升了25%。[2] 根据地方官员的报告,到了20世纪90年代中期,在全国140个林区中,有25个林区的树木砍伐殆尽,有61个林区树木砍伐速度超过恢复速度。[3] 为满足国内外对中国木材日益扩大的需求,人们日夜不停地采伐林木,那些技术高超、伐木数量多的工人甚至成为当地的英雄。整个20世纪80—90年代,由于筷子、家具、纸张[4]的巨大需求,中国的木材产量呈直线式上升,由此推动了林木采伐业的发展。因为有利可图,一些非法砍伐也不断出现。随着中国加入世贸组织,日本、台湾的一些跨国公司也开始涉足中国的林木采伐业,结果是,中国因其

① 乔舒亚·穆达文:《中国改革时代环境政策和资源管理的悖论》,《经济地理》,第76卷,2000年第3期,第255页。
② 瓦茨拉夫·斯密尔:《中国环境危机:国家发展制约因素探讨》,纽约:M.E.夏普出版社,1993年,第61页。
③《世界资源,1994—1995》,纽约:牛津大学出版社,1994年,第131页。
④ 潘文:《中国林业经济危害边境森林,伐木产业部门利用市场监管缺失砍伐树木》,《华盛顿邮报》,2001年3月26日,第A19版。

木制产品而在国际市场获得了相当的利益。现在,中国是世界上最大的木制品出口国、世界第二大木材消费国。[1]

数百年来,伐木采薪、毁林造田以及战争破坏,使得中国逐渐成为世界上人均森林面积最低的国家之一。在新的木材需求形势下,中国已是满目疮痍的原始森林再遭浩劫。[2] 现在,据有关报告,中国森林覆盖率为18.21%[3],远低于美国33.1%的森林覆盖率,也低于世界30.3%的平均水平。[4]

过去几十年来,有些省份的森林覆盖面积减少得更为严重。比如四川,这个省份是人工饲养大熊猫的故乡,曾是中国森林覆盖率最高的地区之一,从20世纪80年代到90年代中期,四川省砍树和植树的比例高达10∶1。有人称当地居民正在用"斧之林"替代"树之林"[5],四川省的森林覆盖率从20世纪70年代的28%减少到80年代的14%。到了90年代末,四川省就只剩下8%的原始森林了。[6] 1998年,国家林业局发起了大规模的植树造林运动,称为"原始森林保护工程"。这项工程预计2010年完工,旨在收集现有森林资源的详细数据,指定原始森林保护区,或限制伐木活动,让600万公顷农田退耕还林,恢复了3900万公顷的森

① 王光宇:《中国林业发展及其对加拿大的启示》,加拿大国际理事会,2008年7月。http://www.canadianinternationalcouncil.org/download/resourcece/archives/foreignpol/cic_wang_e;以及迈克·戴维斯:《非法木材出口可能使中国付出高昂代价》,《卫报》,2006年3月22日。

② 根据国家环保总局发布的《2003年中国环境状况公报》,中国森林面积占国土总面积的16.55%,也就是最多1.59亿公顷。根据国家环保总局1998年和2000年的《中国环境状况公报》,在两年时间内,中国森林覆盖面积占国土面积的比例从13.92%上升到16.55%,见www.zhb.gov.cn/english/SOE/index.htm.中国有史以来损失的森林面积几乎是现有面积的2倍,大约2.9亿公顷,是阿拉斯加州面积的3倍。《采取严厉措施,加强法制建设》,《中国日报》,1999年8月30日,第2版。

③《中国林业发展情况》,新华社,2009年3月20日,http://www.china.org.cn/environment/report_review/2009-03/20/content_1743108.htm.

④《2005年全球森林资源评估》,联合国粮农组织,2006年,www.fao.org/forestry/static/data/fra2005/global_tables/FRA_2005_Global_Tables_EN.xls.

⑤ 何博传:《山坳上的中国》,旧金山:中国图书期刊出版社,1991年,第25—26页。

⑥ 四川省环保局官员2000年6月14日与作者的研究助手谈话,谈话稿记录由作者保存。

林面积。① 某种程度上来讲,这项工程是成功的。从 1997 年到 2000 年,中国的林业采伐减少了一半还多,从 3200 万立方米降至 1400 万立方米,林木采伐总量一直到 2000 年都在持续下降。然而,2003 年,林木采伐又有上升的趋势。另外,中国的森林覆盖率虽然在 1990—2005 年上升了 25% 之多②,但这些新造的林区只有一两类树种,是人为种植而非自然生长出来的。③

同森林资源的命运一样,中国的草原也遭受了严重的损失。现在,草原占中国国土面积的大约 41.7%④,主要分布在西藏、新疆、青海和内蒙古等西部地区。总起来说,1950 年以来,环境退化使中国的草原面积减少了 30%—50%,在现存的大约 4 亿公顷天然草原中,90% 以上的已经退化和过度放牧,50% 以上的有中度到深度的退化,导致了生物多样性的减少,降低了涵养水源的能力。国家环保部的年度报告显示,1996 年以来这种状况一点也没有改善。⑤

从 20 世纪 50 年代到现在,中国为了提高粮食产量,把数百万公顷的草原改造成粮田,导致了严重的土地退化。牲畜的私有化,草场的承包经营,牧区的精细化管理,种植牧草、饲料的新技术,这一切都削弱了对草原的保护。⑥ 由于草的产量与 20 世纪 60 年代初期相比减少了 1/3 甚至 2/3,牲畜必须啃更多的草地才能吃饱。⑦

---

① 马天杰(音译):《彼此关联的森林:中国林业保护对全球和国内的影响》,威尔森中心中国环境论坛,2008 年 8 月,http://www.wilsoncenter.org/topics/docs/forestry_aug08.pdf.

② 《2008 年亚太地区关键指标》,亚洲开发银行,2008 年,http://www.adb.org/documents/books/key_indicators/2008/pdf/Key-Indicators-2008.pdf.

③ 杨金新:《中国软壳龟,危机的象征》,《纽约时报》,2007 年 12 月 5 日,http://www.nytimes.com/2007/12/05/world/asia/05turtle.html.

④ 《2007 中国环境状况公报:草原》,国家环保部,2008 年 11 月 17 日,www.zhb.gov.cn/plan/zkgb/2007zkgb/200811/t20081117_131277.htm.

⑤ 《中国环境状况公报》,1996、1997、1998、1999、2000、2001、2002 年。

⑥ 世界银行,《中国:气、土、水》,华盛顿 D.C.:世界银行,2001 年,第 23 页。web18.worldbank.org/eap/eap.nsf/Attachments/China + Env + Report/ $ File/China + Env + Report.pdf.

⑦ 李子君(音译):《沙漠吞噬中国的草原和城市》,世界观察研究所,2006 年 6 月 1 日,www.worldwatch.org/node/3963.

中国森林的减少和草原的退化不仅对中国,而且对全世界都产生了一定的影响。[1] 从中国方面来说,所受的影响是木材短缺、生态系统改变、土壤侵蚀、河床抬高、洪涝频发、区域气候变化等。从国际方面来说,树木采伐导致森林面积萎缩,引起碳汇的减少,使得二氧化碳增加,推动了全球气候变暖。森林减少、草原退化以及土地过度开垦还加剧了沙漠化,使得肆虐中国北方的沙尘暴不断增多。

中国 1/4 以上的土地已经受到沙漠化的影响,或者由于过度放牧、过度开垦、过度用水、气候变化而退化。在中国西北,沙化的速度加快了 1 倍还多,从 20 世纪 70 年代的每年 1560 平方公里(大约 600 平方英里)[2]发展到 90 年代后期的 3436 平方公里(大约 1300 平方英里)。[3] 由于沙漠化、土壤侵蚀和盐碱化,中国每年退化的土地相当于一个新泽西州。[4] 中国有 4 亿人或 30% 的人口生活在受沙漠化影响的地区[5],使得大批农牧民不得不迁移,正如中国人所说,形成了"沙进人退"的局面。[6] 2000 年 5 月,当时的朱镕基总理担忧快速推进的沙漠化将使北京面临迁都的危险,尽管中国科技界认为如此可怕的结果不可能发生。

到了 20 世纪 90 年代后期,华北每年平均发生 35 次沙尘暴,而 230 年前,沙尘暴要少得多。[7] 北京由于多发沙尘暴,经常是黄沙漫漫,尘土飞扬,"遮天盖日,阻碍交通,关闭机场"[8],"数千公里的公路、铁路因沙尘

---

[1] 曲格平、李金昌:《中国人口与环境》,科罗拉多州博尔德市:林恩林纳出版社,1994 年,第 61—62 页。

[2] 罗恩·格卢克曼:《沙尘暴》,《亚洲周刊》,2000 年 10 月 13 日。www. asiaweek. com/ asiaweek/magazine/2000/1013/is. china. html.

[3] 石元春:《关于 20 年沙化控制的思考》,www. china. com. cn/english/2002/May/32353. htm.

[4] 谭燕、郭飞:《中国西部的环境问题与人口安置》,亚太地区迁移研究网络第八次会议论文,2007 年 5 月 26—29 日,福建。http://apmrn. anu. edu. au/conferences/8thAPMRNconference/ 26. Tan%20Guo. pdf.

[5]《中国的林业发展》,新华社,2009 年 3 月 20 日。

[6] 曲格平、李金昌:《中国人口与环境》,第 76 页。

[7] 莫飞、戴伟:《沙化:拯救这片贫瘠的土地》,《远东经济评论》,2001 年 7 月 19 日,第 30 页。

[8] 莱斯特·布朗:《沙尘暴威胁中国未来》,《地球政策警示》,2001 年 5 月 23 日,第 1 页。

沉积而中断"。① 2006 年 4 月,北京遭受 2001 年以来最大的沙尘暴袭击,一夜之间北京的街道上覆盖了 40 万吨的沙尘,遮天蔽日,建筑工地停工,全北京城进行大规模的清扫。2007 年,从新疆西北部塔克拉玛干沙漠吹来的沙尘在 13 天的时间里肆虐全球,大量的沙尘沉降到太平洋里。② 据中国环保部估计,2007 年中国受沙尘暴影响的面积相当于一个半阿拉斯加州。③

除此以外,树木砍伐、草原减少、湿地农垦和环境污染直接威胁中国生物的多样性:《濒危物种国际贸易公约》所列的 640 个物种中的 25% 在中国,中国约有 40% 的动物、70%—86% 的植物物种处于濒危境地。④ 中国物种保护项目已经取得了显著成效,人工饲养让濒临灭绝的大熊猫、藏羚羊、扬子鳄数量增加,但仍然有一些物种消失了,比如 2006 年扬子江豚(白暨豚)灭绝了。⑤ 中国在建设自然保护区、保护物种方面做出了积极的努力。仅就 2007 年来说,中国在全国设立了 2500 多个自然保护区,相比 1997 年的 1000 个是大大增长了。⑥ 不过,只有 2/3 的自然保护区真正有专人负责,有经费支持,而且许多自然保护区经费严重不足,2006 年拨给自然保护区的经费不足 2 亿元(2900 万美元)。⑦ 因此,很多保护区为了筹集保护区发展所需要的资金,不得不求助于保护区内的一些公司,开展商业经营活动。⑧

数十年来,甚至数百年来,人们一直很难认识到森林减少和沙化的程度,也很难采取有效的应对措施。但是,1998 年,大自然给中国领导人

① 约翰・卡普兰・纳格尔:《中国环境法司法案例的缺失》,《纽约大学环境法学刊》,1996 年,第 520 页。
② 谭依琳:《中国沙尘暴 13 天绕地球一周》,路透社,2009 年 7 月 20 日。
③ 李子君(音译):《沙尘暴影响华北空气质量》,世界观察所,2006 年 5 月 23 日。
④ 杨金新:《中国软壳龟,危机的象征》。
⑤ 同上。
⑥ 《2007 中国环境状况公报:自然生态》,国家环保部,2008 年 11 月 17 日。
⑦ 李晓华(音译):《资金短缺使自然保护面临困境》,china.org.cn,2006 年 11 月 19 日,www. china.org.cn/English/material/189447.htm.
⑧ 世界银行:《中国:气、土、水》,第 32—35 页。

敲响了警钟。发源于西藏高原、流入东海的长江发生特大洪涝灾害,淹没土地 5200 万公顷,造成 200 亿美元的经济损失。滥伐滥砍,再加上湿地破坏,减弱了大自然吸纳洪水的能力,成为这次洪涝的主要原因。当时的朱镕基总理立即下令,禁止四川西部大规模砍伐森林,该禁令继而扩大到 17 个省市自治区。同时,中央政府在 2000 年宣布投入大约 7.25 亿美元,在整个西北通过退耕还林、退耕还草等措施,增加新的草地,建设新的森林,扩大植被面积,目的是阻止沙化,控制沙化。当时的国家计委主任曾培炎说,中国政府首先要让农民的"粮仓充实",然后鼓励他们把农田种上树。此后,中央政府在西北地区又实施了其他一些植树造林措施,但主要是植树而不是恢复当地能够有效阻止沙尘暴的草地和灌木丛。[1] 有人估计,由于沙尘暴的影响,中国西北部有将近 40 个城市被遗弃了。[2] 中央政府还指导一些农牧民改变生活方式,经济来源实现从农业到种树的转变。然而,这些措施能否成功还很难确定,这一点,我们将在第四章进行讨论。

争水

2008 年春,北京近邻河北省的农民面临着严重的水源短缺。到了 4 月份,分配给灌溉用的水已经告急。河北省水利负责人安正刚当时这样说:"农民还在要水……只有看天了,每个人都希望这个夏天雨水会多一点。"[3]河北的农民以前在干旱时都要打井,但 2008 年发现地下水资源在快速下降。一位河北农民 6 月份时这样说:"如果你现在打井,见到水之

---

[1] 艾林琳:《中国的沙漠化和环境发展趋势》,伍德罗—威尔逊中心中国环境论坛,2007 年 4 月 2 日。

[2] 韶华:《沙漠化:追寻被遗弃的城市》,《数字记者》,2009 年 6 月,www. digitaljournalist. org/issue0906/desertification-on-the-trail-of-abandoned-cities. html.

[3] 田磊(音译):《华北水危机》,《南风窗》,2008 年 6 月 21 日,译自《三峡探索》,www. probeinternational. org/index. php?g = Beijing-water-crisis/news-and-opinion/water-crisis-north-china.

前会先遇到岩层。以前可不是这样……今年老天开眼,雨水多。但再遇到干旱我们怎么办? 老天可能不会再及时下雨缓解旱情了。"①2009 年 3 月,河北省水利局报告说,过度使用地下水已经导致 4 万多平方公里的土地下沉,几乎相当于一个肯塔基州。②

就中国很多地区来说,水资源供应的减少,对今天的社会、经济和政治构成了极大的挑战。中国人均淡水 2156 立方米(只有世界人均淡水 8549 立方米的 1/4)③,高于世界银行关于缺水国家人均淡水 2000 立方米的标准。④ 但是,这一指标没有考虑水资源供应的地区差别。中国的水资源分部极为不均,南部和西部水量大,北部水量小。北部集中了中国 42%的人口、45%的耕地,但仅有 11.3%的水资源。⑤ 东南部的平均降雨量(1800 毫米)几乎是西北部平均降雨量(200 毫米)的 9 倍。占中国面积 45%以上的地区一年降雨量不到 400 毫米。地下水资源分布也同样极不均衡,南方地下水蕴藏量是北方的 4 倍还多。使用地下水替代被污染的地表水,导致中国某些地区的地下水位自 1960 年以来下降了50 米。⑥ 但问题还远远不止于此:地下水减少造成盐度增加,因为含盐量高的水从地表渗入地下,影响到地下水;地表沉降,这是由于地下水被抽出后导致地下水区域的地质结构发生变化;地下水位的下降还增加了将地下水抽到地面的成本,因为地表与地下水位的距离更远,需要功率更大的抽水设备。⑦

---

① 储百亮:《奥林匹克城市面临水危机》,路透社,2008 年 6 月 26 日

② 《北京主要水源地面临严重水荒》,新华社,2009 年 3 月 21 日。

③ 谢剑(音译):《应对解决中国的缺水问题:关于水资源管理若干问题的建议》,世界银行,2009 年 1 月。

④ 根据世界银行在其《1992 年世界发展报告》(纽约:牛津大学出版社,1992 年,第 48 页)中的定义,当年度循环水资源供应量少于人均 1000 立方米的时候,缺水问题就会变得非常严重。而年度循环水资源供应量少于人均 2000 立方米的时候,就出现缺水问题了。

⑤ 莫丽·德萨尔等:《中国的南水北调工程》,哥伦比亚大学水资源中心,2008 年 8 月 14 日。

⑥ 《中国污染的代价:有形损失的经济学评估》,世界银行、中国国家环保总局,2007 年,第 9 页。

⑦ 《中国全国面临地下水枯竭》,美国地调局,2003 年 11 月,www.pubs.usgs.gov/fs/fs - 103 - 03.

因此,上海、广州和太原的官员都把缺水作为第一号环境问题就一点也不奇怪了。水利部预测2030年当人口达到16亿,人均淡水降到世界银行认定的缺水国家的水平后,中国将发生"严重的水危机"。[①] 根据世界银行的统计数据,中国660个城市中已有400个属于缺水城市[②],2.6亿人感到用水困难。[③] 而且,有3亿农民没有用上自来水。[④] 由于没有自来水可用,他们只得使用地表水,而地表水因为附近有农田和工厂而被污染。实际上,在中国,将近7亿人的饮用水受到人和动物的排泄物污染的威胁。[⑤]

经济的快速发展进一步增加了中国的农业、家居和工业用水需求。中国大多数的水被用来发展农业,45%的土地需要灌溉,占用水总量的64%。[⑥] (与此形成对照的是,美国仅有11%的耕地是水浇田。[⑦] 尽管加利福尼亚州水资源的需求大于供给,开始制约新的房地产项目的开发,但是农业用水也只占全州用水量的48%。)[⑧]2003—2007年,中国的工业用水以平均每年3.8%左右的速度增长。[⑨] 同期,农村的用水总量以每年1.12%的速度增长。在一些经济活跃地区,水的需求量更大。比如,江苏省的用水同一时期增长了44%。[⑩] 而且这个趋势没有一点减缓的

---

① 《中国水资源短缺2030年将达到警戒线》,新华社,2001年11月16日。

② 谢剑:《应对解决中国的缺水问题:关于水资源管理若干问题的建议》,世界银行,2009年1月,第1页。

③ 珍妮·刘:《中国的废水发电》,威尔森中心中国环境论坛,2009年1月,http://www.wilsoncenter.org/topics/docs/wastewater_jan09.pdf.

④ 《中国污染的代价》,第33页。

⑤ 《反贿赂机构说,穷人是水腐败的最大受害者》,法新社,2008年6月25日。

⑥ 李玲(音译):《水浇地保持稳定》,世界观察研究所,2007年11月8日 www.worldwatch.org/node/5445.

⑦ 《农业和水》,《水资源百科全书》,www.waterencyclopedia.com/A-Bi/Agriculture-and-Water.html.

⑧ 《常问的问题》,加州农业用水联盟,2008年,www.farmwater.org/FAQs/Frequently-Asked-Questions.html.

⑨ 《中国统计年鉴2008》,《水供给和水利用》。

⑩ 《中国统计年鉴2008、2007、2006、2005、2004》,《按地区统计城市自来水供给基本数据》。

迹象。2007 年,一份广东省饮用水调查显示,由于污染和浪费,到 2020 年,该省的用水缺口将高达一半。①

连年干旱也使得中国的水资源枯竭殆尽。白洋淀曾被称为"华北的珍珠",现在则已干涸,数十万的渔民转而以织席为生。② 过去 20 年里,中国主要河流的流量,海河流域降低了 41%,黄河和淮河流域降低了 15%,辽河流域降低了 9%。③ 2004 年以来,北京开始依赖脆弱的、储藏在地表 1 公里以下的地下水。④ 更为严重的是,北京水资源的人均占有量从 1949 年的 1000 立方米骤降到 2007 年的 230 立方米。⑤ 2008 年,严重的干旱使长江的水位降到 140 年来的最低点,590 万人的吃水问题受到影响。⑥ 中国对地下水的掠夺性开发已经造成巨大的地下洞窟,现在带来更加严重的问题。中国一些富裕的城市正在下沉。比如上海和天津在过去 15 年里下沉了 6 英尺多。在北京,地表下沉已经影响到工厂、楼房和地下管线的安全。

随着对水的需求直线上升,水污染也直线上升。根据国家环保部 2008 年的年度报告,中国七大河系中的三大河系淮河、松花江和海河,70% 的河水水质为 4 级甚至更加严重(不适于人饮用)。辽河水文监测河段的水质将近 57% 也是 4 级甚至更糟。只有长江和珠江的水质检测数据好一点,80% 以上的水达到 3 级甚至更好(人可饮用)。尤其令人不安的是,尽管中国开展了大规模的"三河""三湖"治理活动,20 世纪 90 年代中期以后,水质仍然没有改善,甚至更加恶化。⑦ 就太湖、巢湖和滇池这三湖来说,国家环保总局 2007 年的数据显示,太湖 75% 以上的水文检

---

① 陈虹(音译):《广东水资源环境更加恶化》,《中国日报》,2007 年 11 月 28 日。
② 潘公凯:《中国湿地在变干,干旱危害神秘湿地的古老生活方式》,《华盛顿邮报》,2001 年 7 月 1 日,第 A14 版。
③ 谢剑:《应对解决中国的缺水问题》,第 11 页。
④ 储百亮:《奥林匹克城市面临水危机》。
⑤《北京的水危机:从 1949 年到 2008 年奥运会》,《国际探索》,2008 年 6 月 26 日。
⑥《590 万中国人饮用水短缺》,法新社,2008 年 3 月 1 日。
⑦《2003 年中国环境状况公报》。

测站报告的水质为5级(只能用来灌溉)甚至更糟;水文检测站的报告显示,巢湖50%、滇池62.5%的水质也是5级或者更为严重。①

最令人痛心的可能是,水利部的一份调查报告显示,中国118个城市中有115个饮用水被污染,污染物主要是砷(能引起严重的恶心呕吐,身体器官癌变,甚至更为严重的导致死亡)和氟(会引起骨质氟中毒,这是一种骨骼病,发作时关节剧痛)。② 国家环保总局2006年的年度报告分析了中国107个城市的饮用水源,发现有大约28%的饮用水受到下水道污物和氮的污染,没有达到国家规定的标准。③ 由于工业和城市废水排放不断增加,城市洁净饮用水供应面临更加严峻的挑战。国家环保总局2007年的报告显示,与2006年相比,工业和城市废水的排放量增加了3.7%。④

中国大城市之外的乡镇企业极大地加剧了当地的水污染,这些乡镇企业以及乡镇居民直接把未经处理的废水排到小溪、河流和沿海海域。⑤ 制革厂、化工厂、化肥厂、砖瓦厂、陶瓷厂、小火电厂、纸浆厂、造纸厂等异军突起,使乡村的污染恶化到触目惊心的程度。保守地估计,乡镇企业每年排放超过100亿吨的废水,占中国工业废水排放总量的一半左右。⑥

对这些乡镇企业进行监管相当困难。虽然不时关闭一些污染严重的乡镇企业,但专家认为没有任何手段来控制这些小企业排污。⑦ 在有些情况下,当地居民愿意接受这些乡镇企业带来的污染,因为他们都在

---

① 《2007年中国环境状况公报:淡水》,国家环保部,2008年11月17日。

② 《中国污染的代价》,第82页。

③ 《2006年中国环境状况公报:水环境》,国家环保总局,2007年11月5日。

④ 《2007年中国环境状况公报:水环境》。

⑤ 中国水污染的主要来源是工业和城市废水排放以及农业的化肥、农药残留和畜便、固体废弃物浸洗。世界银行,《碧水蓝天》,第90页。

⑥ 马克·王等:《中国的乡镇企业和水污染》,《环境管理》,第86卷,2008年3月,第4期,第648—649页。

⑦ 《中国环境报》,1994年10月4日,第4版。

这些工厂打工。[1] 这个问题的复杂之处在于：很少见过污水处理厂[2]，除了"埋根管子，把废水排到最近的沟里外，没有任何净化措施"[3]。

虽然不容易看到，但危害同样严重的还有过度使用化肥所导致的污染。的确，改革开放以来，中国化肥使用量增加了 6 倍多，从 1978 年的 884 万吨增加到 2007 年的 5747 万吨。[4] 根据世界银行的报告，化肥质量低劣以及使用不当使得化肥有效成分大量流失，继而导致了大自然的富营养化现象，在中国的很多大湖，蓝藻的泛滥耗尽了浅水中的氧气。[5] 结果，中国 40 个主要淡水湖中有大约 23 个——包括太湖、巢湖和滇池，变得富营养化[6]，其负面影响是长久的。比如，2007 年 5 月底，太湖里面有毒蓝藻大规模生长，使得周边 230 万居民饮用水告急。太湖易于发生这类大范围的事件是由于附近工厂往湖里排放了过多含有氮和磷的污水，仅太湖北岸就有 2800 个化工厂，附近的稻谷之乡耕地荒芜。尽管政府号召清理太湖，但这类毒藻泛滥事件仍然不断发生。[7]

水荒和污染对中国经济产生了严重危害，主要是使粮田因污染而成为不毛之地，迫使把宝贵的经费投入到大型引水工程以及清污治理当中，引发农村和城市日益加剧的社会不稳定。目前，还难以看到好转的迹象。中国科学家预测，到 2020 年，中国将缺水 500 多亿立方米，达全

----

① 比如，20 世纪 90 年代初，在河北省的一个农村，农民自己建了个制革厂，获得收入 3 亿元（3660 万美元）。然而，到了 1993 年，这个制革厂排放的废水达到 1130 万立方，而且含硫量和含铬量都很高。这些废水直接排到污水池，严重损害了地表水和地下水，减少了粮食产量，结出了"酸"果子。可是，这些农民说他们并不关心粮食减产，因为制革厂对增加收入更为重要。《中国环境报》，1994 年 10 月 4 日，第 4 版。

② 莱恩·霍登：《中国污水处理和清洁能源的需求增长》，世界观察研究所，2007 年 2 月 1 日，www.worldwatch.org/node/4889.

③《中国人类发展报告》，第 25 页。

④《中国化肥行业研究报告，2008—2010》，雅虎商业资讯，2009 年 3 月 5 日，www.finance.yahoo.com/news/Research-Report-on-Chinas-bw-14551440.html.

⑤ 世界银行：《中国：气、土、水》，第 58 页。

⑥ 谢剑：《应对解决中国的缺水问题》，第 14 页。

⑦ 周看：《在中国，一个太湖保护者给自己带来麻烦》，《纽约时报》，2007 年 10 月 14 日，http://www.nytimes.com/2007/10/14/world/asia/14china.html.

国年用水量的 10% 以上。到 2030 年,中国政府估计中国会将所有能开发的水资源都利用起来。

发展中国的经济

中国环境污染最明显的景象是全国很多城市上空周期性地笼罩着浓雾。有一个记者曾这样报道:"最坏的时候,首都北京浓雾弥漫,50 层的高楼在 100 码以内都看不见。"[1]20 世纪 80 年代以来,虽然空气中的二氧化硫和污染颗粒有所减少,但中国的城市仍然是世界上污染最严重的城市。[2]

世界上污染最严重的城市有 30 座,其中中国 20 座,而北京是这 20 座城市之一。[3] 2005 年的一份调查报告显示,中国一半的城市没有达到国家要求的空气质量标准。[4] 此外,据世界银行统计,2007 年中国只有 1% 的城市居民呼吸的空气达到了欧盟规定的安全标准。[5] 除了悬浮颗粒物外,中国二氧化硫的排放量也居世界首位。悬浮颗粒物是引起呼吸道疾病和肺病的罪魁祸首;二氧化硫是导致酸雨的主要原因,目前它已影响到中国 1/3 的国土。[6] 酸雨毒害鱼虾,酸化土地,腐蚀建筑物。仅 2003 年一年,酸雨导致的农作物损失就高达 300 亿元(43.9 亿美元),建筑物损失多达 70 亿元(10.2 亿美元)。[7]

空气污染的加剧在很大程度上源于中国长期以来对煤炭能源的依赖,中国 70% 的能源需求是由煤炭提供的。[8] (与此相应的是,在日本、

---

① 弗兰克·朗菲特:《中国努力使空气更清洁》,《巴尔的摩太阳报》,2000 年 1 月 17 日,第 A2 版。

②《中国污染的代价》,第 2 页。

③《中国概况》,世界银行,2008 年。

④《中国污染的代价》,第 3 页。

⑤ 周看、杨金新:《中国急速发展下污染达到极限》,《纽约时报》,2007 年 8 月 25 日。

⑥《中国三分之一地区受酸雨袭击》,BBC 新闻,2006 年 8 月 27 日。

⑦《中国污染的代价》,第 xvii 页。

⑧ 美国能源信息局。

美国和印度,煤炭分别占能源供应的 20%、22% 和 53%。)①石油占中国全部能源消费的大约 21.2%。天然气、水电等相对清洁的能源仅分别占中国全部能源消费的 2.7% 和 5.8%。② 不过,对环保来说,一个积极的趋势是城市里使用煤气、天然气的居民稳定增加,1985 年以来,城市居民煤气和天然气的使用量增长了 5 倍。③ 中国政府也制定了一个宏伟的目标,要求到 2020 年,中国对再生能源的使用要占能源使用总量的 15%。

在中国,空气中 70% 的烟尘、75% 的二氧化硫、85% 的二氧化氮、60% 的一氧化碳、80% 的二氧化碳,都是煤炭燃烧造成的。④ 中国的煤炭消耗从 20 世纪 70 年代末的刚刚超过 6 亿公吨,翻番到 2008 年的 27.5 亿多公吨,成为世界上最大的煤炭消费国。⑤

中央政府曾努力提高煤炭发电厂的煤炭利用率。"十一五"期间,中国政府制定了具体目标,2006—2009 年初,政府关闭了那些规模小、煤炭使用率低的发电厂,这些发电厂的发电量达 540 亿瓦特,比澳大利亚的发电总量还多。另外一些规模小、煤炭利用率低的发电厂计划到 2012 年逐渐关闭,这些电厂的发电总量达 310 亿瓦特。⑥

为了减少空气污染,中国政府 2003 年出台条例,规定 2004 年 1 月 1 日以后建的煤炭发电厂必须安装、运行二氧化硫过滤装置。截至 2007 年底,一些发电厂安装了这种二氧化硫过滤装置,这些电厂的发电总量超过 2700 亿瓦特。2008 年,马萨诸塞理工学院调查了中国 85 个煤炭发电厂,发现虽然许多电厂都安装了二氧化硫过滤装置,但为了降低成本,

① 《日本能源数据、统计和分析》,美国能源信息局,www. eia. doe. gov/cabs/Japan/Background. html.

② 丹尼尔·罗森(荣大聂)、特雷弗·豪泽:《中国能源:破解谜局之道》,《账簿中国:美国智库透视中国崛起》,2007 年 5 月,www.iie.com/publications/papers/rosen0507.pdf.

③ 《中国统计年鉴 2002》,第 28—29 页。

④ 茅于轼等:《煤的真实成本》,绿色和平组织 2008 年 10 月 27 日发布,第 2 页。

⑤ 《中国:煤炭和矿产设备》,美国商务部,2009 年,www.buyusa.gov/china/en/coal.html.

⑥ 《中国发电公司的污染情况》,绿色和平组织 2009 年 7 月 28 日发布,第 5 页。

没有充分运行。①

如果考虑到国家的空气质量,特别是华南的空气质量,那么中国融入世界经济的确是一把双刃剑。很多跨国公司极大地提高了其中国公司的环保技术水平(这一点会在第六章进一步探讨),但是还有一部分跨国公司和地方官员勾结起来,利用中国的环保政策不健全和环保执法力度不够强大的现状,把污染最严重的工业转移到中国大陆。比如,20世纪90年代末,中国国家环保总局起诉台湾和韩国的跨国公司,为了规避其本地严格的环境规定,把污染性的工厂建在中国大陆。②

特别是香港企业界,更是利用内地环保政策和环保执法的漏洞,在相邻的广东省发展高污染工业。20世纪90年代初期,很多香港公司迁到广东,既利用了广东工资低的优势,又规避了本地工业限制使用高硫燃料的规定。③然而,香港人已经开始为他们把污染企业迁到珠江对岸付出代价。广东省每年排放117万吨的二氧化硫④(而香港只有7.39万吨)⑤,从每年10月到第二年4月,风会把二氧化硫和二氧化氮从广东的工厂吹向香港,从而在香港上空形成有害的、有毒的"云堤"。用一个中国大陆工程师的话说:"香港公司利用我们挣钱,但是他们在这儿留下的污染最后又都回到香港去了。"⑥

其他国家把高技术领域的有毒废品运到中国。比如中国香港和台湾地区的经纪人从美国和其他国家买来废弃的有毒电子元器件,然后卖到中国大陆进行再利用。不管卖了多少钱,这些元器件最终都要被烧

---

① 爱德华·斯戴菲等:《更绿色的植物,还是更灰暗的天空》,麻省理工学院工业评价中心中国能源研究小组,2008年8月。

② 希拉里·弗伦奇:《全球化能避免出口的危害吗?》,《今日美国》,2001年5月1日,第23页。

③ 张玉兰(音译):《现在你看到的……现在你看不到的》,《亚洲周刊》,1999年10月1日,www.asiaweek.com/asiaweek/magazine/99/1001/hongkong.html.

④ 《广东二氧化硫排放十年来首次下降》,新华社,2007年1月7日。

⑤ 《更清洁的空气,更明确的目标》,香港环保署,2008年,www.epd.gov.hk/epd/misc/ehk08/en/air/index.html.

⑥ 张玉兰:《现在你看到的……现在你看不到的》。

毁、丢弃,从而污染了空气和湖泊。仅以广东贵屿为例,那是一个集成电路板处理和烧毁的地方,水中的铅含量比世界卫生组织饮用水铅含量标准高 2400 倍①,到处是一堆又一堆元器件焚烧后留下的黑灰。

香港政府官员对大陆环境污染给香港的水质和空气质量带来的影响深感忧虑,因此与中央政府的不同部门,特别是广东省政府,建立了很多联合工作组,合作应对污染问题,双方共同制定了一个保护珠江三角洲空气质量的计划。2009 年 8 月,香港和大陆同意成立一个可持续发展与环境保护工作组,研究 2010 年以后如何减少珠江三角洲的空气污染问题。另外,他们一致同意协同攻关,做好回收利用和公共交通工作,但效果尚不明显。正如一名香港官员所言:"我们的标准可能比深圳的严格,但是我们不能过境执法,不能让他们执行我们的标准。"②

中国的空气质量,未来最大的挑战可能来自一个新的领域,这就是中国迅速增长的交通市场。官方注册的汽车数量从 1978 年的 135.84 万辆增长到 1985 年的 349.61 万辆,到 2008 年的时候,则达到了 1.6803 亿辆。③ 2009 年,中国的汽车销售达到 1279 万辆,超过了美国 1040 万辆的销售量。④ 2020—2025 年,中国路面上跑的汽车要超过美国。⑤

现在,北京、广州、上海等大城市已经出现严重的交通拥堵现象。北京每天大约有 1000 辆新车上路。2000 年,北京有 150 万辆车,2008 年则一跃而到了 340 万辆,2012 年估计还会再增加 200 万辆。⑥ 在北京市区,20 年前开车 10 分钟的路程现在要花 1 个小时甚至更多。到 2050 年,如果中国像美国那样每两人拥有一辆车的话,那么全国将有 6 亿—8

①《出口危害:亚洲的高技术废品》,吉姆·帕科特、泰德·斯密斯编,(巴赛尔行动网络和硅谷有毒产品联盟,2002 年 2 月 25 日)第 22 页。www.svtc.org/cleancc/pubs/technotrash.pdf.
②张志辉(音译):《跨境联合项目的绿色恐惧》,《南华早报》,2001 年 10 月 2 日,第 4 版。
③《中国机动车保有量 1.68 亿辆,年增长 5%以上》,新华社,2008 年 10 月 8 日。
④乔·麦克唐纳:《中国 2009 年汽车销售量超过美国》,美联社,2010 年 1 月 9 日。
⑤泰德·C.费舍曼:《新的长城》,《国家地理》,第 213 卷,2008 年 5 月,第 5 期,第 142 页。
⑥谢传娇(音译):《北京控制汽车增长》,《中国日报》,2008 年 10 月 10 日,www.chinadaily.com.cn/china/2008 - 10/10/content_7092425.htm.

亿辆车,是现在全世界汽车的总和。①

中国政府正积极采取措施,减轻因私家车急剧增加而带来的空气污染。中国的燃油能耗标准是每加仑 36 英里,比美国略高。美国的燃油能耗标准目前是每加仑 27.5 英里,计划 2016 年达到每加仑 35.5 英里。② 2005 年新实施的更为严格的燃油能耗标准,使得中国的汽车二氧化硫排放量在不到三年的时间里减少了 2500 吨。③ 最近,北京和上海采用了 2008 年奥运会之前欧洲使用的机动车尾气排放 4 级标准。这个标准被称为中国 4 级标准,计划 2010 年在全国推广开来。但由于更新设施花费巨大,这很可能会延缓在全国范围内实施更高的汽车尾气排放标准。④

2008 年开始的全球性经济危机导致中国上万家工厂倒闭,这更加剧了环境保护的难度。中国政府推出了一个 4 万亿元(5860 亿美元)的经济刺激计划来阻止经济的下滑,其中 3500 亿元(500 亿美元)用于生物保护和环境保护。然而,2009 年 3 月,随着全球经济的衰退,拨给环境保护的经费也逐渐减少。2009 年 3 月初中国全国人大会议期间,国家发改委主任张平宣布原来的经济刺激计划有所调整,用于环境保护的经费减少了 1400 亿元(大约 205 亿美元,或者说减少了 27.6%)。⑤ 为了加快对新的建筑工程的环境预审,国家环保部 2008 年底实施了"绿色通道"政策⑥,这一政策也减少了出于环境考虑而可能影响工程进度的障碍。150多个大型基础设施建设项目在"绿色通道"政策指导下获得批准。地方政府也放宽了环境标准,把环境影响评估的预审时间从 60 天缩减到 5

---

① 贾斯柏·贝克:《中国大陆疯狂发展汽车走入错误方向》,《南华早报》,2001 年 12 月 28 日,第 12 版。
② 皮特·戈里:《中国的绿色大跃进》,《星报》,2008 年 3 月 8 日,www.thestar.com/News/Ideas/article/32694.
③ 《北京实行新燃油标准,办好清洁绿色奥运》,新华社,2008 年 1 月 1 日。
④ 吉姆·白:《北京采用更加清洁燃油》,路透社,2007 年 12 月 25 日。
⑤ 《中国高层领导解释经济刺激措施》,新华社,2008 年 12 月 9 日。
⑥ 《环保部批准资助 153 个项目》,《中国日报》,2009 年 1 月 10 日。

天。在河北,地方政府仅用一天时间就批准 4 个水泥厂上马。[1]

经济改革和人口

在毛泽东执政后期,中国领导人已经开始改变几百年来坚持的依靠人多建设未来强国的观念。20 世纪 70 年代初期,中国的人口政策第一次出现了改变,当时周恩来总理建议人口控制应该纳入国民经济发展计划。在 1970—1973 年期间,中国政府提出了一个口号:"一个不少,两个正好,三个多了。"从 1974—1977 年,这个口号被修改为"晚婚晚育加间隔",鼓励生一个,最多生两个。在中央的号召下,各省(市、自治区)纷纷实行计划生育政策,使人口出生率降低了一半。[2]

1978 年,邓小平和当时积极推进改革的中央领导集体进一步扩大计划生育政策实施的广度,加快实施步伐。1979 年,为进一步降低人口增长速度,推进经济发展,全国人大通过了一个家庭只生一个的计划生育政策。[3] 这一决定巩固了中国政府保持低人口增长率的政策,甚至还批准采用一些更加严格的节育措施。

通过采取各种措施,中国政府成功地将人口增长速度降了下来。然而,尽管计划生育政策在初期取得了非常明显的成效,但随着改革的深入,这项政策越来越失去它的效用。因此,虽然中国官员声称计划生育政策是成功的,中国的领导人却承认中国面临的最大问题是人口太多。2003 年,温家宝总理在接受《华盛顿邮报》采访时说:"一个很小的问题,乘以 13 亿,都会变成一个大问题。"[4]国家计生委自实施计划生育政策以来,已让中国人口减少了 4 个亿,出生率从 1978 年的 1.2% 降至 2007 年的 0.58%。2005 年底进行的人口普查显示,中国的人口仍然呈增长态

[1] 安思乔:《经济衰退影响中国工业优先发展重点》,《纽约时报》,2009 年 4 月 18 日。
[2] 胡鞍钢、邹平:《中国的人口发展》,第 92 页。
[3] 同上书,第 92—93 页。
[4] 《总理的"加减乘除"体现科学发展》,新华社,2004 年 3 月 4 日。

势,已达到 13.06 亿,比上次人口普查增长了 4050 万。① 目前中国人口接近 13.4 亿,②中国政府的目标是 2010 年底不超过 13.6 亿。③ 同时,国家计生委预计,2033 年中国人口将达到 15 亿。④

近几年,放宽计划生育政策是一个热议的话题。2008 年,国家计生委主任张维庆回应这一传言:"由于中国人口基数大,如果现在调整计划生育政策,将会导致人口迅速增长……那会带来一系列不可低估的问题,给未来中国社会经济的发展带来巨大压力。"⑤

但从人口统计学上看,中国的计划生育政策同样也给社会、经济稳定带来了问题。20 岁以下的男性比女性多 3200 万,这意味着在今后 20 年里,中国育龄期的男性要比女性多。(这种男女比例失调主要是由非法胎儿性别检查、是女孩就流掉造成的,这种做法 1986 年后流行起来。) 2005 年中国的人口普查显示,新生婴儿的男女比例是 120∶100,位居世界性别失衡之首,男女比例失调现象在 1—4 岁的孩子中间最为突出。⑥由于性别失衡,不管是在中国还是在外国,拐卖妇女、对妇女实施暴力的现象都在增多。巴克纳尔大学教授朱志群指出:"这么多精力充沛、躁动不安的小伙子会带来很多问题,诸如暴力、犯罪……"⑦

随着中国实施二胎政策,这种现象会逐步改观。很长时间以来,中国政府没有对少数民族实行计划生育政策,现在,夫妻双方都是独生子女的也可以生第二胎。实际上,1979 年以后的孩子基本上都是独生子

① 《没有计划生育,中国人口将达到 17 亿》,国家计生委门户网站,2009 年 4 月 1 日,http:// www.npfpc.gov.cn/.
② 2009 年 7 月估计,美国中央情报局,《世界概况》。
③ 《调查显示中国可能面临生育高峰》,国家计生委门户网站,2009 年 1 月 16 日,http://www. npfpc.gov.cn/.
④ 《中国人口可能增至 15 亿》,国家计生委门户网站,2008 年 10 月 24 日,http://www.npfpc. gov.cn/.
⑤ 《中国坚持一胎化政策》,法新社,2008 年 3 月 9 日。
⑥ 莎朗·拉芙兰瑞:《中国性别偏见导致男性比女性多 3200 万》,《纽约时报》,2009 年 4 月 10 日。
⑦ 萨莉·玛丽·哈默:《中国男女比例失衡》,合众社,2009 年 8 月 6 日。

女,特别是在实行计划生育严格的广大城市。由于这些孩子现在都到了育龄期,中国在未来的几年很可能会迎来一个生育高峰期。

要改善环境,充分利用自然资源,庞大的、不断增长的人口是一个巨大的挑战,因为这意味着消耗更多的能源,给土地带来更大的负担。清华大学经济学家胡鞍钢说:"我们将承受与富裕国家相同的社会负担,而只有与贫穷国家一样的收入水平。没有哪个国家以前遇到过这种情况。"①

对安全的考虑

毛泽东在执政后期开始向西方打开大门,邓小平积极推动改革,实行了 20 多年的经济对外开放政策,这一切极大地改变了中国内部对于外来威胁的看法。

1994 年,美国环境主义者莱斯特·布朗(Lester Brown)发表了一篇备受争议的文章《谁来养活中国》,他预测中国粮食产量的减少和食品需求的迅猛增加,将不仅提高中国粮食进口的数量,而且会引起世界粮食价格的上涨。20 世纪 90 年代中期,中国粮食进口的确大幅度增加。② 这篇文章在中国政坛引起了意想不到的影响,警醒了中国虽然表面上忽视但意识深处高度重视的以粮为本的思想,这种思想的目的就是确保中国自给和安全。1995 年初,国家环保局(国家环保部的前身)局长解振华平静地说:"谁来养活中国? 中国人自己来养活。"③中国领导人一次又一次地讲话,要求一定要摆脱中国对国际粮食市场的依赖。时任

---

① 周看:《中国的定时炸弹,人口最多的国家面临人口危机》,《纽约时报》,2004 年 5 月 30 日。

② 1994 年,中国购买的小麦、大米等粮食比 1993 年增长 34%,达到 1600 万吨。从 1994 到 1995 年,中国小麦购买量增长 13%,达到 1790 万吨。从 1995 年到 1996 年,粮食进口有小幅下降,减少到 1625 万吨。(莱斯特·布朗:《谁来养活中国》,纽约:W.W.诺顿图书出版公司,1995 年,第 100 页)到了 1995 年,中国成为世界第二大粮食进口国,仅次于日本。

③ 解振华回应莱斯特·布朗文章的标题,后来莱斯特·布朗的这篇文章扩展成一本书。莱斯特·布朗:《谁来养活中国》,第 17 页。

国家主席江泽民曾批评沿海地区大量地从国际市场进口粮食[①],批评沿海地区"粮食种植面积减少,产量下降"。[②]《人民日报》刊登的一篇社论也批评地方官员逃避粮食生产的责任,该文指出:"有些同志认为当前抓住机遇,加快发展就是兴办能尽快赚钱的产业。还有的同志不切实际地把希望放在其他地区,依靠国家来解决粮食问题,他们认为粮食总是能用钱买到。"[③]

中国对这篇文章的反应是政府采取了一系列提高粮食产量的措施。的确,在这些政策的推动下,再加上风调雨顺,中国粮食产量连续4年保持较快增长,从1994年的3.94亿吨跃升到1999年的5.08亿吨[④],成为世界上最大的粮食生产国。然而到了2000年,中国粮食产量由于50年不遇的严重干旱下降了9个百分点。[⑤] 2001年,干旱依旧持续,农田受灾面积达数百万公顷,数十万牲畜饿死[⑥],结果造成了粮食产量的进一步下降,共生产粮食4.52亿吨,比上年下降了2.1个百分点。2003年,粮食总产量4.35亿吨,掉到10年来的最低点。[⑦]

不过,中央政府的政策只不过是加剧了农业生产和土地耕种中已经存在的棘手问题。首先,中央政府的严厉政策并没有使土地富饶而经济活跃的沿海地区将发展重点从工业转到农业上来,这些地区认为,发展农业,经济效益低。江西省农业厅厅长刘楚新认为:

现在,各地普遍认为,农业投入在短期内回报慢,甚至没有回

---

① 广东因为忽视农业的基础地位尤其受到批评。按照正常需求,该省有粮食缺口200万吨。参见《关于农业问题的评论》,新华社,1995年2月25日,见美国中央情报局对外广播情报处《中国每日报道》,1995年3月6日,第81页。

②《总书记谈农业的重要性》,新华社,1995年2月27日。

③《〈人民日报〉会议报道》,《人民日报》,1995年2月28日,见美国中央情报局对外广播情报处《中国每日报道》,1995年3月1日,第64页。

④《中国统计年鉴1999》,第378页。

⑤《华北旱情严重威胁来年农业产量》,《道·琼斯国际新闻》,2001年5月30日。

⑥《遭受干旱的中国农民抗议乱收费》,《京都新闻》,2001年6月13日。

⑦ 张文杰:《粮食安全》,中央电视台网站,2004年2月2日,www.cctv.com/english/special/chinatoday/20040204/100699.shtml.

报。他们认为,即便农业少投入一点,也不会有人饿死。因此,尽管党和政府一再要求增加农业投入,但是有些部门只是玩一些数字游戏,给人造成一种错觉。从数字看,他们增加了农业投入,但实际上他们一点也没多投。①

有些官员甚至把突出农业发展看作是经济欠发达地区的一个表现,这一点也不奇怪,因为当时农村工业面临快速发展的机遇。山东省有一个村子叫西山村,以前曾是一个农业生产大队,该村村支书说:"现在没人种庄稼了,我们可不是乡村土包子。"②

由于认识到让富裕省份由重视工业转向重视农业的难度,1994年,中央政府试图扩大其他省份的耕地面积来弥补富裕省份的粮食生产损失,要求"所有转为建设用地的农业用地都必须在其他地区通过增加耕地面积来弥补"。③ 意想不到的是,这项政策却客观上鼓励广东、江苏等这些由于经济建设而大量减少耕地的沿海省份,向内蒙古、甘肃、青海、宁夏和新疆等省份支付经费,让那些内陆省份开垦土地,以弥补沿海省份的耕地损失。④ 内陆省份开始大量毁林造田,开垦更多的土地,进而加速了土壤侵蚀、水资源短缺和土地荒漠化。

MEDEA 是美国的一个由知名社会科学家和自然科学家组成的智库,它曾发表一项研究,对中国的环境状况进行了总结:

> 中国土地生产的潜力受到环境的制约。继续通过开垦土地来提高粮食产量的潜力已经不大。由于工业化和城镇化导致的土地流失,由于土壤侵蚀、盐碱化以及空气污染、气候变化导致的产量下

---

① 《省农业官员谈投入》,《人民日报》,1995年2月26日,见美国中央情报局对外广播情报处《中国每日报道》,1995年2月26日,第60页。
② 周看:《养活大众:中国工业挤占粮田,扩大粮食进口需求》,《华尔街日报》(欧洲版),1995年3月13日,第A6版。
③ 莱斯特·布朗:《沙尘暴威胁中国未来》,第2页。
④ 同上。

降,将对粮食生产带来限制……一项水量均衡模型显示,华北五大水系所孕育的五大"粮仓",已有两个需要从外面购买粮食。①

因此,中国采取的措施不仅没有达到所希望的结果,而且还形成了客观上鼓励官员和农民加重环境污染状况的体制。更严重的是,这些措施根本没有推动采用能够提高粮食产量的新技术。由于中国只使用成熟的生产技术,追求农业高产,结果造成严重的土壤侵蚀,中国每年损失45亿吨的熟土。另外,1000多万公顷的耕地(占中国耕地总面积的1/10)由于大量使用杀虫剂和化肥而受到污染。② 总起来说,中国的耕地质量不高,大约40%的耕地有土壤侵蚀现象,只有45%的耕地有灌溉条件。③

黑龙江省是中国最大的粮食生产基地,占全国GDP的6%,现在这个省的情况也不太妙。曾是地球上最肥沃的黑土地开始受到侵蚀,55年前黑土层有40—100厘米厚,而现在只有20—40厘米厚,"15%的黑土层被冲走,剩下的是贫瘠的黄土层"。④ 为了扭转这个趋势,中国知名经济学家马中建议扩大"传统的"生态耕作方式,鼓励农民施有机肥,实行庄稼轮作,养殖害虫和杂草的天敌等。⑤ 目前,中国只有2%的农田采取这类措施。

同时,耕地的退化也导致农民种地成本增加,效益减少,越来越多的农民不再种植庄稼,转而种植效益高的经济作物。⑥ 这些经济作物有的

---

① 《中国农业:耕地面积、粮食指数及启示》,MEDEA总结报告,1997年11月。

② 塔尼亚·布拉尼根:《调查显示:土壤侵蚀威胁1亿中国人生存的土地》,《卫报》,2008年11月21日。www.guardian.co.uk/world/2008/nov/21/china-soil-erosion-population.

③ 《土壤侵蚀对中国形成威胁》,新华社,2008年11月20日,www.news.xinhuanet.com/english/2008-11/20/content_10389313.htm.

④ 《中国报导土壤侵蚀正使黑龙江省的黑土地面积减少》,新华社,2000年1月25日,BBC《世界报道》。

⑤ 马中:《从中国的过去看未来可持续发展的必要性》,《应用研究和公共政策论坛》,第10卷,1995年冬季卷,第53—54页。

⑥ 安特门纳塔·巴罗娃:《中国在国外购买农田,确保粮食安全》,国际新闻社,2008年5月9日,www.ipsnews.net/news/asp?idnews=42301.

种在温室大棚里,有的种在被污染的、板结的废弃土地上,有的干脆就种在急缺的良田上。[①] 经济作物热引起农作物产量下降,威胁中国的粮食自给计划。为了弥补粮食生产的不足,近年来中国像亚洲地区的其他国家一样,开始到国际上去购买农业用地。民营企业发现农业土地投资很有吸引力,特别是在食品价格不断攀升的情况下更是如此。这些公司在非洲、南美洲、东南亚购买了大量土地,种植粮食,然后运回中国。[②]

为了满足粮食自给,中国政府还通过减少粮食出口的方式来保证国内供应(2007 年,中国出口大米 134 万吨,仅占大米总产量 1.3 亿吨的 1%[③])。为了达到粮食自给,中国政府估计需要 1.2 亿公顷(相当于整个南美洲的面积)的耕地来满足中国人的粮食需求。但目前中国的耕地仅有大约 0.6 亿公顷[④]——再加上污染、土地退化、水资源污染和城市扩张[⑤],中国实现粮食自给的难度很可能会越来越大。

尽管国家安全不再是引起中国环境退化的主要因素,但对于国家安全的担忧仍然潜伏在很多中国领导人的意识中,一旦国际或国内形势紧张,这种担忧就会显现出来。比如,我们在第七章将要分析的中国实施的“西部大开发”经济发展计划,已经使中国对于西藏和新疆的边界担忧变得十分明显,也为平衡经济快速发展和保护该地区自然资源之间的关系提出了两难的政策抉择。

更广泛的代价

随着改革的深入,他们就必须面对改革和环境互相作用所引起的一系列伴生的、复杂的社会挑战和环境挑战。从农村到城市的人口流

---

① 李晶:《中国的粮食安全:越来越大的挑战》,摩根大通中国通系列,2007 年 7 月。
② 同上。
③ 安特门纳塔·巴罗娃:《中国在国外购买农田,确保粮食安全》。
④ 路德杰尔·法克松等:《解决中国和印度饥饿问题的努力》,《明镜周刊》,2008 年 4 月 28 日。
⑤ 李晶:《中国的粮食安全:越来越大的挑战》。

动以及带来的社会紧张,农村和城市地区日益增长的社会不稳定,不断严重的公共卫生问题,环境污染和退化带来的工时耽误、工厂关闭、环境修复成本高等巨大经济损失,都会阻碍中国经济的增长,甚至使中国经济脱离发展的轨道,严重威胁中国社会的稳定。

农民工进城和城市化

农民工和农村劳动力进城,寻找更多的经济收入,几十年来一直是中国社会经济画卷的重要组成部分。随着改革的深入,农民工已经成为很多大城市服务业大军的重要组成部分,主要在垃圾收集处理和城市建筑等行业打工。据2009年初的估计,全国农民工已经达到1.5亿人,比2006年多了3500多万人。在一些大城市,"流动的人口"数量可能占到其全部人口的10%—33%。[1] 比如,在北京,据估计,每3个人中就有1个外来打工者。[2] 仅江西省这一个省,外出打工的农民就从1990年的20万上升到1993年的300多万。2008年,江西省有680万农民在外省打工,安徽和湖北分别有820万和700万农民去外地打工。[3] 在比较贫困的内陆省份,当地政府明确鼓励农民到比较富裕的沿海地区打工,因为这些打工者可以向他们的农村老家寄回相当一部分钱。一般来说,农民工在城市的收入是其在农村干农活的10—20倍。

尽管目前为止农民工比较容易地融入到城市经济的发展当中,但未来确实很不确定的。现在,越来越多的农民工进城不是出于经济考虑,而是因为农村环境的退化。比如在宁夏回族自治区,自1983年以来,已

---

[1] 2006年,中国进城农民工达到1.15亿人。(《中国进城农民工上升到1.15亿人》,见中国驻美大使馆门户网站,2006年11月22日,www.china-embassy.org)这个数字既包括那些作为暂住人口登记的,也包括没有登记的。20世纪80年代初以来,未进行暂住人口登记的农民工数量不断增长。(马润潮、项飚:《故乡、进城和北京农民村的出现》,《中国季刊》,第155卷,1998年9月,第556—587页。)

[2] 马润潮、项飚:《故乡、进城和北京农民村的出现》,第554—555页。

[3] 《金融危机使得中国农民工返乡工作》,《人民日报》,2009年12月9日,www.english.peopledaily.com.cn/90001/90776/90882/6550129.html.

有 37 万名农民从他们沙化的村庄迁到城市和黄河流域新开辟的灌溉区。估计到 2013 年会再有 20.6 万宁夏农民迁到这些地方来。到 2027 年,会有 15 万从宁夏的邻省甘肃迁居到这里。[1] 今天,北京城外的一些农民由于土地荒漠化问题,也不得不向外迁移,尽管规模要小一点。这些只是环境污染所引起问题的冰山一角。中国和西方的分析家都认为,20 世纪 90 年代,因环境退化而重新安置的农民有 2000 万—3000 万,到 2025 年至少还要再安置农民 3000 万—4000 万。[2] 沙化问题已经影响到 4 亿人的生活和工作[3],仅以中国西南部为例,如果土壤侵蚀继续以目前的速度发展,35 年的时间内将会有近 1 亿人失去家园。[4] 农民安置问题大部分都能稳妥处理,但是如果思想工作做不好,或未给予适当的补偿,农民就可能抵制外迁安置。这样既造成了资源的紧张,也造成了移民与政府关系的紧张。

中国政府还通过实施庞大的城市化工程,来缓解农村生活水平低、土壤退化和移民问题。2000—2030 年,中国政府计划把 4 亿农村人城镇化,这几乎比美国的人口总数还要多。到 2030 年,中国将有 10 亿人生活在城市。这样做对环境的影响会进一步加深。

城市化把人口从土壤侵蚀、森林减少的地区迁移出来,给他们提供自来水和卫生设备,提高他们的生活水平。中国政府兴建了 100 多座城市来容纳这些新的城镇居民,中国还有创造更好的城镇环境的潜力,比如采用高水平的能源、水资源保护技术,进行城市规划,发展公共交通。中国会成为世界上其他国家环境保护的楷模。

当然,如果不能很好地进行规划,事情可能会走向反面。现在,中国

---

[1]《中国西北地区移民安置计划需要移民 20.6 万人》,新华社,2008 年 5 月 7 日。

[2] 瓦茨拉夫·斯密尔:《中国的环境难民:原因、规模以及危险》,见《中国环境危机:地区冲突与合作方式》,在瑞士阿斯科那真理山举行的国际会议报告,1994 年 10 月 3—7 日(安全研究中心,1995 年),第 86 页。

[3]《沙漠化导致中国年均损失 540 亿元》,《人民日报》,2008 年 11 月 26 日。

[4] 塔尼亚·布拉尼根:《调查显示:土壤侵蚀威胁 1 亿中国人生存的土地》。

城市居民的能源消耗是农村居民的 350％,中国房屋建设消耗的能源是德国的 2.5 倍。2008 年,全世界新建造的楼房中,中国占了一半。发展新的城市中心占用了大量耕地,到 2020 年,中国城市的能源消耗将占全球消耗的大约 20％,石油消耗将占全球消耗的 1/4。① 随着私家车的增加,空气污染可能会更加严重。从很多方面来看,中国领导人如何处理城市化进程问题,将决定着中国环境的未来。

公共卫生

对中国人来说,也许环境污染引起的最可怕的后果是全国发生公共卫生危机。尽管中国还没有全国性的与环境有关的卫生数据,但是一些和污染有关的特别报告、区域性疾病报告越来越多,污染引发的公共卫生问题越来越明显。

● 2009 年 1 月,中国人口与计划生育委员会副主任江帆说,由于污染或不良饮食习惯,中国每 30 秒钟就有一个残疾婴儿出生,残疾婴儿出生率在农村和城市都呈增长趋势。江苏省的一个医疗小组进行了一个为期 5 年的研究项目,研究结果表明,在江苏的残疾婴儿出生率中,大气污染导致的占 10％,而在中国最大的煤炭基地山西省,残疾婴儿出生率最高。②

● 2008 年,云南省杜旗堡村的村民因煤矿公司往当地一条河里排放含铁过多的废水而中毒。这条河的含铁量超出正常标准的 11 倍还多,80 名村民喝了被污染的河水后上吐下泻,头晕头疼,而肇事的煤矿公司却拒绝赔付农民医疗费。③

---

① 华强森等:《迎接中国十亿城市大军:内容摘要》,麦肯锡全球研究院,2008 年 3 月。
② 陈佳(音译):《中国畸形婴儿因污染急剧增加》,《中国日报》,2009 年 1 月 31 日,http://www.chinadaily.com.cn/china/2009 - 01/31/content_7433211.htm.
③ 张明爱(音译):《铁矿使村民呕吐恶心》,中国网,2008 年 12 月 18 日,www.china.org.cn/environment/news/2008 - 12/18/content_16973405.htm.

● 北京往南 120 公里(75 英里)有个刘快庄,这个村子 2008 年被当地媒体称为"癌症村",因为每 50 人中就有 1 人患癌症死去,高出中国癌症发病率的 10 倍还多。这个村子周围尽是橡胶厂、化工厂、油漆厂,它们排出的含有大量汞和铅的废弃物,污染了空气和饮用水。为了避免因呼吸被污染的空气、喝了被污染的水而患上癌症,健康的村民纷纷迁走。[1]

● 2008 年 10 月,湖北监利县政府关闭了 13 座铅炉,因为铅炉的排放物导致当地农民患上皮疹。另外,有毒的排放物也污染了当地的水源和农田。[2]

● 2008 年 10 月,广西省两个村庄的 450 名村民在喝了被砷污染的水后生病。当地政府称,那儿有一个冶金厂排放含砷的废水,暴雨引发大水,污染了为当地居民提供饮用水的水源。[3]

杀虫剂也成为健康的一大危害。据估计,每年有 300—500 名农民因杀虫剂使用不当死去。另外,由于杀虫剂的毒害,很多农民患上肝病、肾病、眼病、血液病以及头痛、皮肤病和呼吸道疾病。农民往往缺乏安全使用杀虫剂的知识,也没有钱购买喷洒杀虫剂的设备和防护服来自我保护。[4]

中国空气质量差也给公共卫生带来了严重影响。[5] 2007 年,世界银行和中国国家环境保护总局联合进行的一项研究表明,中国每年有 65 万—70 万儿童由于空气污染而夭折。[6] 在中国污染最严重的城市,孩子

---

[1] 艾玛、林薇薇:《中国"癌症村"为经济发展付出巨大代价》,路透社,2008 年 12 月 11 日,www.reuters.com/article/worldnews/idustre4ba0kz20081211.

[2] 崔晓火、龚铮铮(音译):《污染冶炼厂损伤农民皮肤被关闭》,《中国日报》,2008 年 10 月 15 日。

[3] 《中国水污染致病 450 人》,BBC 新闻,2008 年 10 月 11 日。

[4] 杨扬(音译):《中国环境健康项目个案研究简介:中国杀虫剂和环境健康趋势》,威尔森中心中国环境论坛,2007 年 2 月 28 日。

[5] 颗粒物和二氧化硫导致慢性病、肺癌、心脏病和中风,增加呼吸道感染的危险性,损害肺功能。一项针对沈阳、上海空气污染对健康影响的研究显示,室内污染,主要是源于煤炉,所导致的肺癌比例占所有癌症的 15% 到 18%,室外污染导致肺癌的比例占总数的 8%。

[6] 《中国污染的代价》。

每天呼吸被污染的空气,等于抽了两包烟。[1]

中国长期使用含铅燃料[2]还导致了一些大城市中的孩子铅中毒。(铅中毒会引起智力低下以及其他行为障碍。)2005 年中国政府的一项调查发现,6 岁以下儿童铅中毒的比率是 10.45%。[3] 2007 年,北京青少年研究中心在 15 个城市调查孩子的血铅含量,结果显示,北京 6 岁以下儿童 7%的血铅含量超过国家规定的标准。尽管国家明令禁止在北京使用含铅汽油,但该研究发现,一直到 20 世纪 90 年代末,汽车尾气都是导致孩子血铅含量过高的重要原因,因为靠近马路或在楼房低层居住的孩子血铅含量更高。[4] 而且,即便被发现了,铅在被污染的土壤和人体里面也会长期存在,这也是在汽车尾气导致的铅污染土地上种植的粮食,其含铅量不断上升的原因。

公共卫生问题有可能导致社会不稳定,造成经济损失,因此,对政府来说,公共卫生问题变得异常严峻。

环境导致的社会不稳定

因环境问题引发的社会动荡不断增加。2006 年春,国家环境保护总局局长周生贤说,2005 年全国抗议污染的事件多达 5.1 万起,几乎每星期就有 1000 件[5],比 2004 年增加了 29%。[6]

身体健康受损是引发中国环境抗议的一个重要原因。2006 年有几

---

① 唐磊(音译):《中国大陆的空气对孩子是致命的》,《南华早报》,1999 年 5 月 6 日。

② 中国已开始禁止使用含铅汽油,在北京,"30%的汽油估计达不到政府规定的环境标准"。亨利·朱:《研究发现:中国在把污染转移到下一代》,《洛杉矶时报》,2002 年 6 月 19 日。

③ 《10.45%这个数据说明中国十分之一的孩子铅中毒》,《北京青年报》,2005 年 3 月 19 日,www. pressinterpreter. org/node/84.

④ 李玲:《北京汽车尾气威胁儿童健康》,世界观察研究所,2007 年 5 月 22 日,www. worldwatch. org/node/5084.

⑤ 《中国官员表示,污染激化社会矛盾》,路透社,2006 年 4 月 21 日。

⑥ 马天杰:《中国农村的环境群体事件:浙江东阳大规模突发事件透视》,见《中国环境系列》,第 10 卷,(2008/2009),珍妮弗·特纳编,第 33—49 页。

个月的时间,甘肃 6 个相邻村子的村民不断地抗议附近的锌、铁冶炼厂,他们认为这些工厂在危害他们的健康。这 6 个村子的四五千名村民中有一半的人得了和铅污染有关的病,从维生素 D 缺乏症,到神经系统问题。① 2008 年底,重庆青山村的村民和附近一家矿业公司的领导发生冲突,原因是该公司污染了村民用水,引起地表下沉,危及很多村民的房屋,引发村民同矿业公司的保安人员发生冲突。警察闻讯赶来时,据说愤怒的村民砸烂、烧毁了几辆警车。一年前,矿业公司同意赔付给地方政府 450 万元(66 万美元),帮助净化污水,修缮由于地表下沉而受损的房屋。但当村民得知政府挪用了这笔钱后,他们围攻矿业公司,阻止它进一步危害他们的健康和当地环境。围攻持续了一个月之久,双方争吵不休,导致 20 人受伤送进医院。②

另一个事件发生在 2009 年 8 月。1000 多名村民冲进陕西东岭铅锌冶炼厂,捣毁部分机器,用石头砸坏卡车,推倒护栏。原因是体检显示,该冶炼厂附近 731 个孩子中有 615 个血铅含量过高,其中 154 个已经住院治疗,其他很多孩子还有待检查。上千名警察赶来维持秩序。③ 当地群众投诉该冶炼厂已有 3 年之久,虽然当地政府答应重新安置这些遭受铅危害的家庭,但村民反映在新的安置区,他们的孩子同样受到铅的危害。④

虽然大多数环境抗议事件发生在农村,城市的抗议事件也在不断增多。2008 年 1 月,数百名上海市民走上街头,反对把上海的高速磁悬浮列车轨道延长至杭州,他们担心列车靠近时会带来辐射。甚至在上海市政府于该年 3 月份宣布磁悬浮列车轨道项目不是他们 2008 年的工作重点之后,仍有 50 名左右在城郊买了房子的市民第二次聚集起来,抗议这个建设项目可能会给他们带来潜在的健康危害和财产损

① 《中国村庄抗议铅、锌中毒》,《自由亚洲之声》,2006 年 11 月 29 日。

② 路易塞塔·穆迪:《重庆水污染冲突中的暴力》,《自由亚洲之声》,2008 年 11 月 25 日。

③ 《数百人涌向冶炼厂,抗议儿童铅中毒》,路透社,2009 年 8 月 17 日。

④ 史江涛(音译):《遭抗议工厂秩序恢复》,《南华早报》,2009 年 8 月 18 日。

失。① 因为市民反对,改建另一条成本略低的铁路线,预计 2010 年世博会之前完工并交付使用。

中央对农村不稳定带来的日益严重的威胁非常清楚,也知道环境退化是造成这种不稳定形势的重要原因。国家环保总局局长周生贤在 2006 年指出:"随着环境群体事件的增加,污染已经成了社会不稳定的'首要'原因。"②

环境退化的经济代价

地方政府在面对环境退化造成的社会代价的同时,还必须应对环境退化所引起的迅速增加的经济代价。尽管环境经济学家普遍认为,中国经济每年为环境退化以及资源短缺所付出的代价占 GDP 的 8%—12%③,但最近研究环境污染对经济发展影响的结果表明,这种影响仍然有扩大的趋势。中国政府 2006 年开始测算环境污染带来的损失,称为绿色 GDP。根据测算,环境污染造成的损失 2004 年达 640 亿美元,占当年 GDP 的 3%。④ 评论家认为中国的绿色 GDP 核算报告低估了环境退化带来的实际经济损失,特别是考虑到 GDP 核算中所集中采用的几个指标。2006 年国务院新闻办发布报告,估计环境污染带来的损失约占每年 GDP 的 10%。2007 年,世界银行和国家环保总局联合发布报告,认为中国每年仅为污染一项付出的代价就占 GDP 的 5.78%。⑤ (关于绿色 GDP,第四章会做进一步的讨论。)

城市空气污染带来的卫生和工业生产损失位居经济损失的首位。在中国 111 座城市进行的一项调查显示,2004 年仅空气污染就导致16.9

---

① 《数百市民抗议上海磁悬浮铁路线延长》,路透社,2008 年 1 月 12 日。
② 马天杰:《中国农村的环境群体事件:浙江东阳大规模突发事件透视》。
③ 如果加上 1998 年长江洪水或 2001 年干旱等灾难带来的损失,那么真实数据可能会更大。
④ 刘坚强(音译):《中国发布绿色 GDP 指标,检验新的发展道路》,世界观察研究院,2006 年 9 月 28 日,www.worldwatch.org/node 4626.
⑤ 《污染代价达中国 GDP 的 10%》,《上海日报》,2006 年 6 月 6 日。

万人因呼吸系统疾病和心血管病住院,372 万人去看门诊,278 万人患支气管炎,265 万人患上哮喘,经济损失总计 407.4 亿美元。[1] 2007 年,世界银行发布的报告估计,中国空气污染和水污染造成的损失达 1000 亿美元。[2] 酸雨导致的农作物和建筑物损失至少有 133 亿美元。[3]

地方官员对环境污染给经济带来的损失问题感受更加直接。比如,位于长江岸边的重庆,其地方官员估计,治理污水对地方农业和公众健康危害的费用,就占重庆每年总收入的 4.3%。[4] 即便不把环境污染带来的经济损失包括在内,环境污染和环境退化带来的损失也是惊人的。中国最大的淡水湖鄱阳湖由于过度使用和干旱,2007 年降到历史最低水位,导致江西省 76 万人面临用水危机,40 万公顷农田受灾,农作物减产3740 万公吨。[5]

不过,环境污染造成的更大损失是,为了解决中国北部和西部的水荒问题而实施的引水工程的支出不断增加。城市需要解决水价上涨的社会问题,也需要改善水的利用率,加强污染治理。因此,虽然越来越多的人认为引水工程开支巨大,但这仍然是一个政治风险较小的选择。比如,目前实施的南水北调工程,投资 620 亿美元,目的是把长江的水从湖北引到北京和天津。[6]

隐现的危机

改革时期保护环境的任务带来了一系列复杂的政治上和经济上的

---

[1] 史蒂芬·安德鲁斯:《穿过迷雾:看中国空气污染报告制度的不足》,见《中国环境系列》,第 10 卷,(2008/2009),珍妮弗·特纳编,第 33—49 页。

[2]《中国污染的代价》,第 105 页。

[3] 同上书,第 xvii 页。

[4] 同上。

[5]《中国遭受十年来最严重旱灾》,路透社,2007 年 12 月 21 日。

[6] 美国驻华使馆环境与科技处:《中国南水北调工程有关情况》,2001 年 4 月,www. usembassy-china. org. cn/english/sandt/SOUTH-NORTH. html.

挑战。比如,森林减少导致生物多样性丧失、土壤侵蚀和洪涝灾害。但是面临农村和城市巨大的就业压力,如果保护森林资源,就意味着数百万的伐木工人失业。保持粮食高产就会引起对已经退化的土地过度耕耘,增加沙化的危险。况且,在中国,很多肥沃的粮田被以远低于市场的价格出售,或用于工业开发,或用于基础设施建设,或用于城市发展。而且,随着农村挣钱机会的减少,数百万的农民不断外出打工,但是由于城市经济和环境的紧张形势,地方官员和城市居民强烈抵制农民工进城。

除非采取重大措施,否则资源退化和短缺的环境趋势只能是加剧,中国经济为此付出的成本也会相应增加。一项评估预测,到 2020 年,中国农村耕地将减少 25%,对水的需求增长 40%,废水增长 230%—290%,颗粒物排放增加 40%,二氧化硫排放增长 150%。[①] 尽管对今后这些日益增长的环境威胁可能带来的成本还没有进行系统的分析,但是世界银行预测,如果不采取积极的措施,那么到 2020 年,仅空气颗粒对人们健康造成的损失就会增加 3 倍,达到 980 亿美元,其他的环境危害造成的代价也会相应上升。而且,环境退化和污染的影响已远远超过公共健康和经济领域,进而引起中国领导人高度关注农村和城市的稳定。

今天,随着环境问题的扩大化和复杂化,中国在环境保护方面所做的工作明显还不够。在中国大部分地区,由于环保部门职能弱,权力小,环境保护工作受到进一步的制约。下一章中我们将对此进行探讨。

---

① 塔玛尔·哈恩:《中国应对一系列环境挑战》,《地球时报》,2001 年 3 月 27 日。

第四章　绿色中国的挑战

　　过去30年来,中国环境污染和退化的速度远远超过了国家保护环境的能力。但是这并不意味着中国领导人没有做出努力,恰恰相反,中国政府在推进改革的同时,采取积极措施,建立了正式的管理机构,出台了环保法规,实施了大规模的环保行动。

　　中国的环保战略在很多方面类似其经济战略。中央政府在行政管理和法规方面提出指导性意见,具体的实施则更多地让省级和地方政府去执行。中央政府重点开展全国性的、大规模的环保运动;充分利用市场机制的力量;还有我们将在第五和第六章要探讨的,越来越多地利用民间力量和国际社会力量,引进金融资本和智力资本。

　　这些改革措施在推动经济发展方面取得了显著成效,但在应对环保挑战方面却显得很不够。由于没有一个强大的中央部门对环保工作进行统一的管理、监督和实施,因此在发生利益冲突的时候,环保常常让位于其他利益。比如,地方官员在面临是执行环保法律还是支持雇用数千名当地工人的污染工厂的选择时,他们往往选择的是后者,因为他们考虑的是环境保护会大大拖他们经济发展的后腿。尤为关键的是,当地环保部门和司法部门都是当地政府的一部分,其经费来自当地财政。因

89

此,当出现利益冲突的时候,地方官员总是优先考虑经济发展,这就一点儿也不奇怪。

一般来说,经济改革往往意味着放松中央对经济的控制,制定更加优惠的激励措施,以便完成改革目标。然而,在环保领域,不管是从经济方面还是其他方面,都没有多少优惠的激励措施鼓励地方政府实施中央政府的决定。当中国在环保方面实施在欧洲和美国通行的市场化措施时,又常常缺乏必要的行政、市场和法律机制。尽管越来越多的中国人通过法律武器、新闻媒体和网络,就环境污染问题要求补偿,维护自己的权益,但由于中国人一直以来法律意识淡薄,还是导致了腐败的盛行。

尽管有这些障碍,中国政府 30 年来仍然在建立环保机构和规范方面取得了一定的成就,尤其重要的是,中国政府在把环保纳入未来经济发展计划方面奠定了基础。

环保治理的初步行动

早在 1978 年邓小平复出之前,中国的环保之风已经刮起。1972 年发生的三个事件使中国政府开始认识到环保的重要性。

前两个事件是生态灾害事件。在东北沿海城市大连,海滩变黑,数百万磅鱼类死亡,港口充塞着污染的贝类,海堤遭到严重侵蚀。其他海岸城市也遭遇类似的情况。那一年,北京郊外的官厅水库出现腐烂的鱼,并拿到北京市场上出售。这些事件促使当时的总理周恩来决定建立一个由一些省份和大城市的官员组成的领导小组,重点解决水库资源的处理和保护问题。①

不过,对于环保来说,最重要的事件可能是 1972 年召开的联合国第一次国际环境会议——联合国人类环境大会(UNCHE)。这次会议在中

---

① 曲格平:《中国的环境管理》,北京:中国环境科学出版社,1999 年,第 214 页。

国播下了环境保护的种子,标志着中国进行环境治理的转折。为了和中国重建与世界其他国家政治、经济关系的决定相一致,为了在1972年恢复中国在联合国的合法席位,周恩来总理派代表团参加了在瑞典斯德哥尔摩举行的联合国人类环境大会①,打开了国外重新了解中国环境问题以及解决办法的大门。

在联合国人类环境大会上,中国代表团不愿意公开讨论中国的环境问题和现状,而是试图把环境退化和保护看作是发展中国家和发达国家冲突背景下的问题。中国代表团发出的官方声明反映了冷战时期的语言特点:

> 中国代表团反对某些超级大国以人类环境的名义控制掠夺环境资源,并反对这些超级大国在国际贸易的幌子下,把环境保护的代价转移到发展中国家的肩膀上……发展中国家面临的紧迫问题是摆脱帝国主义、殖民主义和各种形式的新殖民主义的掠夺,独立自主地发展自己国家的经济。②

中国代表团还提出了十条建议,希望写进最终的大会声明之中,这十条建议是:

- 确保发展中国家先发展再逐一解决环境挑战的权利;
- 反对对其他国家在人口增长与环境保护关系上所持的"毫无根据的""悲观看法";
- 禁止生化武器,全面禁止并销毁核武器;
- 明确超级大国通过帝国主义掠夺、侵略和战争手段破坏人类环境的责任;
- 制裁掠夺以及破坏发展中国家环境的国家;

---

① 曲格平:《中国的环境管理》,北京:中国环境科学出版社,1999年,第214页。
② 联合国:《联合国人类环境大会(UNCHE)报告》,斯德哥尔摩会议文件,1972年,www.unep. org/Documents/Default.asp? Document ID=97.

- 各国合作控制污染;

- 污染国家要对被污染的国家进行补偿;

- 支持技术的无偿转让;

- 建立由工业国家出资的国际基金,支持其他国家和地区的环境保护;

- 确保国家自然资源主权完整。①

最后,这些建议有些写进了"联合国人类环境宣言",包括联合应对环境污染的必要性以及无偿技术转让的重要性。有些建议,比如中国人口增长和环境之间没有联系的观点被拒绝。大多数建议则没有被采用。②

代表团回到北京后,立即向周恩来总理进行了汇报,周总理迅速采取措施,成立了一个全国性的环保机构。1973 年 6 月,周恩来总理组织召开了第一次全国环境保护会议。一年以后,即 1974 年 5 月,国务院建立了高层次的、跨部门的国务院环境保护领导小组,以研究环境保护事宜,但是在后来的 9 年时间里仅召开过 2 次会议。③ 另外,中央要求各地方省(市、自治区)建立环境控制、环境科研和环境监测机构。地方政府还设立了"三废"办公室,尽管权力很小,但仍然代表着地方政府在环保机构建设方面的初步尝试。20 世纪 70 年代中期,中国还采取了其他一些小的改善环境的措施,包括地方政府开展环境调查等。然而,由于这一时期政治动荡和文化大革命所开展的大规模的运动,环境保护的进展受到很大影响。④

正如在经济领域一样,邓小平和他的支持者极大地促进了全国环境保护工作。中国领导人已经认识到中国的经济发展之路正在对环境产

---

① 《中国代表团就"人类环境宣言"发表声明》,《北京周报》,1972 年 6 月 23 日,第 9—11 页。

② 联合国人类环境会议:《联合国人类环境大会报告》,联合国文件,A 类档案,编号:conf.48/14/Rev.1.

③ 这一领导小组包括计划、工业、农业、交通、水土保护和公共卫生等部委的官员。

④ 曲格平:《中国的环境管理》,第 214—216 页。(实为 323—324 页)

生灾难性的影响,国务院环境保护领导小组的一份报告指出:

> 我国环境污染在发展,有些地区达到了严重的程度,影响了广大人民的劳动、工作、学习和生活,危害人民群众健康和工农业生产的发展……消除污染,保护环境,是进行社会主义建设,实现四个现代化的一个重要组成部分……我们绝不能走先建设、后治理的弯路,我们要在建设的同时就解决环境污染的问题。[①]

1978 年,《中华人民共和国宪法》进行修订。修订后的《宪法》重视环境问题,其中一款规定,国家要在预防污染和其他公共危害的同时保护环境和自然资源。1979 年,全国人大通过了《中华人民共和国环境保护法(试行)》,确立了保护环境、推动环境法制框架发展的基本原则。[②]

20 世纪 70 年代和 80 年代初期,中国政府召开了一系列重要会议,通过了控制工业和海洋污染的规章制度。而且,中国政府还进行了几次机构调整,加强环保部门的职能,尽管在某些方面恰恰适得其反。比如,1982 年,中国政府新成立了城乡建设环境保护部,将国务院环保领导小组的职能纳入进来。很多地方政府效仿此法,把地方已经存在的环保局(EPBs)合并到新的城乡建设部门;在程序上,减少了政府部门环保编制,削弱了本来就较弱的环保职能。

两年后,也就是 1984 年 1 月召开的第二次全国环境保护大会之后,国务院认识到取消环境保护领导小组的失误,因此设立了国务院环境保护委员会。这个委员会的成员来自 30 多个部、局,主要任务是研究制定环保政策,实施新的环保计划,组织环保活动,比如检查地方政府对环保法律的执行情况等。[③] 那年年底,国务院还提升了环保局的级别,将其更名为城乡建设环保部内设的国家环境保护局,环保编制翻了一番,达到

---

① 曲格平:《中国的环境管理》,第 219 页。
② 同上。
③ 同上书,第 222 页。

120 人,被赋予"直接向省级环保局发文的权力,可以自行决定是否召开业务会议,直接从财政部划转环保经费,而不是通过建设部向财政部申请资金"①。

1985 年,中央任命曲格平为国家环保总局第一任局长。对仍处于初创阶段的中国环保事业来说,曲格平是一个合适的人选。曲格平是学化学出身,早年在化工部和国家计委工作。他深受周恩来总理的信赖,作为中国代表团成员之一参加了 1972 年的联合国人类环境大会,并在1976—1977 年担任中国驻联合国环境规划署代表。曲格平除了具有深厚的专业知识和温文尔雅的幽默感外,还具有娴熟的政治技巧,在谈到中国面临的环境挑战时,总是坦率陈词,深受中国人和外国人的尊敬。

曲格平不遗余力地推动建立独立的环保机构。国家环境保护局成立 4 年后,也就是 1988 年 3 月,曲格平的努力有了结果,国家环保局最终从城乡建设部独立出来,成为国务院直属机构(尽管其级别仍然低于其他部委)。② 1989 年,全国人大常委会正式颁布实施《环境保护法》,确立了环境保护的四项基本原则:(1) 协调原则。(2) 预防原则。(3) 环境责任原则。(4) 公民参与原则。③

进入 20 世纪 90 年代以后,中国对于环境保护的未来开始持乐观态度。尽管在 1989 年 5 月召开的第三次全国环境保护大会上有些官员承认在环境法规的执行上还存在一些严重的不足,但他们对未来充满信心。曲格平认为中国政府已经认识到环境问题对经济发展、国家实力和社会稳定有着重要的影响。④

然而,在其后 10 年的大部分时间里,中国政府没有真正缩短认识

---

① 阿比加尔・加希尔:《中国的环保组织机构》,《中国季刊》,第 156 卷(1998 年 12 月),第 769 页。

② 同上。

③ 马晓英(音译)、伦纳德・奥托兰诺:《中国的环境监管》,马里兰州兰哈姆:罗曼和利特菲尔德出版社,2000 年,第 16 页。

④ 曲格平:《中国的环境管理》,第 113—114 页。

和实践之间的差距,虽然对环境保护的重要性有着充分的认识,但却没有对环境面临的挑战采取相应的行动。环境保护的现实一如 20 世纪 80 年代末一样严峻。和其他国家一样,中国的环境保护机构在协调其他部门方面没有多少进展。地方官员不重视环保法规的执行,认为环境保护不是政府的中心工作,而把提高当地的经济发展水平作为自己的工作重点。而且,很多人对环境退化与污染同国家应对能力之间的失衡表示理解(尽管理解得还不到位)和接受。从 20 世纪 80 年代初期到 90 年代中期,"先发展,再治理"仍然是中央政府尤其是广大中国媒体认可的原则。

打开环保大门:里约会议及其影响

从 1972 年联合国人类环境大会到 1992 年在巴西里约热内卢召开的联合国环境与发展大会的 20 年,是中国经济、政治和社会发生重大变革的时期。然而,联合国环境与发展大会召开前的几个月,中国所提交的参会文件却反映不出这种变革。会议召开前,中国代表表达了环境保护的五项基本原则,这些原则是在 20 年前中国代表团参加联合国人类环境大会时所阐述的原则基础上修改的:

- 环境保护只有在实现经济发展的基础上才能取得成效;
- 发达国家要对全球环境退化负责任;
- 中国不应该对全球环境污染和退化负责任;
- 发达国家应该对发展中国家加入国际环境协议给予补偿,并以低于市场的价格转让环境技术和知识产权;
- 国家自然资源主权完整必需得到尊重。①

在里约会议的众多国际观察员看来,中国的态度不够积极,试图联

---

① 作者 1992 年 4 月在北京对国家科委官员的访谈。

合发展中国家对抗发达国家,阻碍在会议重要议题之一的气候变化方面达成国际协议。①

然而,与20年前不同的是,中国在里约会议这个国际舞台上参与国际环境合作后,在认识上和政治上都有了一个较大的转变,把环境作为国内的一个热点问题。筹备并参加联合国环境与发展大会的中国代表就环境保护提出一个新词汇,中国官员开始把理想的可持续发展②纳入他们的经济计划。在有些情况下,这只是语言表述上的。但是,在其他情况下,这个词汇则代表真正的政策变化,下面还会谈到这一点。③

联合国环境与发展大会还强调大众参与的西方做法,并重点推介非政府组织(NGO)概念,由此引发了中国领导人关于环境治理理念的改变。会议的中心议题是成员国之间开展正式的谈判,但来自成员国非政府组织的小组会议却引起了各国更大的关注。然而,中国没有参加非政府组织论坛。相反,中国却代表了政府组织、主导的非政府组织(GONGOs)。一年以后,也就是在1993年6月,中国政府第一次把公众

① 在联合国环境大会期间,与会成员国就气候变化框架公约进行最后的协商,控制温室气体的排放。作为温室气体主要排放国之一的中国,和美国、俄罗斯采取的立场是一样的,就是拒绝为限制温室气体排放设定目标和时间表。中国认为,作为一个新兴的工业国家,中国历史上温室气体排放少,因此对气候变化所负的历史责任也要小。中国的地位是发展中国家,除非得到发达国家的补偿,否则中国不会采取行动。

② 关于可持续发展,普遍接受的定义是由世界环境与发展委员会在《我们共同的未来》(牛津:牛津大学出版社,1987年)一书的第43页做出的,即"可持续发展系指人类满足当前需要而又不削弱子孙后代来满足其需要之能力的发展。可持续发展不是一个固定的和谐状态,而是一个过程。在这个过程中,资源利用、经费投入、技术创新和体制变革等协调发展,既能满足当前需要,又能满足未来需要。"

③ 比如,联合国环境与发展大会以后,中国成为采取可持续发展思路制定行动计划的第一个国家。《中国21世纪议程》以联合国环境与发展大会的《全球21世纪议程》为模本,号召全民在环保问题上采取行动,这些问题从地方空气污染到生物多样性,各种各样。《中国21世纪议程》的实施,涉及中国300多个部委和地方政府,包括128个具体项目。(根据国家环保总局官员2000年4月在北京和作者的谈话)比如,在《中国21世纪议程》的优先发展领域,还要求加强法制建设,确保可持续发展。这一要求促进了对1995年制定的《中华人民共和国大气污染防治法》等法律的修订(出处同上)。

参与作为环境保护的一个目标。① 大约同一时期,一位知名的中国历史学家梁从诫在大学生和朋友们的敦促下(其中一位朋友是国家环保总局副局长),建议成立中国第一个非政府环境组织,并得到一些政府官员的肯定。尽管以前中国政府就有关于非政府组织的规定,但从来没有人或单位正式申请成立一个非政府组织。因此,梁从诫的建议代表着中国在环保方面的一个突破。

联合国环境与发展大会还敦促环保总局发布每年一度的《中国环境状况公报》,报告中国环境的现状、取得的进步以及确定的宏伟目标。② 对于那些没有正式加入到环境保护事业的中国官员,联合国环境与发展大会通过双边政府间组织以及国际政府间组织(IGO),提高了他们对国际合作与援助的重要性的认识。③

里约会议还强化了世界银行和其他国际组织所推进的把市场作为环境政策改革基础的思想,采取措施,提高自然资源价格,以体现自然资源的价值。以市场为基础的煤价就是这种改革措施之一,上个世纪90年代中期,中国政府提高煤价,放松煤炭监管。在很多地区,这意味着新的高煤价最终把生产和运输成本都包括进去。④ 然而,开采和烧煤的环境代价从来没有被算进能源价格,使得煤炭比其他燃料,比如中国还尚未大量开采的天然气资源,价格要便宜。

因此,在2002年批准加入《联合国气候变化框架公约京都议定书》以后,中国制定了更加积极的政策,提高能源利用率。中国提出了提高能效和可再生能源比例的具体目标,中国领导人承诺从2006—2010年,

---

① 这一点在《关于加强国际金融组织贷款建设项目环境影响评价管理工作的通知》中有明确要求。戴晴、爱德华·魏美尔:《做好事,但不要惹"老共产党"》,收入《中国的经济安全》,罗伯特·阿什·维尔纳·德劳编,纽约:圣马丁出版社,1999年,第143页。

② 同上。

③ 联合国环境与发展大会召开以后,国际环境非政府组织开始带着急需的技术专家和资金涌向中国。国际商界也开始更加直接地参与到中国的环保当中,帮助提高其中方合作伙伴的环境意识,促进合作项目以可持续发展的理念实施。

④ 《世界资源:1998—1999》,牛津:牛津大学出版社,1998年,第124页。

中国单位 GDP 能耗降低 20%,可再生能源在初次能源结构中的比例在 2010 年达到 10%,2020 年达到 15%。中国还积极参加《联合国气候变化框架公约》会议,协商洽谈制定《京都议定书》之后的新文件,向国际社会介绍展示联合国人类环境大会之后 35 年来中国参与全球环境事务所做的努力和取得的成就。然而,中国在气候变化方面的立场充分反映了其在联合国人类环境大会和联合国环境保护与发展大会上的态度,这一立场主要体现在发改委(NDRC)2007 年发布的一个报告中。针对 2008 年在波兰波兹南召开的联合国气候变化公约会议,国务院发表了一个白皮书。在该白皮书中,中国政府阐述了其坚持的"共同但有区别责任"的原则:

> 不论发达国家还是发展中国家都有采取减缓和适应气候变化措施的责任,但是由于各国历史责任、发展水平、发展阶段、能力大小不同,贡献方式也不相同。发达国家要对其历史累计排放和当前高人均排放承担责任,率先减少排放,同时要向发展中国家提供资金、转让技术;发展中国家要在发展经济、消除贫困的过程中,采取积极的适应和减排措施,把温室气体排放降到最低程度,为应对气候变化做出贡献。①

2008 年 10 月,中国还建议工业发达国家拿出 GDP 的 1% 设立基金,支持向发展中国家转让技术。② 在联合国人类环境会议和联合国环境与发展大会的影响下,中国积极参加气候变化谈判,环境保护取得实质性进展。根据环保部的统计,在 48 个涉及环境保护的国际协议中,中国参加了 38 个。③

尽管取得了这样的成绩,中国的环境保护官员对于未来仍然感到深

---

① 《中国应对气候变化的政策与行动》(白皮书),国务院新闻办,2009 年 10 月 29 日,www. chinaenvironmentallaw.com/wp-content/uploads/2008/10/china-white-paper-climate-change.doc.
② 《西方要信守其技术转让的承诺》,《中国日报》,2008 年 10 月 29 日,china. org. cn/ environment/news/2008 - 10/29/content_16682184. htm.
③ 《国际环境公约》,环保部,www.zhb.gov.cn/inte/gjgy.

深的忧虑。在中华环保联合会(All-China Environment Ferderation)2007年组织召开的一个大陆水污染论坛上,国家环保总局局长周生贤认为当时国内的环境状况不容乐观,他说:"环境问题已经威胁到公共健康和社会稳定,成为制约社会经济健康发展的瓶颈。"①

中国政府面临的挑战

周生贤局长对中国的环保前景表示担忧,这反映了中国环保部门的权力仍然比较弱。中国环保工作的主要部门有:全国人民代表大会,这是制定法律的最高权力机关②;国家环保部③;最高人民法院司法部;以及刚刚发展起来的环保法庭。这些部门共同履行中央政府的职能,比如围绕环境保护进行立法、执法和执法检查。然而,这些政府部门都有一种基本的结构性缺陷,从而使环保事业的发展打了折扣。

法律体系

在1993年,全国人大设立了一些专门委员会,比如农业农村委员会、内务及司法委员会等。④ 为了加强环保立法工作,任命国家环保总局局长曲格平担任新成立的环境保护委员会主任,该委员会现在称为全国人大环境与资源保护委员会(EPRCC)。⑤ 在曲格平及其后任的领导

① 史江涛:《中国因水道污染受谴责》,《南华早报》,2007年9月17日。
② 安守廉、李本认为:"全国人大的权力包括批准所有的'基本法'、监督检查这些法律的实施、修改《宪法》。全国人大全体会议每年召开一次。大多数的立法活动都是由其常委会(大约155名常委)进行的,全国人大授权常委会解释《宪法》,通过基本法以外的其他法律,监督指导其他主要政府机构的工作。")安守廉、李本:《空气清洁,程序透明?关于中国空气污染法的争论》,《哈斯汀法学》,第52卷,2001年3月,第706—707页。
③ 国家环保局在1998年更名为国家环保总局,标志着级别上升到部委层次。2008年,国家环保总局又更名为环保部,级别再次提升,成为国务院组成部门之一。
④ 张红军(音译)、理查德·费里斯:《构建新世纪的环境法律系统:中国的环境法框架》,《汉学天地》,第1卷,1998年第1期,第6页。
⑤ 关于全国人大环境与资源保护委员会的所有职能,参阅同上。

下,该委员会在推进环保立法方面取得了很大进展。在1979年后中国通过的28个环境保护法律当中,有11个是在2000—2007年期间通过的①,还有两个是2008年通过的。(国务院围绕这些法律制定了20多个实施细则,比如《中华人民共和国水污染防治法实施细则》,国家环保部和其他国务院部委出台了100多个环境保护规定、办法和400个标准。)

直到2003年卸任前,曲格平一直不遗余力地改善环保法律体系。此后,曾任建设部副部长的毛如柏继曲格平之后担任全国人大环资委主任,继续完善环保法律体系。

立法部门颁布的很多环境法律缺乏一个可操作的或可行的实施办法。② 这些法律可能为污染受害者提供了向环境破坏者诉求赔偿的机会,但没有明确提出恰当的程序。最终的结果是很多中国人,特别是污染受害者不知道如何申诉或索赔,从而导致公众在法律体系中的参与非常有限。③ 很多法律专家提出,中国的环境法律更像是政策声明。比如,裘欣、李虹霖在分析《中华人民共和国固体废物污染环境防治法》(2005年生效)时认为:

> 长期以来,中国立法机构相信"有法比没法好","总体性的法律比具体的法律好"。因此,在这种理念指导下,立法部门在立法中倾向于模糊,所立法律有很大的弹性,缺乏可操作性,为以后法律执行中的部门职能交叉埋下了隐患。比如,《固体废物污染环境防治法》第十条规定:"国务院环境保护行政主管部门(指环保部)对全国固体废物污染环境的防治工作实行统一监督管理,国务院有关部门在

---

① 王家全(音译):《中国加强环境立法》,世界观察研究所,2007年8月28日,www. worldwatch. org/node/5328.

② 同上书,第171页。

③ 吉姆波利、铃木真由、曲晓霞(音译):《火的考验:一个中国环境NGO在中国所做的司法救助》,威尔森中心中国环境论坛,2008年7月,www. wilsoncenter. org/topics/docs/clapv_jul08. pdf.

各自的职责范围内负责固体废物污染环境防治的监督管理工作。"然而,这一条款太笼统,不能真正划清各相关部门的职责。谁是有关部门? 每个部门的职责是什么? 什么是统一监督管理? 每个部门有哪些权力? 如果有关部门不履行自己的职责,那么政府又如何实施这一法律? 如果对这些问题没有明确的回答,那么不同的部门都可以按照对自己有利的方式做出司法解释,从而引起法律执行中的冲突。①

因此,中国人很难知道什么样的排放应该被禁止以及谁应该被追究法律责任和索赔。有一个案例发生在江苏省常州市,当地方政府环保部门试图起诉一家当地化工厂两年没有交纳排污费时,竟然难以决定起诉的理由是该企业没有交四笔排污费还是没有交污染超标费。而且,常州市中级人民法院在进行听证时,指出国家法规和常州市的规定还存在不一致,使得该案件难以审理。② 同样的情况还有,尽管国家环保总局2007 年出台规定,要求所有企业应该自己检查污染排放情况,但对检查次数又没有任何规定。③

法律条文的模糊性也使得一些企业和单位在排污方面钻法律的空子。马晓英和伦纳德·奥托兰诺(Leonard Ortolano)在其环境法规研究中指出:"中国甚至有一个流行的说法:'上有政策,下有对策',这种说法表明一些企业和单位利用法律和法规条文的模糊性,绕过法律的规定,进行排污。"④

而且,同其他国家一样,立法者必须平衡环保需求和其他社会问题之间的关系。在中国,最主要的顾虑是更加严格的环境保护有可能造成

---

① 裘欣、李虹霖:《中国的环境大部制改革:背景、挑战和未来》,《环境法报道》,2009 年 2 月。
② 马晓英、伦纳德·奥托兰诺:《中国的环境监管》,第 92—93 页。
③《中国钢铁行业环境管理评价》,美国制造业联盟,2009 年 3 月,www. americanmanufacturing. org/wordpress/wp-content/uploads/2009/03/chinaenvironmental-report-march – 2009. pdf, p.33.
④ 马晓英、伦纳德·奥托兰诺:《中国的环境监管》,第 92 页。

经济的停滞或后退。过去十年来,中国政府曾建议实施环境税,采取市场化机制向污染企业收税①,推动全国污染控制和环保法律的实施。②环境税如果实施,将取代地方环保部门向污染企业收取污染费的办法。

收取环境税是依据企业的利润还是排污数量,仍然是一个需要讨论的问题。但是,设立环境税的建议突出显示出中国环境保护工作的难点,即如何在维持中央政府少参与的情况下,实现国家经济发展和环境保护的平衡。

中国在完善环保法律体系的进程中,还存在一个同样具有挑战性的问题,这就是旷日持久、耗费精力的法律文本的会签。法律起草涉及众多的部委、单位和技术专家,每一个部门都可能对法律文本草案进行很大的改动,所以,常常是法律文本会签到最后,变得没有一点实际的用途。③ 比如,关于能效法律的咨询会签,持续了四年多,直到今天,该法律仍然没有得到很好的实施,其中的原因一是法律本身很复杂,二是实施该法的部门权力较小。④

然而,中国的环境法律制定者越来越显示出他们协调各部门意见的能力在不断提高,起草技术上完善、政治上可行的法律的能力不断增强。比如,中国在颁布具有里程碑意义的《环境保护法》以后仅仅 5 年,又于 1984 年首次颁布了《中华人民共和国水污染防治法》,并在 1996 年和 2008 年进行了两次修订。⑤

两次修订明确了地方相关部门在如何防治水污染、更好执法以及处罚违法者方面的职责。2008 年的修订是在一系列严重污染事件发生后

---

① 《最近的环境法及公众参与的新闻》,环境法公众研究网,2009 年 4 月 13 日,www. greenlaw. org. cn/enblog?p = 1020.
② 《中国要对污染企业课税》,新华社,2009 年 6 月 6 日,www. shanghaidaily. com/sp/article/ 2009/200906/20090606/article 403213. htm.
③ 全国人大环境保护与自然资源委员会官员 1999 年 1 月与作者在马萨诸塞州剑桥市的谈话。
④ 同上。
⑤ 李静云、刘晶晶(音译):《寻求清洁水:中国新修订的〈水污染防治法〉》,威尔森中心中国环境论坛,2009 年 1 月,www. wilsoncenter. org/topics/docs/water pollution law jan09. pdf.

进行的,最严重的污染事件是东北黑龙江省哈尔滨附近松花江的苯污染。这次事件之所以严重,是因为当地官员不仅断绝了哈尔滨 340 万居民的供水①,还试图掩盖事件真相。

立法部门建议对《中华人民共和国水污染防治法》进行修订,避免松花江事件的重演。这次修订对该法某些条款进行了重大改变,包括要求地方政府把水环境保护工作纳入国民经济和社会发展规划中去,而不是在 GDP 增长和环境保护之间进行取舍;要求环保部向社会通报全国水质量信息,扩大公众参与;加大环保违法处罚力度,取消 1996 年修订时确定的 100 万元(14.2855 万美元)处罚上限,对严重违法企业处以上年收入 50% 的罚款。尤为值得称道的是,这次法律修订在 2007 年下半年征求公众的意见,成为第一个听取公众意见的中国环境法律。仅仅一个月,全国人大常委会法律委员会就收到公众建议 1400 多条,很多意见被吸收到最终的法律文本中。②

最近修订的《中华人民共和国水污染防治法》于 2008 年 6 月生效,包括进一步加大处罚力度,实施以处罚为主的强化措施。比如,对严重污染的企业,可以处以上一年收入的 20%—50% 的罚款,由相关企业的业主承担。该修订还赋予地方环保部门更多的权限,可以拆除任何非法排污口或地下排污管道,并对违法者进行罚款。③

2008 年修订的《中华人民共和国水污染防治法》是否能减少水污染事件,是否能加强地方的环保执法,现在下结论还为时过早。然而,这次修订考虑公众关心的问题(甚至听取吸收公众的建议),力求使法律更具操作性、权威性和有效性,充分体现了政府的努力。有了这份努力,在全国实施其他环境法的时候,也将会取得同样的成功。

---

① 《毒气泄漏威胁中国城市》,BBC 新闻,2005 年 11 月 23 日,http://news.bbc.co.uk/2/hi/asia-pacific/4462760.stm.

② 李静云、刘晶晶:《寻求清洁水:中国新修订的〈水污染防治法〉》。

③ 同上。

国家环保部和地方环保局

中国的环境保护管理根据内容的不同涉及很多部门、单位。在涉及环境保护这个问题上,不同的政府部门不是持合作的态度,而是通常相互竞争有限的资源和影响力。[①] 比如,在解决大规模的水污染问题时,要涉及水利部,因为水利部负责水资源的分配;要涉及建设部,因为建设部负责水和下水道的管理;要涉及国家林业总局,因为林业总局负责自然保护区内水库中水资源的管理;要涉及国家海洋局,因为海洋局负责海岸水域的管理;要涉及农业部渔业局,因为农业部渔业局负责渔业水污染的监管;要涉及国家环保部,因为环保部负责其他部门不管的水污染事件。另外,财政部等经济部门在确定对水污染企业进行处罚的力度上也发挥着关键作用,全国人大环境与资源保护委员会负责水污染法的协调和起草工作。但是,全面负责环保法规起草、监督、实施、环评和研发等环境保护工作的职能部门是国家环保部和地方环保局。

从很多方面可以看出,国家环保部门在政府的级别序列中不断提高,充分体现了中国政府对环境保护的重视。1998 年,中国政府进行了一次大规模的行政体制改革,对很多部门进行了重组和精简。当时的国务院总理朱镕基将环保局从部管局提升为国务院直属部级局,名字也从国家环境保护局改为国家环境保护总局。在 2008 年 3 月召开的全国人大会议期间,国家环保总局又被提升为国务院组成部门,被命名为中华人民共和国环境保护部。作为国务院组成部门,环保部在国务院会议上有了自己的一票,使全国性政策的制定能够更多地考虑环境保护问题。而且,就政府序列中的位置来说,与国家环保局和国家环保总局不同的是,环保部的级别要高于很多它监管的国有企业,从而也提高了环保部

[①] 克泽斯托夫·米恰拉克:《中国的环境治理》,出自经济合作与发展组织(OECD)2005 年 9 月 7 日的报告《中国的治理》,www.oecd.org/dataoecd/60/37/34617750.pdf,p.18.

的执法能力。当然,环保部不能强迫其他部委听从自己的建议,还有很多因素制约着环保部和其他倡导环保的机构发挥更大的作用。前总理朱镕基是一个改革型的领导人,负责中国的经济发展,坚定地支持环保工作。如前所述,他在1998年国务院机构改革中提升了环保管理部门的级别。不过,此后不久,在纽约的一次午餐会上,我问刚刚履新的国家环保总局局长解振华,请他谈谈环保总局级别提高以后最大的变化是什么。他一本正经地告诉我:"我的编制减少了一半。"事实上,国家环保局从本来就不多的600人编制减少到300人。① 目前,环保部的人员远远不够,这也从一个侧面说明中国的环境执法为什么那么艰难。想想人口只有3亿的美国,其环保署有职员1.7万人,分布在总部和10个地方办公室、18个卫星地面站和实验室。而在13亿人口的中国,环保部北京总部只有300个职员,5个地方办公室大约各有30名工作人员,再加上地方省市和乡镇级负责环保工作的6万人以及相关附属机构的2600人。② 也就是说,中国环保部的人员数量不到美国环保署人员数量的1/6,却负责着5倍于美国人口的环境法的执行和实施。因此,当中国知名环境法律师王灿发认为中国的环境法律法规真正实施的不到10%时,就一点也不奇怪了。③ 1998年,还撤销了由各部委负责人组成的国家环境保护委员会,该委员会一直是中国进行环境保护政策高层协调的唯一平台。国家环保委的撤销削弱了环保部门协调高层环保政策的能力,使得环保部门的职能更加弱化。④

　　国家环保总局面临的其他挑战还有环保投入少。中国在环境保护

① 与此相反,美国环保署雇用人员6000人。出自张红军、理查德·费里斯《构建新世纪的环境法律系统:中国的环境法框架》。

② 何钢:《环保部雏形初具,然任重道远》,世界资源研究所地球趋势研究中心,2008年7月17日,http://earthtrends.wri.org/updates/node/321.

③《中国加大环境法执法力度》,新华社,2005年10月9日,http://en.chinacourt.org/public/detail.php? id=3957.

④ 曲格平:《中国的环境管理》,第221页。

方面的投入在"九五"(1996—2000年)期间一直徘徊在 GDP 的 0.8%左右,"十五"期间(2001—2005年)增长到 GDP 的 1.3%(大约 7000 亿元,折合 850 亿美元)①;"十一五"期间(2006—2010年)环保投入达到 GDP 的 1.35%。② 尽管如此,中国在环境保护方面的投入仍远远低于一些中国科学家认为控制环境不再恶化所需要的占 GDP 比例达到 2%或 3%的目标。③ 而且,环境保护方面的资金常常投入到不相干的项目上。2007年,中国环境规划院(隶属于环保部)报告称,"十五"期间,占中国 GDP1.3%的环保经费实际上只有一半投入到环保项目上。特别是,60%以上的环保经费投入到城市地区,被用来建公园、加油站、废物处理厂,而没有用来购置能够显著改善城市环保状况的废物或废水处理设备。④

另外需要提及的是,尽管环保部已成为国务院组成部门,但仍然没有垂直管理地方环保局的权限,地方环保局是地方政府的部门,而地方政府往往以牺牲环境为代价来换取地方经济的增长。⑤ 全国各地的环保执法主要依靠 3000 个左右的环保局和 5 万名环保执法人员。尽管1997—2003 年期间,环保执法人员增长了 116%,但距地方环保执法的需求来说还远远不够。⑥ 虽然名义上地方环保局要对环保部和地方政府负责,实际上是依靠地方政府的支持,包括经费、事业发展、人员编制、工作条件等,比如车辆、办公地点和职工住房。⑦ 因此,地方环保局首先要根据地方政府的需要和重点开展工作,因为尽管有环保方面的规定,但

---

① 郭华:《中国制定环保计划》,《中国日报》,2001 年 5 月 29 日。
②《中国将把 GDP 的 1.35%投入环境保护》,新华社,2007 年 11 月 27 日。http://en.chinagate.cn/economics/2007 - 11/27/content_9302259.htm.
③ 奥斯丁·拉姆齐:《中国绿色投入不足》,《时代周刊》,2007 年 11 月 28 日,www.time.com/time/world/article/0,8599,1688554,00.html.
④ 易明:《大后退?》,《外交事务》,2007 年 9—10 合刊,第 38—39 页。
⑤ 乔纳森·瓦茨:《中国绿色发展倡导官员靠边站》,《卫报》,2009 年 3 月 12 日,http://www.guardian.co.uk/environment/2009/mar/12/activism-china.
⑥ 经合组织:《2006 年中国环境的守法和执法》,www.oecd.org/dataoecd/33/5/37867511.pdf, p. 25.
⑦ 扎黑尔:《中国的环保组织》,第 759 页。

规定归规定,地方政府官员被考核的是 GDP,而不是环境。① 对于地方环保局,国家环保部仅具有业务指导职能。基层的很多地方环保局设施简陋,很难完成环境保护的任务。

近期的改革把强化地方环保部门职能作为政府扩大透明度的一项措施,提高了环保部的权威。2008 年 5 月,《政府信息公开条例》正式实施,规定各级政府部门要公开"涉及公民切身利益"的信息,赋予"公民、法人和其他组织"向行政机关申请获得政府信息的权利。② 同时,环保部宣布《环境信息公开办法》开始施行。这些措施建立了公民向地方环保部门咨询环境污染和(或)环境保护信息的程序③,要求各地环保部门收集并在其管辖地公开那些污染排放超过许可量和超过国家标准的企业"黑名单"。④

这些新规定在推进各级政府的透明度方面向前走了一大步,当然真正实施起来还会有一定的难度。比如,2009 年 4 月,黑龙江省环保局召开了一个新闻发布会,提出了该局 2009 年计划开展的环保执法行动。如果根据新的规定,黑龙江省环保局的官员要在这次会议上向新闻界公布污染企业"黑名单"。但是当记者询问这份"黑名单"时,省环保局的官员回答说是保密信息,不便透露。⑤

地方环保局的行政级别有时还没有其要监管的企业的级别高。这是因为环保部门不论从体制上还是财政上,都隶属于省级和地方政府,一般来说在整个政府序列中级别较低。⑥ 在地方,资源少以及当地错综复杂的关系也影响了环保工作。环保局负责监管企业的废水、废气和废

① 经合组织:《2006 年中国环境的守法和执法》,第 6 页。

② 延思(Jens Kolhammar):《政府信息公开条例:障碍与挑战》,《中国的选举和治理》,2007 年 6 月 7 日,http://en.chinaelections.org/newsinfo.asp? newsid = 17891.

③ 查理·麦克尔威(Charlie McElwee):《环境信息的公开》,中国环境法博客,2008 年 4 月 30 日,www.chinaenvironmentallaw.com/2009/04/30/public-disclosureofenvironmental-information.

④ 查理·麦克尔威:《黑龙江省"黑掉"污染企业黑名单》,中国环境法博客,2009 年 4 月 27 日,www.chinaenvironmentallaw.com/2009/04/27/blacklist-blacked-out-by-black-dragon-river-province.

⑤ 同上。

⑥ 经合组织:《2006 年中国环境的守法和执法》,第 18 页。

物的排放,而且根据需要,还要向企业收取污染费①和罚款。不过尽管收取污染费和罚款对污染排放超标是一种惩罚,但是与企业进行污染防治的投入比起来,这些企业都认为付一点污染费和罚款要划算得多。比如,在 2006 年,江苏省南通市一家造纸厂建立废水处理设施的投入是 1亿人民币(大约 1450 万美元),而废水排放最高的罚款只有 10 万人民币(大约 14500 美元)。② 重复不断地违反环保法规并不一定导致支付更多的罚款,这就使得当地企业宁可交罚款也不治理污染。这种做法和美国采取的标准恰恰相反,美国要求违反环保法规的公司,比如违反《清洁水法案》的企业除了负刑事责任外,还要支付每天高达 32500 美元的罚款。③ 尽管中国征收的污染费逐年增加④,但影响有效环保监管和执法的障碍依然存在。

最主要的障碍是,环境监督检查人员的力量与肩负的任务明显不相适应。尽管各地环保部门每年开展 200 多万次环保检查⑤,但人员长期不足,设备简陋。云南省的一个环保执法官员在 2009 年接受采访时说,尽管他需要每个季度到辖区对每个工厂进行环保检查,但是他没有常规的交通工具,因此也就不能到那些工厂进行环保检查。⑥ 人力和物力资

① 任何一家排污企业都要向地方政府交纳排污费,要向地方环保部门注册登记其企业排污种类、排污数量以及污染物浓度等,地方环保部门根据排污种类、数量和浓度计算征收排污费。《中国环境法的执法趋势》,美迈斯律师事务所,2008 年 4 月 16 日,www. omm. com/newsroom/publication. aspx? pub = 615.
② 李万新(音译)、陈汉宣(Hon S. Chan):《中国的污染排放及处理:环境治理的含义》,城市中国研究网络会议、当代城市中国研究国际会议提交论文,2009 年 1 月 1—2 日,http://mum-ford. albany. edu/chinanet/events/guangzhou09/paper/Li_2008_IncomeCapacityEnvironment_draft%206%20tables%20included. pdf.
③ 托马斯·V. 斯金纳:《美国环保署根据罚金通货膨胀调整罚金政策》,美国环保署,2004 年 9 月21 日,www. epa. gov/compliance/resources/policies/civil/penalty/penaltymod-memo. pdf.
④ 1985 年至 1994 年期间,因污染排放被罚的公司数量,从最多 8 万家增长到 30 多万家,罚金总额高达 30 亿元(3.65 亿美元),《中国环境报》,1995 年 2 月,第 1 版。
⑤ 经合组织:《中国环境的守法和执法》,第 26 页。
⑥ 王立德:《中国的观点:云南砷污染刑事案件》,自然资源保护委员会博文网,2009 年 4 月 24日,http://switchboard. nrdc. org/blogs/awang/view_from_china_the_yunnan_ars. html.

源的缺乏导致很多环保违法事件不能得到调查。①

地方环保官员在辖区内检查污染企业时常常采取其他的办法。有些情况下,如果环保局的官员和企业负责人有一定的个人关系,那么就可能少收排污费。还有些情况,经济发展可能比环境保护更加重要。2006年底,有的县级政府向企业承诺,如果工业产值超过1000万元(约120万美元),那么不经工厂同意,政府不能去进行环保检查。②

当国家环保部、国家发改委、国家林业局和监察部组成的中央调查组,同地方有关部门联合对一个省的环境保护情况进行集中检查时,常常发现普遍的违反环保法现象。有时,在这些大规模的集中检查中会发现几个工业污染大案,以此向公众证明政府部门不会允许同样的问题再度发生。比如,2005年松花江苯污染事件发生后仅仅4个月,国家环保总局就查出了100多家污染企业,下令20家化工和石化企业进行环境清理整治。③ 在2006年开展的全国环保检查行动中,共清查企业72万家,因污染排放超标和(或)生产环境存在安全隐患而关闭的企业就有3176家。④

地方环保部门的级别低也影响了环保管理。除罚款外,对污染企业还可以采取关停措施,但地方环保部门由于级别低,一般不能直接向污染企业下达关停通知,而是需要地方政府批准同意。当地政府由于级别高,往往不理会环保部门的请示。因此,地方环保部门就可能处于这样一个困境:发现环保违法事件,引起了污染企业和地方政府的注意,但缺乏对污染企业进行罚款或者实施其他惩罚措施的权力。⑤ 根据世界银行的一个研究报告,社会的、政治的和经济的因素常常决定哪些污染企业

① 王灿发:《中国的环境法实施:现存问题及改革建议》,《佛蒙特环境法学》,第8卷,2007年春,第2期,第164页,www.vjel.org/journal/pdf/VJEL10051.pdf.
②《政府保护污染工厂引发关注》,新华社,2006年11月28日,www.china.org.cn/english/government/190419.htm.
③ 经合组织:《中国环境的守法和执法》,第29页。
④ 美国国会及行政当局中国委员会:《国会及行政当局中国委员会2007年年度报告:环境》,2007年10月10日,第3页。
⑤ 王立德:《中国的观点:云南砷污染刑事案件》。

应该付全部排污费。民营企业以及那些污染产生很大社会影响的企业(特别是那些引起群众强烈不满的企业),与地方环保部门没有多少讨价还价的余地。然而,国有企业和那些财务状况不好的企业则有较大的讨价还价余地。[①] 还有一些情况,企业即便是交了排污费,也得到80%的返还,但却不把该经费用于提高治污能力,而是用于企业环保部门的其他需求。[②]

中国收取的排污费在2004年达到4.6亿元(大约6770万美元),处罚了8万多家企业。[③] 但是,根据经合组织的统计,全国排污费收取的比例还不到50%,在沿海地区可达到80%,但在西部省份只有10%。[④] 更为严重的是,污染企业还常常做地方环保部门的工作,交纳的排污费远远低于污染造成的环境代价。总起来说,各地环保部门收取的排污费还不到治理污染所需费用的5%。[⑤]

也许,最令人意想不到的是,收取排污费对一些地方环保局来说是一种荒谬的激励,他们容忍甚至鼓励污染问题长期存在。比如,武汉市环保局制定了所谓的长效机制,把征收排污费和基层环保人员的个人收入挂起钩来。

为了解决地方环保部门的体制缺陷,加强地区间的合作,避免地方政府的掣肘,环保总局2006年开始设立区域性环境保护督查机构,这些机构直接向环保总局汇报工作。2008年12月19日,在全国第六个区域性环境保护督查机构"华北环境保护督查中心"的揭牌仪式上,环保部副部长张力军明确提出建立区域性环境保护督查机构的目的,比如:

---

① 王华、萨斯米塔·达斯古普塔、纳兰度·马明基、比诺·拉普兰特:《污染法规执法不力:中国公司的讨价还价能力》,世界银行政策研究工作报告第2756号,2002年1月18日,第6页。
② 曲格平:《中国的环境管理》,第318—319页。
③ 经合组织:《中国环境的守法和执法》,第27页。
④ 同上书,第6页。
⑤ 詹妮弗·吴:《中国反污染法律执法中的公众参与》,《法律、环境和发展》,第4卷,2008年第1期,www.lead-journal.org/content/08035.pdf。

不能有效地解决环保问题的原因有两个。一是有些地方政府为了 GDP 增长放松了污染控制。另一个原因是,作为管理机构,环保部缺乏监管相关地方部门的有效职能……过去,由于靠地方政府,只能解决其行政管辖区域内的问题,很难解决一些长期存在的跨区域的污染争端……现在,这些区域性环境保护督查机构被赋予解决这类争端的更大的权力。①

尽管有这些机构管理体制改革,区域性环境保护督查机构仍然缺乏协调省级政府的权力,而且人员也不足。有个报告显示,这些区域性环境保护督查机构每个只有大约 30 个人员编制。②

司法

司法体制不成熟是制约中国环保工作的另一个因素。中国在历史上实行的是人治而不是法治。然而,与美国不同的是,中国不实行案例法,过去的案例尽管有一定的指导意义,但是没有约束力。③ 最高司法机关——中国最高人民法院,是唯一能进行司法解释的机构。④ 就像经济和环境部门一样,中国的司法系统也是高度非中心化的。最高人民法院具有监督职能,但没有权力管理地方法院的人事和预算事宜,地方法院在地方政府的管辖之内。

不过,在某些情况下,法院仍然是国家环保部和地方环保局所依靠的保证环保法律得以有效实施和执行的最重要的杠杆,在惩治环境污染

---

① 《中国加强地方环境监管》,中国网,2008 年 12 月 19 日,www. pacificenvironment. org/
article. php? id = 2943.

② 托德·凯撒、刘荣坤(音译):《把脉中国政府信息公开条例实施一周年》,威尔森中心中国环
境论坛,2009 年 8 月,www. wilsoncenter. org/index. cfm? topic_id = 1421 & fuseaction =
topics. documents & doc_id = 549155 & group_id = 233293.

③ 孔杰荣、约翰·朗格:《中国的法治体系:投资指南》,《纽约法学院国际法与比较法学刊》,
1997 年第 17 卷,第 350 页。

④ 安守廉:《法律在应对中国环境问题中的局限性》,《斯坦福环境法学》,第 16 卷,1997 年 1 月,
第 141 页。

方面也有一些成功的案例。2008 年初,广东省佛山市三个男性公民在几个地方非法倾倒含有羟基苯的废物,该市法院因而判处三人入狱,并处以罚款。这一事件引起当地政府的重视,因为其中的一个倾倒地点靠近一所小学,该学校的学生和老师吸入挥发的羟基苯气体后,在教室里发生中毒。① 在 2009 年,云南省的一家法院判处一家化肥厂的三个负责人入狱,因为这家化肥厂在几年时间内将大量的砷化物排入阳宗海,严重污染了 26000 人的主要水源。这几个负责人还由于没有采取保护湖水不受污染的措施而被罚 1600 万元(230 万美元)。12 名地方政府官员,包括一名副市长,被开除公职。②

可能中国法律体系最重要的创新是建立了一个法庭网络,专门审理环保案件。2007 年,最高人民法院成立了三个法庭,提高法官解决环保争端的能力,排除环境案件原告在提起诉讼时遇到的阻碍,强化法官在审理地方经济风云人物作为环保案例被告时的执法能力。③ 建立这些环保法庭的地区有一个共同的特点,这就是都涉及水质问题。贵州省的环保法庭处理作为饮用水水源的相邻 4 个湖和水库事宜,江苏省环保法庭审理有关太湖的环保案件,云南省的环保法庭审理有关滇池的环保案件。④

与中国大多数法庭不同的是,环境保护法庭审理刑事、民事和行政等各类案件⑤,还具有对自己的判决进行执行的权力,从而在名义上要比

---

① 《佛山法院审理废物排放案件》,中国国际广播电台,2008 年 3 月 21 日,http://http://english.cri.cn/2946/03/21/1321@335476.htm.

② 《砷湖事件三名责任人被判刑》,《中国日报》,2009 年 6 月 3 日,http://english.sina.com/china/p/2009/0602/245577.html.

③ 高杰(音译):《环保法院:公共环境利益诉求依然是一个点缀?》环境法公众研究网,2008 年 10 月 5 日,www.greenlaw.org.cn/enblog/?p=4.

④ 艾琳琳:《赋予法院更大的环境执法权力》,威尔逊中心中国环境论坛,2008 年 10 月。www.wilsoncenter.org/index.cfm?topic_id=1421&fuseaction=topics.event summary&event_id=477342.

⑤ 同上。

中国司法体系中的其他法庭有更大的权力和更大的独立性。① 这些法庭已经审理(判决)了很多案件:云南省的昆明法庭在 2009 年上半年审理了 12 个环保违法案件②,贵州省的贵阳法庭在运行后的 6 个月里受理环保案件 45 起(其中判决 37 个)。③ 随着这些环保法庭的成功,中国将建立更多的环保法庭。然而,从长远有效考虑,这些法庭还面临着几个挑战,主要是:缺乏诉讼程序规范;难以确定环境污染诉讼原告主体资格;环保法庭案件不足等。成立环保法庭本来是解决水的问题,但成立后的一年内所审理的案件只有 5%的案件与水有关。

推动这些环保法庭建立的背后,还有一个重要人物王灿发,他是中国政法大学一位具有号召力和锲而不舍精神的教授。1998 年,他创办了"中国政法大学污染受害者法律帮助中心"(CLAPV),培训从事环境法工作的律师,给法官讲授环境法方面的课程,通过热线电话免费向污染受害者提供法律咨询服务,起诉涉及环境法方面的案件。从 2001 年到2007 年,该中心围绕环境法共培训律师 262 人、法官 189 人、环境执法官员 21 人。另外,截至 2008 年,1999 年设立的免费污染受害者热线电话向 9500 名咨询者提供了帮助。④ 然而,这个中心的资源很有限,必须通过个人渠道筹集资金,调查、起诉案件。⑤

多年来,我与王灿发有多次接触,并和他交流他的工作。2009 年春天,我在纽约又一次见到他。他马上谈到所面临的挑战:资金短缺、体制腐败、同道难觅等,但是对于新的司法体系和他的法官培训方面的工作,王灿发依然乐观。他还第一次从中国一个民营企业那里得到资助,表明中国企业开始对他的工作的重要性有了新的认识。

---

① 高杰:《环保法院:公共环境利益诉求依然是一个点缀?》。
②《云南将在九湖流域设立环保法庭》,新浪网,2009 年 5 月 31 日,http://news.sina.com.cn/
　　c/2009 - 05 - 31/143117920501.shtml.
③ 高杰:《环保法院:公共环境利益诉求依然是一个点缀?》。
④ 艾琳琳:《赋予法院更大的环境执法权力》。
⑤ 作者与王灿发 2001 年 5 月 18 日在纽约美国外交关系协会的谈话。

这些年来,"中国政法大学污染受害者法律帮助中心"获得了很大成功,所办理的环保案件胜诉率达 50%。在 2005 年的一个案例中,福建省的一个法院判决一家氯酸钾生产厂家向 1721 名村民赔付 68.4 万元(大约 10.0127 万美元)。这家工厂排放的六价铬化合物污染了这些村民的农田,导致粮食产量大幅减产。法院还判定企业要对土地污染进行清理和治理,但是法院判决的赔偿金额远远低于"中国政法大学污染受害者法律帮助中心"为村民最初诉讼的 1300 万元赔偿款(190 万美元)。① 2006 年,"中国政法大学污染受害者法律帮助中心"迫使一家工厂让步,这家工厂把含有氰化物和硫化物的废物排放到附近的农田里,从而导致一位农民的果园绝产。在农民寻求当地环保部门帮助未果后,"中国政法大学污染受害者法律帮助中心"把该农民的案件起诉到地方法院,要求获得赔偿。法院判决该工厂支付给农民 15 万元(大约 2.1958 万美元),并给农民打了一眼新井,以补偿他受污染而不能使用的旧井。②

在推动环保执法方面,有一个尽管未被充分利用却很有效的办法,这就是法院和银行系统的偶尔联合。中国国有银行通过为环保项目募集资金③以及拒绝给那些不达标的污染企业提供贷款两个方面,开始涉足环保工作。在 20 世纪 90 年代中期,中国人民银行采取了一个政策,拒绝向那些乱排工业废水或者没有达到国家环保标准的企业提供新的贷款④,但是这项政策没有得到实行。

其他和金融机构相关的环境合作也遇到了同样的命运。2007 年中

① 《福建化工厂污染案》,环境法公众研究网,2009 年 3 月 26 日,http://www.greenlaw.org.cn/enblog/?p=912.
② 吉姆波利、铃木真由、曲晓霞:《火的考验:一个中国环境 NGO 在中国所做的司法救助》。
③ 中国建设银行是中国四大国有商业银行之一,设立了 511 万美元的海外基金,用于支持 11 个城市的空气污染监控项目。这些项目是克林顿总统 1998 年访华后的首批中美合作项目。在这笔 511 万美元的基金当中,有 83%的资金来自美洲银行的优惠贷款。见《银行利用美国贷款推动空气清洁》,《中国日报》,1999 年 8 月 19 日,第 5 版。
④ 《中国环境报》,1995 年 1 月,第 1 版。

期,环保总局出台绿色信贷政策,向国有银行提供一份有 3 万多家污染企业的名单,建议限制或禁止向它们贷款。[1] 绿色信贷政策实施的第一年,银行成功地拒绝向 12 家有污染记录的企业提供贷款。[2] 但是,在 2008 年初,环保总局官员批评地方官员不执行绿色信贷政策,环保部副部长潘岳说:"一些省份和金融机构根本就没执行这项政策。"各省份也发现很难向高利润、高污染、高能耗的企业推行绿色信贷政策,因为这些企业往往受到当地政府的保护。[3] 环保部在 2008 年 1 月还推出了绿色证券政策,要求申请原始股(IPO)的高污染企业必须披露环境信息,进行环境测评。2008 年,环保部检查了 38 家公司,其中 20 家未通过环境检查的公司没能申请原始股。[4]

　　国家环保总局的职能弱、立法和司法机构中存在的问题、金融和经济计划部门权力大,以及中央政府环保投入少,这些都对国家环保政策的实施产生了深远的负面影响。更严重的是,中央把环保职能以及环保政策制定下放到地方政府,也造成了全国环保工作不平衡的状况。只有几个经济富裕、地方领导重视、与国际社会联系密切的省份,在应对过去环境退化和将来环境挑战方面取得了实质性的进展。尽管中国将近 700 个城市中只有大约 10% 的城市获得了环保部颁发的"国家环境保护模范城市"称号,但也反映了中国在实现环境目标方面所取得的成就。这些环境保护模范城市取得的成就也昭示着希望,随着中国继续融入国际经济,随着财富的增加,随着官员对环保在推动地区长期繁荣过程中重要性认识的提高,地方政府中一定会涌现出更多的重视环境的领导。

---

① 马利德(Richard McGregor):《中国的绿色信贷措施面临障碍》,《金融时报》,2008 年 2 月 13 日。www.ft.com/cms/s/0/03d1ba80 – da23 – 11dc – 9bb – 0000779fd2ac.html.
② 斯凯·吉尔伯特:《胜利:草根 NGO 推动"癌症村"采取行动》,威尔森中心中国环境论坛,2009 年 1 月,www.wilsoncenter.org/topics/docs/green_anhui_jan09.pdf.
③ 马利德:《中国的绿色信贷措施面临障碍》。
④ 张西雅:《中国推进绿色安全政策》,环境法公众研究网,2008 年 3 月 3 日,www.greenlaw.org.cn/enblog/? p = 726.

权力下放

1989 年,《中华人民共和国环境保护法》建立了"环境保护目标责任制"。从理论上说,这项制度把环境保护的责任赋予了地方政府领导,各级地方政府领导将和地方环保局一道改善当地的环境保护工作。[①] 这些地方领导将在职权范围内规划环保投入,出台实施新的环保政策措施,鼓励引导全社会参与环保工作,建立与国际社会的环保联系。

在有些地方,这种权力下放让当地的环保工作取得了振奋人心的成绩。比如,在东部省份江苏,世界银行和自然资源保护委员会联合推出了绿色观察计划,目的是根据企业工业废水处理达标程度对 1.2 万家企业进行评级,并公布评级结果和理由。然而,由于没有强有力的中央环保机构,这种高度分散的环保体制延续了中国环境治理依赖个别地方官员环保意识的老路。如果市长环境保护意识强,当地人民收入水平高,城市和国际社会联系密切,那么过去 20 年来,环保工作就取得了显著的进展。如果没有这些条件,特别是市长或省长对环保事业不积极,那么当地的环保部门就不可能发挥应有的作用。

一个省或一个市的经济状况在很大程度上决定着能投入多少资源用于环保工作,特别是决定投入多少资金用于环境治理。因此,2007年,人均 GDP 10529 美元的上海市和人均 GDP 7788 美元的南京市,能够将大约 3% 的地方财政收入(分别是 53.4 亿美元和 14.4 亿美元)用于环境污染的治理工作。与此形成鲜明对照的是,拉萨市 2007 年人均收入 2877 美元,用于环境保护的经费占地方财政收入的比例不到 0.01%。[②]

---

① 政府官员必须与地方环保局签署协议,规定具体的环境目标,并承诺一同实现这些目标。环保也是这些官员将来升迁的一个考核指标。

②《中国统计年鉴 2008》。

一般来说,收入水平高就意味着人们的环境教育水平高,关心环境的人就多。在较富裕的省份,对环境污染进行举报的数量比欠发达地区高5—7倍。① 群众举报很重要,因为可以让当地环保官员了解他们所不知道的情况。比如,大连市环保局调查的近2000个案件中有40%源于群众举报。② 中国的一些大城市还开通了环境热线,市民可以通过电话举报环境污染事件。在富裕的沿海省份浙江,一个省级环保官员在2001年6月上半月就接到830多个电话。③ 有80%以上的县级环保部门开通了24小时热线电话,专门受理群众举报。④ 国家环保总局2001年设立了全国性的环境热线⑤,环保部部长周生贤2008年底在报告中说,2003—2008年期间,通过热线电话举报的水污染事件就有160万个。⑥

经济状况不是决定城市如何治理环境问题的唯一的甚至也不是最重要的因素。很多差距源于市长的认识程度。中山、上海和大连等城市在环境保护方面的努力得到广泛赞赏,这些城市的市长都把环境作为头等大事来抓。这些城市不仅生态环境优美,而且污染数据呈下降趋势,同时环境治理的力度不断加大。当地环保部门还拥有足够的权力(市长给予很大支持)去协调其他政府部门合作开展环保工作。比如大连市环保局和市公安局通力合作,开展机动车尾气排放检查。在市长的支持下,有些环保部门还积极制定新的环保政策。

即便是政府官员也认识到积极的环境政策能够带来很大的利益,但

① 萨斯米塔·达斯古普塔、大卫·惠勒:《环境指标中的国民抱怨:来自中国的证据》,未刊稿,世界银行发展研究部环境、基础设施和农业处,华盛顿 D.C.,1996 年。亦可参见马晓英、伦纳德·奥托兰诺:《中国的环境监管》,第 71 页。

② 环保官员与作者 2000 年 4 月在大连的谈话。

③《环境问题帮助解决热线》,新华社,2001 年 7 月 30 日,www.xinhuanet.com english/20010730/434912.htm。

④ 经合组织:《中国环境的守法和执法》,第 33 页。

⑤《热线收到更多污染抱怨》,新华社,2006 年 12 月 6 日,www.china.org.cn/english/environment/191379.htm。

⑥《中国环保部警告官员:完成环保任务要受罚》,新华社,2008 年 9 月 11 日,http://news.xinhuanet.com/english/2008-09/11/content_9922169.htm

是对社会稳定的担忧仍然使他们不敢采取这样的措施。比如,尽管中国的农业发展很少采用最节水的灌溉技术,但为了把农民拴在土地上,水的价格仍然被人为地压得很低。到 2009 年,北京水价(城市居民用水、工业用水和农业用水的价格不同)每立方米上升到 5 元。然而,城市居民用水的价格每立方米只有 3.7 元[①],平均水价只有世界其他大城市居民生活用水水价的 1/5。根据中国水利水电科学研究院汪党献的研究,水价上涨是不可避免的,因为"现在的水价对北京这样的缺水城市来说是不可持续的"。[②] 2009 年 5 月,北京水利局宣布进一步提高水价以保证供应,因为南水北调工程(该工程每年将为北京提供 10 亿立方米的水)的完成日期已从 2010 年推迟到 2014 年。[③]

从中国环境法庭对污染企业做出的判决中,也可看到对经济和社会稳定的担忧可能会阻碍采取积极的环保行动。尽管法庭做出了有利于污染受害者的判决,判处污染企业支付赔偿款和(或)环境清理费,但是这些判决常常面临来自地方政府的巨大压力,因为这些污染企业也往往是地方税收和就业的主要来源。比如,本章前面介绍的那个涉及氯酸钾生产的福建厂家、后由"中国政法大学污染受害者法律帮助中心"起诉的案件中,法律专家已经指出法庭判处支付的赔偿金只有原告最初要求的 1/20,因为该厂是当地税收 1/3 的来源。因此,为了保持当地经济的安全,允许该工厂继续开工最符合当地政府的利益。原告方的牵头人也面临本村的巨大压力,要求撤诉,因为他和妻子都受到攻击谩骂。[④]

中国环保工作靠前的城市还和国际社会包括世界银行、亚洲开发银

---

① 记者陈荟蔓:《北京水价调整将听证,南水北调推迟进京引猜测》,南海网,2009 年 5 月 12 日,www.hinews.cn/news/system/2009/05/12/010476270.shtml.

② 崔晓火:《北京水需求降低》,《中国日报》,2009 年 5 月 12 日,http://www.chinadaily.com.cn/china/2009-05/12/content_7765925.htm.

③《北京今年将提高水价》,路透社,2009 年 5 月 10 日,http://uk.reuters.com/article/idUKPEK25802.

④ 王立德:《法律在中国环保中的作用:最近的进展》,《佛蒙特环境法学》,第 8 卷,2007 年春,第 2 期,第 164 页,www.vjel.org/journal/pdf/VJEL10051.pdf.

行和日本、德国以及新加坡等国家,有着密切、长期、多方面的交流与合作。比如,大连市环保局与日本有一个交流项目,日本国际协力机构在城市规划、环保优先领域确定、污染监测等方面对大连给予协助。日本公司是大连国外投资的主要来源,这些公司也重视环保。[1]

当然,这些经济状况最好、采取环保措施最积极的城市仍然有自己的挑战。这些城市常常把自己的污染工业转移到城郊,从而实现环境治理的目标。如果城郊人口少,那么这种策略一般都很有成效,大城市的人口压力常常会使得这些郊区发展成为大城市的卫星城。过去12年来,上海把700多家工厂转移到城外。广州也由于其巨大的人口压力,正计划把水泥厂转移到城外,因为这些企业污染严重。当地媒体2007年报道说,广州市政府为此花费了10亿元(1.25亿美元)。[2] 申办2008年奥运会成功后,北京要求大约200家工业企业改进环境、关闭或转移到北京以外,从而减少空气污染。[3] 中山市也是一个环保模范城市,距离广州仅几个小时的路程,周围全是冶炼厂、石化公司、半导体工厂和其他污染工业。这些企业很多是和台湾合资的。[4] 一次和中山市副市长一同乘车时,他自豪地向我介绍这个美丽城市的经济和环境数据,我委婉地指出,如果中山市周围没有那么多污染乡镇,那么中山市环境保护取得的成就会更大。副市长对我的话似乎听而不闻,无动于衷,随行的当地环保官员则对我的话会心而笑。

发起运动的思维方式

中国政府在把环境保护的权力和责任下放给地方政府的同时,仍然

---

[1] 环保官员与作者2000年4月在大连的谈话。
[2] 《经济得高分之余,生态环保也不逊色》,《羊城晚报》,2007年8月25日,http://news.163.com/07/0825/14/3MOGJH3A0001124J.html.
[3] 罗伯特·W.米德、维克多·布拉杰:《北京绿色奥运的环境清理和健康成果》,《中国季刊》,第194卷,2008年6月,第275—293页。
[4] 中国环保官员与作者2000年4月在中山的谈话。

通过开展大规模的环境保护运动来加强对全国性的重要环保事件的管理。中国政府发起运动的目的是敦促地方政府积极应对土壤侵蚀、水污染和水荒等宏观的环境威胁。然而,这些运动有以下三个方面的缺点:(1)具有高度的政治性,为完成预定目标,开始的投入都很大,但后续投入跟不上。(2)很少邀请地方官员和企业人员参加。(3)一般不采用最好的技术或最有效的激励措施。总体来说,这些运动给地方带来了极大的负担,而中央部门的后续工作又跟不上。因此,这种虎头蛇尾式的运动经常达不到预期的目标。

2005年,环保总局开展的一个大型运动从本质上来看更具政治色彩,所瞄准的目标是国家以牺牲环境保护为代价强调经济发展。这一年,国家环保总局和国家统计局(NBS)联合发起绿色GDP运动,把环境退化和污染的代价计算到GDP当中。这一运动是一项体现巨大政治变革的运动,被看作是中国领导人经过数年思考后,最终要围绕改善环境采取行动的信号。对地方官员考核将不再仅仅看他们如何发展经济,还要看他们如何保护环境。

绿色GDP运动的主要倡导者和设计者是环保部副部长潘岳。2003年担任国家环保总局副局长后,潘岳领导实施了一系列全国性的环保措施,包括绿色信贷政策和环境信息公开办法。但是,他最让人称道的可能是,他是党内最坦率直言的环境倡导者之一,经常毫不留情地批评中国在环保方面存在的不足。

然而,尽管潘岳和其他人员积极推动绿色GDP运动,国家环保总局和国家统计局2006年9月发布的报告马上便如泥牛入海。根据政府的估算,环境污染让中国在2004年付出了640亿元的经济代价,占当年GDP的3.05%。如果说中国2004年GDP的增长速度约为10%的话,那么扣除污染代价以后的GDP增长率则要降到7%。中国GDP的3.05%不是个小数目,它还体现了国际和国内观察家长期的呼吁。的确,十多年来,科学家、经济学家和世界银行(及其他机构)已经测算出环

境退化和污染使中国经济每年付出 GDP 的 8%—12% 的代价。(参见第三章)

　　比较起来,绿色 GDP 报告中披露的关于环境退化和污染代价的数据要低得多,主要是省级政府和中央政府没有能力在不同的环境信息基础上进行正确的经济核算。国家环保总局最初设想这个报告将提供详细的区域绿色 GDP 数据,并以此作为评价地方官员环保政绩和经济发展政绩的第一步。但是很多地方官员觉得这些数据是个威胁,因此不愿提供环境信息。他们担心绿色 GDP 数字会完全抹杀了他们辛辛苦苦取得的经济成就。特别是,国家环保总局和国家统计局又宣布对原来计划在报告中所设立的项目只计算一半,经济发展对主要环境问题产生影响的数据,比如地下水和和土壤污染数据没有包括在最终的绿色 GDP 报告当中。使局面更加混乱的是,几乎在同时,国家环保总局副局长祝光耀也发表了另一个环境报告,认为环境破坏使中国政府每年付出 GDP 约 1/10 的代价,这更接近人们期待的那个绿色 GDP 研究数据。[①]

　　报告公布后不久,环保总局官员就暗暗地让大家知道这份报告的准确性和周全性由于地方官员拒绝提供信息、国家统计局内部官员在政治上的反对而大打折扣。国家统计局的部分官员反对绿色 GDP 测算,理由是没有进行测算的统计工具,部分官员还说绿色 GDP 不能用来评价地方官员。报告发布后,北京市统计局副局长于秀琴发表看法,公开表达了这样的观点:"绿色 GDP 本身并不那么重要……绿色 GDP 这一概念的重要性不在于我们要看到的数据……绿色 GDP 核算数据只能作为公众观点的引导,不会对环境保护产生实际的影响。"而且,她还说,把绿色 GDP 和地方官员的政绩评价联系起来不是个好主意,因为那样会导致出现虚假数据。[②]

---

① 易明:《大跃退?》

② 易明:《中国环境解读》,公共电视网,2006 年,www. pbs. org/kqed/chinainside/nature/greengdp. html.

2006 年发布绿色 GDP 报告以后,国家环保总局和国家统计局曾设想在 2007 年某个时候对数据进行更新,但是,不知是由于来自地方和省市政府官员的压力,还是真正担心政府根本不可能核算环境退化对经济发展带来的损失,政府将绿色 GDP 报告修改一事束之高阁。对此,环保总局副局长潘岳表示不同意见。2008 年 2 月,他说:"由于获得数据和进行核算的困难,建立绿色 GDP 核算体系将是一个长期的过程,但是尽管如此,我们还是必须做这项工作。否则,等到将来挽救国家环境的时候,一切都晚了。"[1]

1997 年,为了应对严重的水污染,中国政府启动"三河三湖"水污染防治行动,重点清理辽河、淮河、海河和太湖、巢湖、滇池。中国政府1999 年的报告介绍了昆明市政府治理中国第六大淡水湖滇池所采取的措施:

> 昆明市政府禁止出售、使用含磷洗衣粉,以防止使用后流入滇池流域。市政府还关闭了 20 多家对滇池造成污染的企业。一项疏浚湖底的工程顺利实施,将于今年 4 月完工。[2]

然而,昆明市环保局官员的介绍却完全不同,他们指出,仅部分地看,滇池污染的问题已经非常严重:

> 数年来,很多工业废水被排入滇池上游,结果是,湖的过滤功能严重弱化。不管我们怎样疏浚,湖水里仍然有污染物。由于多年来的滥用和破坏,生态系统已经非常脆弱,蓝藻爆发很普遍。[3]

事实上,湖底的沉积物含有镉、砷和铅这些有毒的混合物。即使在工程启动以后 10 年来中央和地方政府投入 60 亿元(8.78 亿美元)资金

---

[1] 易明:《中国环境解读》,公共电视网,2006 年,www. pbs. org/kqed/chinainside/nature/greengdp. html.

[2]《云南公布湖污染控制详细计划》,新华社,1999 年 1 月 15 日。

[3] 环保官员与作者研究助理 2000 年 6 月在昆明的谈话。

进行治理以后,滇池的湖水大部分甚至仍然没有达到5级。① 根据云南省环境科学研究院副院长许海平的意见,至少还需要20—30年的时间,滇池的水才能像20世纪50年代那样清澈。② 但是,即便是这种意见也可能是过于乐观,因为环保官员对阻止污染感到力不从心。

中央政府应对北方省份水荒和水污染最大的举动可能是南水北调工程,这一工程最早由毛泽东于20世纪50年代提出,2002年12月开始投工建设,共有东、中、西三条调水线路,投资将近620亿美元,将448亿立方的水从长江引到黄河、淮河和海河(相当于加州年耗水量的一半以上)。③ 该工程确凿无疑的是至少建设两条调水线路(东线和中线),第三条(西线)建设需要巨额的技术和资金投入,因此很多人认为西线工程不可能完成。④

这一巨大工程首先要克服一些涉及省份的抵触情绪。在工程的讨论阶段,南方省份的很多官员提出充分的理由,说明北京市由于厕所漏水等问题浪费了大量的水资源,而厕所漏水这些问题很容易从技术上予以解决,中央为解决北方的缺水问题不应该从南方下手。同时,湖北和河南将会受到不利影响,这两省因为工程实施将需要安置30万人。⑤

中国政府面临的更大挑战是确保所有相关省份通力合作,治理工程沿线地区的污染问题。而且,环境对河道本身的影响依然是个问题。有各种各样的分析,有的分析认为这对东线会有较大的有利影响。⑥ 同时,世界银行却担心当地生态的大量破坏以及土壤的盐化会导致上海的水

---

① 《2007中国环境状况公报:淡水环境》,环保部,2008年11月17日。www.zhb.gov.cn/plan/zkgb/2007zkgb/200811/t20081117_131335.htm.
② 《滇池水污染控制取得成效》,新华社,2002年11月11日。
③ 《中国南水北调工程》,新华社,2003年8月14日。
④ 美国驻华大使馆:《中国南水北调工程新进展》,2003年6月。www.usembassy-china.org.cn/sandt/SNWT-East-Route.htm.
⑤ 《中国南水北调工程新进展》,2003年6月。
⑥ 同上。

质下降,危害淡水渔业。① 中国科学院的一位地质学家认为在中路引水将增加沉淀和洪水暴发的危险,使得调水工程变得更加困难。②

2006—2007 年间,可能出于极大的担忧,一位名叫杨勇的地质学家率领探险队沿着西线进行了考察,了解南水北调工程的线路,记录不同季节里的水位。杨勇发现,长江引水区域的平均水流量相当于每年 70 亿立方米。这就表明,在有些季节,政府每年要往北方调 80 亿—90 亿立方米水的目标,将会超过当地的水流量。③

到了 2008 年底,当政府宣布中线工程的完工时间由原定的 2010 年推迟到 2014 年时,这些环境方面的担忧完全摆在了面前。④ 南水北调的中线工程穿越整个湖北省,带来的担忧是,可能会对周边的水系产生影响,比如污染和淤积。很多中国科学家和环保人士担心,如果政府不能很好地解决这些问题,将会影响这项工程的最终成功。⑤ 即便是中国政府在实施南水北调工程方面得到地方政府的支持,还需要足够的资金和政治条件来保证它的成功。移民安置、污染控制、生态影响都需要中国政府进行持续的监督检查。积极应对工程中的环保问题对于凝聚各级官员的力量和获得社会的支持非常必要,不过很难做到,成功的机会不大。这项工程强调危机处理意识和大刀阔斧、全面实施的姿态高于一切。恰恰相反,中国政府将必须进行细致的规划、长期的投资、密切的监督,才能确保这项规模空前的工程和治污行动实现预定的目标。

---

① 卡特·布兰登、拉迈世·拉曼库提:《制定亚洲环境战略》,世界银行讨论小组论文,华盛顿 D.C.,1993 年。

② 夏雷(Shai Oster):《中国放慢南水北调工程》,《华尔街日报》,2008 年 12 月 31 日,http://online.wsj.com/article/SB123064275944842277.html.

③ 克里斯蒂娜·拉森:《中国水利工程,对于其科学性的争论》,《耶鲁环境 360》,2009 年 1 月 8 日,http://e360.yale.edu/content/feature.msp? id=2103.

④ 储百亮:《中国推迟大型水利工程完成时间》,路透社,2008 年 12 月 5 日,www.reuters.com/article/latestCrisis/idUSPEK345711.

⑤ 克里斯蒂娜·拉森:《中国水利工程,对于其科学性的争论》。

改革的挑战

20 世纪 70—80 年代,邓小平围绕建立政府环保体制和法律框架采取了初步措施,后来的国家领导人江泽民在 90 年代、胡锦涛在 21 世纪初也围绕环境保护出台了一些政策和法规,但是还不能完全应对随着经济改革而来的快速涌现的巨大环境挑战。不论从哪一个方面来说,中国的环境总体上是退化的,引起了新的社会和经济问题。特别是,中央政府的环保部门仍然职能弱,不得不以下级的身份与其他部级的经济管理部门进行协调,也不能通过一个强有力的行政渠道向地方环保局下达指示。

同时,中国正式的环保机构在改进自己工作效率方面做出了重要努力,制定了新的环保政策,起草了新的环保法律,进行了新的环保实践,在政策、法律和司法领域培养了一批优秀、高素质的专家。

另外,尽管中国政府在环保方面的权力下放导致很多地区领导不力、资源缺乏等困难,但在有些地区还是取得了一些令人瞩目的成功。比如,大连、上海、中山三个城市都在环境方面取得了很大成绩。

还有,政府体制外的因素和力量可能会给环保工作带来更大的变化,这一点将在第五和第六章进行分析。中国的改革已经有非政府因素参与,包括国际和国内的非政府组织、新闻媒体、跨国公司,这些都可能是引起环境变革的重要力量,为环境保护提供新的政策导向、新的技术和资金机会。这些力量虽经常是处于边缘地带,但有时会发挥关键的作用,能够推动提高中国的环保能力,突破政府部门对环保工作的限制。

第五章　环境新政治

中国领导人已经认识到环保不力给社会和经济带来了很大代价,因此正在积极采取措施,既保持经济增长不受影响,又进一步改进环境保护,建立环境保护机构和法律体系,支持环保非政府组织的发展。中国走的这条路和东欧、亚洲国家 10 年前走的是一样的,对此我们在第七章中还有论述。从 1994 年中国第一个环境非政府组织"自然之友"成立起,中国领导人就开始为公众参与环境保护工作打开了政治空间,允许建立非政府组织①,鼓励新闻媒体进行调查,支持普通民众参与环保。

与此同时,在加强环保工作方面由于担心社会不稳定而拒绝采取更广泛的、更严厉的经济措施,比如提高自然资源的使用价格或关停污染工厂。通过推动环境非政府组织的发展和新闻媒体对环境问题的报道,缩小国家对环境期望和能力不足之间的差距。

鼓励民间力量参与环境保护这一趋势,体现了国家和社会关系上一个更加普遍的现象,这就是非政府协会和组织取代一些以前由国家或地

---

① 中国的 NGO 和西方的不一样。中国的 NGO 必须有一个政府归口管理部门,该部门对 NGO 的活动和会员情况进行名义上的管理。尽管如此,这些 NGO 与政府组织的 NGO 相比在独立性上有了较大进步,政府组织的 NGO 在中国社会依然占据主导地位。

方政府以及国有企业扮演的角色。市场经济的快速发展弱化了政府调控人们的经济活动和社会活动的能力。[①] 同时,政府也有意识地打破了"铁饭碗",也就是打破政府为人们提供一切社会基本需求的体制。中国领导人不希望继续实行已经延续了50年的社会福利制度,这个制度包括政府向职工提供住房、医疗、教育、养老和环保等福利。因此,中国政府鼓励民间力量参与社会福利事业,允许新闻媒体更多地进行社会报道,支持普通百姓在自己的经济活动和社会事务上承担更大的责任。

前苏联和东欧国家发生的教训已经说明,社会力量一旦释放,可能很难控制。中国领导人在寻求推动政治、经济体制改革妙方的同时,更是不遗余力地避免政治动荡,避免出现东欧国家遭受剧烈动荡的情况。

正如一些东欧国家、前苏联加盟共和国以及亚洲国家一样,中国的环境非政府组织往往是非政府活动的先导。因此,问题就不仅是非政府组织在未来中国的环境保护方面发挥什么样的作用,而是在国家—社会之间关系发生变革的大背景下,非政府组织能对政治改革产生什么样的影响。

走钢丝行为:非政府组织以及中国政府的反应

中国政府决定改变几十年来支配国家—社会之间关系的社会契约,这一举动受到中国人民的热情欢迎,但普通民众仍有担忧。人们在希望获得更多活动、联络、结社等方面自由的同时,还担心需要承担新的责任。比如,公众民意测验表明,越来越多的人对改革带来的社会问题感到忧虑。2008年,中国社科院在网上进行了一个调查,有数千名中国人参加。调查发现环境问题在最关心的社会问题中名列第四,排在医疗改革、失业和收入差距之后。[②]

---

① 裴敏欣:《大中华地区的去民主化》,《走进亚洲评论》,第1卷,1998年第2期,第5—40页。
② 《调查显示:环境在中国人最关心的问题中列第四位》,《中国日报》,2008年4月8日。

为解决这些日益增多的社会福利问题,中国根据形势需要批准建立了涉及方方面面的社会组织,既有非政府组织,也有政府支持和组织成立的机构,处理和应对家庭暴力、职业培训和环境保护等事宜。根据管理民间社团的民政部的统计,到 2006 年,全国注册的非政府组织有 35.4 万个。① 如果把广义上的、包括所有类型的民间团体和经济协会等社会组织全部算上的话,非政府组织的总数将超过 100 万。如果把那些没有到政府部门注册的非政府组织也算上的话,那么非政府组织的总数会高达 800 万。②

总体上说,中国领导人对这些社团组织的工作是肯定的。这些社团组织有点像民国时期开始建立并日益壮大的宗教小组、文学社、救济会等组织。到了 20 世纪 30 年代,由于这些组织强烈呼吁抗日,当时的国民政府对它们进行了镇压。③ 20 世纪 80 年代,中国在邓小平领导下开始经济改革后不久,又成立了一些类似的民间组织,有些民间组织自称是非政府组织。后来,有些非政府组织积极参与政策研究和政策实施,发挥了很大作用。④

中国领导人对非政府组织的发展持矛盾的态度。一方面,非政府组织满足了一些需要,受到了国际上的赞誉。2004 年 3 月 5 日,在十届全国政协(CPPCC)会议期间,温家宝总理宣布将部分政府职能交给 NGO 和中介组织。全国政协委员王珉对此发言道:"对中国这样一个处于从计划经济向市场经济转型时期的国家,NGO 所起的作用将会特别重要。"另一位全国政协委员杨海坤在谈到环境问题时也认为,NGO 在环

---

① 关晓峰(音译):《NGO 在中国有更多发展空间》,《中国日报》,2007 年 5 月 25 日。
② 保罗·慕尼:《如何与 NGO 打交道,第一部分:中国》,耶鲁全球在线,2006 年 8 月 1 日,www.yaleglobal.yale.edu/content/how-deal-ngos—part-1-china.
③ 安娜·布莱特尔:《中国的环境 NGO:合作开展环境运动中的新来者?》《太平洋亚洲杂志》,2000 年第 6 期,第 34 页。
④ 同上书,第 35 页。

保工作中可以发挥重要的作用。① 2007 年 10 月底在北京召开的第二届中华环保民间组织可持续发展年会上,国家环保总局副局长周建发表讲话,认为"我国环保民间组织是连接公众与政府的桥梁与纽带,已经成为推动我国环境保护事业的一支重要社会力量"②。另一方面,从 1995 年到 1997 年的两年间,中国政府暂停登记注册新的非政府组织,1998 年 9 月,国务院发布《社会团体登记管理条例》。③ 与以前笼统、模糊的规定相比④,这个新的《条例》规定比较详细,要求所有非政府组织都必须重新登记,规定以后所有这类组织在申请以非政府组织的形式登记之前,应当经其业务主管单位审查同意。而且,如果非政府组织资格申请没有通过,也不再进行申诉程序。⑤《条例》还规定,全国性的非政府社团要"有'合法的'资产和经费来源,有 10 万元(12000 美元)以上的活动资金,有50 个以上的个人会员"⑥,地方性的非政府社团要有 3 万元以上的活动资金(3750 美元)。⑦ 而且,被剥夺政治权利的人,比如前政治犯,不能加入非政府组织。⑧ 很多非政府组织为了逃避政府的监管,不去注册,或者以商业机构的身份注册,在法律的空档中生存。那些主要从事人权和民运方面的团体尤其如此,因为这类非政府组织开展人权和民运活动是非法的,而且很难得到国内资助。

因此,中国政府在允许非政府组织在中国发展的同时,实行严格管理。除了一些法律规定外,中国政府还有一些其他的机制可以有效地取

---

① 邢志刚:《NGO 可以成为政府的重要"伙伴"》,《中国日报》,2004 年 3 月 13 日。
②《中国政府称赞 NGO 在制定环境政策中的作用》,《人民日报》网络版,2007 年 10 月 31 日。
③《社团登记管理条例》,国务院第 250 号令,译自《人民日报》,1998 年 4 月 11 日,见《中国发展简报》网站,www.chinadevelopmentbrief.com/page.asp? sec = 2&sub = 1&pg = 1.
④ 高倩倩:《中国的环境 NGO》,《中国环境系列》第 1 卷,华盛顿 D.C.,伍德罗·威尔逊国际中心出版社,1997 年,第 10 页。
⑤ 潘文:《中国打击自由组织讲自由》,《华盛顿邮报》,1998 年 12 月 19 日,第 A14 版。
⑥ 贾斯柏·贝克:《加强党团管理》,《南华早报》,1998 年 12 月 5 日,第 2 版。
⑦ 国务院:《社团登记管理条例》。
⑧ 贾斯柏·贝克:《加强党团管理》,第 2 版。

缔非政府组织。赛奇与中国的很多非政府组织都有着密切的联系,他认为,中国政府一定要实行党和国家对非政府组织活动的强有力领导。[①] 2005 年,中国政府开展了一项全国性的调查,主要针对那些有嫌疑的国内外非政府组织。[②]

近年来,中国对非政府组织一直持复杂的态度。2007 年 5 月,民政部民间组织管理局局长孙伟林说,中国将修改相关法律,简化非政府组织的审批程序,加强非政府组织和政府之间的沟通,建立非政府组织发展奖励基金,从而鼓励非政府组织的发展。[③] 还有一些其他方面的进展也表现出中国政府将放松对非政府组织的管理和经费要求。《国家人权行动计划(2009—2010 年)》提出:"修订《社会团体登记管理条例》、《民办非企业单位登记管理暂行条例》和《基金会管理条例》,保障社会组织依照法律和各自章程开展活动。"据一个分析报告,民政部还讨论了取消非政府组织需要有政府主管部门的规定。[④]

中国放松对非政府组织管理的愿望在某种程度上已经演变成一些政策行动。比如,现行的《社会团体登记管理条例》就增加了这样一个条款:不符合注册条件的社会团体,可以以备案形式获得合法身份。[⑤] 根据2007 年新通过的《中华人民共和国企业所得税法》,企业发生的公益性捐赠支出,在计算应纳所得税时扣除的比例,从年度利润总额的 3% 提高到

---

① 安东尼·赛奇:《协商共进:中国社会组织的发展》,《中国季刊》,2000 年 3 月,第 126 页。

② 保罗·慕尼:《如何与 NGO 打交道》。

③ 关晓峰:《NGO 在中国有更多发展空间》。

④ 明克胜(音译):《转型中的中国民间社团》,《中国评论》,第 47 卷,2009 年夏季卷,第 10 页。

⑤ 于方强(音译):《中国 NGO 的挑战》,亚洲促进会,2009 年 6 月 26 日,www.asiacatalyst.org. (译者说明:《社会团体登记管理条例》1998 年 9 月 25 日国务院第 8 次常务会议通过,10 月 25 日起实行。1989 年 10 月 25 日国务院发布的《社会团体登记管理条例》同时废止。1998 年通过的《社会团体登记管理条例》没有作者所说的有关"不符合注册条件的社会团体,可以备案形式获得合法身份"的条款。根据作者的注释,此系引自于方强的一篇文章。在这方面,于方强有类似的中文论述,在《社区社会组织备案,NGO 准备好了吗》中,作者说:"各地文件均规定,不符合注册条件的社会团体,可以备案形式获得合法身份。"此处中的"各地文件"应不是指的《社会团体登记管理条例》。)

12%。民政部和税务部门的官员已开始讨论推动将非政府组织作为公益性捐赠支出的受赠单位。

然而,顾虑依然存在。民政部还印发了指导意见,要求地方政府建立 NGO 评估体系,对 NGO 做出一到五级的评估。[①] 根据该指导意见,各地政府主管部门将依据一定的标准对 NGO 进行评估,评估的内容主要包括:对有关规定的执行情况、活动范围等。[②] 评估等级高的社团组织将会得到政策优惠、资助或奖励,而评估等级低的社团组织可能会失去获得公益性捐赠受惠者的资格。这些新的规定对中国 NGO 的发展有何影响,还需要假以时日才能看到。

中国政府还大力发展自己的非政府组织,也就是说发展由政府组织的非政府组织(GONGO)。比如国家环保部在其管理职权内,就有 5 个政府组织的非政府组织,分别是中国环境科学联合会、中国环境保护产业协会、中华环境保护基金会、中华环保联合会和中国环境科学学会。1998 年和 2003 年,中国政府进行了机构改革,在有些情况下,GONGO 成为主管部门在机构精简时安排干部的去处。这些 GONGO 还发挥着政府部门外围组织的作用,事实上,中国政府要求有关部门建立自己的非政府组织[③],其中有些非政府组织是与国外机构开展合作的合法组织。比如,中国政府建立了一个和美国非政府组织美中关系委员会合作的非政府组织,主要是围绕中俄边界乌苏里江主航道中心线一侧的土地使用规划进行合作。[④]

然而,很多其他的 GONGO 仅仅是中国政府利用国外政府和国际非政府组织,支持中国非政府组织运动和民主社会建设的工具。中国可持续发展研究会就是这样一个例子,该研究会隶属《中国 21 世纪议程》管

---

① 明克胜:《转型中的中国民间社团》,第 10 页。
② 同上。
③ 美国驻华大使馆官员 2000 年 3 月与作者在北京的谈话。
④ 安娜·布莱特尔:《中国的环境 NGO:合作开展环境运动中的新来者?》,第 47 页。

理中心,成立的目的就是为了吸引国外的资金,实施可持续发展项目。尽管有官员称该研究会是"名副其实"的非政府组织,但会长却由《中国21世纪议程》管理中心主任兼任,工作人员也是《中国21世纪议程》管理中心的人员,办公地点在21世纪议程管理中心办公大楼的五层。①

随着时间的推移,有些 GONGO 在筹集资金和吸收会员方面相对独立以后,可能会演变成真正的非政府组织;有些 GONGO 和非政府组织关系密切,互惠互利;有些 GONGO 是沟通政府和真正非政府组织的桥梁。吴逢时对环境 GONGO 的状况进行了精彩分析,认为中国 GONGO 的演进可能会对加快绿色社会的发展、扩大政府规划的绿色社会产生深远影响。②

尽管中国政府像管理 GONGO 那样管理非政府组织,但是中国环境领域的非政府组织巧于运作,在避免政府查禁的同时,不断扩大政府允许的业务范围。由于不违反政府政策,中国的非政府组织能够健康发展。比如,尽管严格说来,非政府组织不能设立办事处,但很多省份的非政府组织负责人在建立注册非政府组织前,都接受过北京非政府组织的培训,甚至曾是北京非政府组织的工作人员。现在,从北京的十几家非政府组织接受过培训或指导的省和地方非政府组织的负责人越来越多,已经形成了一个不断扩大的网络。而且,互联网的到来使得开展环保的学生团体和一些专业非政府组织之间的联系越来越便利,双方可以共享技术数据和管理经验,探讨如何募集资金,扩大会员。有些全国性的非政府组织尽管办公室设在北京,也在全国各地开展水土保持、生物多样性保护等活动,从而突破了《社会团体登记管理条例》规定的严格的地域限制,在全国各地都拥有会员。

这些规避国家政策精神的环境非政府组织并没有受到制止,主要因

---

① 《中国21世纪议程》管理中心官员2000年3月21日与作者在北京的谈话。
② 吴逢时:《新伙伴还是旧兄弟? 中国环境政策过渡中的 GONGO》,《中国环境系列》第5期,华盛顿 D.C.:伍德罗·威尔逊中心出版社,2002年,第56—57页。

为它们还没有对中央政府的政策形成挑战。截至目前,中国政府和环境非政府组织基本上达成默契,心照不宣,相互支持。但是,如果进一步研究考察环境运动,就会发现环境运动已经演变形成三个明显不同但又密切联系的方向。[1] 每个环境运动都有自己的目标和运作方式,而这些目标和运作方式并不都和政府的相一致。因此,政府和非政府组织之间的联盟可能是暂时的。

1. 环境保护。第一类环境活动家主要致力于自然资源和生物种群的保护,这个领域的人数最多。领导者有来自"自然之友"的梁从诫、"绿色江河"的杨欣、"绿色家园志愿者"的汪永晨以及"野性中国"的奚志农、"绿色流域"的于晓刚。这些有着共同志向的环境保护人士在全国形成了一个松散的网络,但在具体工作中常常密切合作。

尽管中央政府支持这些非政府组织,但是地方政府为了保护当地的政治和经济利益,常常拒绝这些非政府组织的参与。随着时间的推移,这些非政府组织的一些领导者开始呼吁中央政府加强对环保工作的领导。在这方面有一个例子。位于西南地区的云南省发生了一次公众反对建设大坝的行动,而且取得了一定的进展。2005 年,当在怒江上建设13 个大坝的计划发布以后,引起了大陆十几个环境社团和许多人的关注,他们写信呼吁政府根据中国法律进行环境影响评估。尽管环评报告一直没有发布,但政府将修建大坝的数量减少到 4 个。2009 年 5 月,温家宝总理要求暂停正在怒江上建设的一个水电站,必须对该工程进行全面的环评。[2]

2. 城市更新。第二类环境活动人士侧重于城市的更新。主要有大连医生耿海英(音译)以及厦门的"绿色十字运动"和江苏的"绿色环境之

---

[1] 这一讨论不包括很多以研究为中心的环境 NGO,那些 NGO 的工作将在第六章讨论,并在国际社会参与中国环境治理的背景下进行观照。

[2] 布雷迪・姚奇:《环境主义者为温家宝总理停止六库大坝建设的决策欢呼》,《国际探索》,2009 年 5 月 22 日。

友"等组织以及其他关心城市问题的人士。这些人员和组织更多地与地方政府合作,他们开展的资源循环利用、提高能效和环境教育等项目得到地方政府官员的帮助。

3. 污染防治。第三类环境活动人士对中央政府所限制的非政府组织活动以外的活动感兴趣,并制定了自己的目标。这些人的主张可能跨越了现行政治体系的界限,他们积极推动利用新技术、实施新规定来解决污染的来源和影响问题。这些人中,比较积极的有马军、王灿发(第四章讨论过)和吴立宏等。

更重要的是,支持中国所有环境保护行动的是中国的媒体,这些媒体宣传非政府组织取得的成绩,暴露地方环境保护中的腐败现象,提高社会的环保意识,因此一直是中国非政府组织的重要盟友。很多中国新一代的最有前途、最有智慧的环保活动人士,比如温波、胡堪平和胡劲草,既有环境方面的背景,又有新闻方面的经验,在未来的岁月里,将对中国非政府组织实现目标的方式带来新的变革。

环保先锋人物

中国当代知识界对环境保护的关注源于 20 世纪 80 年代中期以及 90 年代初期两位知名记者和一位学者的文章,这两位记者是唐锡阳和戴晴,学者是何博传。这三位先锋人物都没有建立非政府组织,但却对中国环保运动的发展和演进产生了深远的影响。

唐锡阳

唐锡阳曾担任《北京日报》记者,被很多中国人尊为环境运动的精神和哲学领袖,他对中国环境非政府组织负责人的观点和思想产生了巨大影响。唐锡阳 1930 年出生于湖南,1952 年毕业于北京师范大学外语系。毕业后的 5 年里,他就像其他数以千计的知识分子一样,响应毛泽东"百花齐放,百家争鸣"的号召,由于公开发表不同言论,在"反右"运动中受到冲击。"文化大革命"期间,唐锡阳的妻子被激进、狂热的红卫兵殴打致死,那些红卫兵声称要铲除一切潜在的政治反动派。为了躲避政治灾难,唐锡阳转而投身自然。

> 我被逼到一个角落,我想只有两条路解脱我的痛苦,一是自杀,一是杀人。自然救了我……大自然没有狰狞的面孔,伪善、扭曲的人际关系以及无休止的、不能避免的噩梦,大自然给了我最美的文字、最动听的音乐、最纯洁的感情以及最完美的哲学……我们之间虽然没有语言交流,但能够彼此相通……我越爱她,我就越了解她,了解她遭受的灾难,她受的委屈比我还要深……现在,我自己已无所求,我的一切呼吁全是为了自然。①

邓小平复出以后,唐锡阳1980年被重新安排在北京历史博物馆,担任博物馆杂志《大自然》的编辑。该杂志成为介绍宣传他和其他人关于物种保护等思想的工具。

1982年,唐锡阳结识了美籍文教专家马霞(Marcia B. Marks),两人开始一起旅行,到国家公园进行考察。后来,两人相爱并结为夫妻。1996年,唐锡阳和马霞创建了第一个大学生绿色营,主要目的是培养未来的环境活动人士,同时希望引起社会对中国最珍稀资源和濒危物种状况的关注。遗憾的是,夫妇二人共同组办的活动只有唐锡阳一个人参加了。马霞身患癌症,她是基督教科学派教徒,该派认为物质是虚幻的,疾病只能靠调整精神来治疗。但为了不拖累丈夫在家里照顾她,马霞不顾教义的约束自己安排住进了医院,坚持要唐锡阳按计划去云南。就在唐锡阳出发到云南开始第一个绿色营的那个清晨,他接到医院的电话,说马霞去世了。唐锡阳和30名大学生一起到云南西北部研究和考察如何保护、拯救那片原始林中的滇金丝猴。1997年,唐锡阳组织绿色营到西

---

① 中国环境主义者2000年7月6日与作者在北京的谈话。

藏的西南地区,保护原始森林;1998 年,组织绿色营到黑龙江的三江平原,保护那里的湿地。参加这些绿色营的大学生,很多毕业后回到了他们的家乡,比如上海和南京,建立了自己的绿色营。[1]

2007 年,已年届八十的唐锡阳获得麦格塞塞奖,该奖被称为"亚洲诺贝尔奖"。不过,唐锡阳对中国年轻一代环保意识最大的影响可能是通过他 1993 年写的那本《环球绿色行》实现的。这本书是他长达 8 个月的旅行记述。在旅行中,他考察了全球五十多个自然保护区,与欧洲、前苏联、加拿大、美国以及中国的各种各样的人进行了交流。他的文字极大地激励了许多中国人投身环境改善,比如自己投资建立自然保护区。[2]但是,唐锡阳依然认为,保护中国的环境,还需要做得更多。

环保主义者

中国规模最大、经费最充裕、组织最好的环境非政府组织,是那些重点开展物种和自然保护以及环境教育的机构。这些非政府组织的很多创办者是知识分子,有历史学家、记者和大学教授,他们把公民的责任感、政治热情与对自然的敬畏融合在一起。从政治层面看,中国政府允许开展物种保护,因为这项工作不影响国家优先发展城市和沿海地区的政治战略,还涉及到不识字的农民、伐木工人以及中国更贫困、更偏远地区的一些官员。在那些地区,有些物种虽然仍然存在,但已经处于濒危的边缘。

这些以环境保护为主要任务的非政府组织经常和国家环保部门合作,一起敦促地方政府实施中央的环保政策,因此与那些实力强大的地方利益集团之间产生了冲突,有时甚至会有生命危险。尤其是最近,这些环境非政府组织可能因为取得的成功让他们胆子大了起来,甚至开始

---

[1] 中国环境主义者 2000 年 7 月 6 日与作者在北京的谈话。
[2] 唐锡阳、马霞:《环球绿色行》,北京:新世界出版社,1999 年,第 240 页。

挑战中央的决定。

环保主义者中最知名的是梁从诫,他建立了中国第一个环境非政府组织——"自然之友"。中国当代的环保运动可以追溯到 20 世纪 90 年代初期,那时一批学生和学者在 1989 年后努力寻找一个开展活动的出口,这种形势使得谦逊而又洞察一切的历史学家梁从诫萌发了创建环境非政府组织的想法。

梁从诫出身显赫,血脉里的改革基因使他成为建立非政府组织的自然人选。他的祖父是清朝著名的维新变法倡导者梁启超,父亲是中国知名的建筑学家梁思成。毛泽东执政时期,梁思成曾努力(虽然未成功)保护旧北京城。而且,梁从诫本人还是全国政协委员。全国政协是一个具有改革思想的政府机构,既给他提供了一个政治平台,也给他提供了一个其他人所没有的政治保护伞。

由于缺乏环保方面的专业知识以及组织民间活动的经验,梁从诫一开始对自己是否有能力建立非政府组织没有把握,因此就咨询了一些朋友,他的朋友戴晴鼓励他试一试。梁从诫曾听说海外华人在美国波士顿建立了一个环境非政府组织"绿色中国",这个组织激发了他自己要建立一个环境非政府组织的愿望。不过,促使梁从诫下定决心的最重要的因素可能是,当时国家环保部的前身——国家环保总局的一位副局长建议梁从诫可以通过自己的声音,为环境保护做些有益的贡献。

在朋友的支持和指导下,梁从诫开始制定环境非政府组织的章程,确定任务目标。"绿色和平"是美国建立的一家非政府组织,开展的一些活动往往与政府的政策相冲突,经常在社会上引起争议。梁从诫在思路上不愿意效仿"绿色和平"组织,因此决定重点开展环境教育。他拿着起草好的章程,请求挂靠国家环保局,但是国家环保局已经建立了自己的非政府组织——"中国环境文化促进会",因此建议梁从诫挂靠"中国文化书院"。梁从诫本人是"中国文化书院"的重要成员,在该书院的支持下,梁从诫于 1994 年 3 月 30 日注册成立了"中国文化书院绿色文化分院"(简称"自然之友")。① 在 1994 年底,梁从诚收到了国家民政部发给的印章。

在得到政府批复同意之前,梁从诚就在 1993 年 6 月 5 日以绿色文化分院的名义,召开了第一次会议,大约 60 人参加,主要是梁从诚的朋友以及朋友的朋友。② 梁从诚的朋友戴晴由于公开批评政府建设三峡大坝的规划而没能参加,不过戴晴的朋友参加了。

一开始,中国文化书院绿色文化分院侧重开展环境教育,出版了环保科普书籍③,组织公众开展种树等环保活动。然而,梁从诚不久就突破国家民政部门批准的活动范围,从环境教育扩展到一些有争议的领域,包括物种保护,比如藏羚羊和滇金丝猴以及防治森林乱砍滥伐等。会员也发展很快,到 2007 年,已有 8000 人。

由于政府限制成立非政府组织分支机构,也由于梁从诚担心无法控制分支机构的运行,因此"自然之友"在其他城市没有设立分支机构。在此情况下,"自然之友"的一些会员离开北京,在其他地方建立了自己的环境非政府组织。比如,知名的环保活动者、《大自然》杂志的摄影师杨欣,他曾是"自然之友"的会员,后来到四川成都建立了非政府组织"绿色江河"。④ 另一位会员田达生在重庆建立了"绿色志愿者联合会"。尤为重要的是,由于"自然之友"撒下了环保的种子,各地建立的非政府组织侧重环境和野生生物的保护,比如观鸟、动物援救等。⑤

梁从诚因工作出色,在国内外都很有影响,他经常到国外去考察,赢得了很多赞誉。比如中国政府曾授予他"大熊猫奖",并资助他从事联合

---

① 除了正式批复同意的名字"中国文化书院绿色文化分院"外,梁从诚在他个人印章的下面刻下"自然之友"(后改为"朋友")几个字,后来,自然之友便成了这个社团广为人知的名字。
② 中国环境主义者 2000 年 4 月与作者在北京的谈话。
③ 戴晴、爱德华·魏美尔:《做好事,但不要惹"老共产党"》,收入《中国的经济安全》,罗伯特·阿什、维尔纳·德劳编,纽约:圣马丁出版社,1999 年,第 147 页。
④ 中国环境主义者与作者 2000 年 4 月在北京的谈话。
⑤《关于自然之友》,《自然之友通讯》,1999 年第 2 期,第 8 页。

国环境署的工作。特别是国家环保总局,对梁从诫质疑那些不理睬国家政策的地方官员的行动表示赞赏。比如,在 1998 年,在海南省环保局召开的一次会议上,梁从诫对海南制止森林砍伐取得的成绩表示质疑,与会的一位国家环保部的代表后来为此感谢梁从诫,并坦率地说,在他那个位置,是不可能直接批评地方环保官员的,特别是在公开场合,更不能批评。[①]

尽管得到这样的赞誉,梁从诫仍然低调做人,继续在北京市区那个拥挤的办公室里工作。然而,他改善环境状况的志向依然远大。2000年,我到北京拜会梁从诫和他的夫人时,他向我介绍了他和其他非政府组织负责人试图推进改革中国环境政策的办法。比如 1999 年底,中国政府宣布实施"西部大开发"战略,五项重点目标之一是"生态建设",但是在实施这项战略的 20 多个国家部委中,却没有国家环保总局。梁从诫以其全国政协委员的身份向国务院写了封信,希望能在"西部大开发"战略领导小组成员中增加国家环保总局。

梁从诫还告诉我,他计划围绕水资源、能源开发等开展一些新的活动,大力突破以前重点关注自然保护的思路,涉足政治上和经济上都很敏感的领域,比如城市的污染防治和资源利用等。不过,两年以后,也就是 2002 年夏天,在我拜访他的工作人员的时候,感到他们好像仍然集中于环境教育方面的事情,而没有开展梁从诫曾向我提及的那些新活动。梁从诫所开展的创新活动中有一项是组织"自然之友"环境教育教学车,带领志愿者到中国一些贫困的内陆省份开展环保教育。在那儿一次停留几周时间,采用图片和游戏的方式教育当地学生,增加对环境挑战的认识。"自然之友"还利用其相对比较大的影响力以及收到的大量捐款,提供小额资助,一般是一千到两千美元,支持非政府组织在全国的创立和起步。梁从诫于 2009 年从"自然之友"负责人的岗位上退了下来。

---

① 中国环境主义者与作者 1998 年在纽约的谈话。

（新任总干事李波和马军一道负起责任,监督排污企业。）

不过,梁从诫对中国的环境主义运动最大的贡献可能是与政府部门的沟通协调工作,促进政府支持而不是反对非政府组织。凭借显赫的家庭背景以及采取不与政府对抗的工作态度,梁从诫能够在中国的体制内推动政府认可的非政府组织开展活动,并且不断扩大活动范围。而且,凭借他在政府机构和民间团体中所担任的高级别职务,梁从诫在向政府领导表达其他环保人士关心的问题方面发挥了重要作用。比如,云南的非政府组织"绿色高原"通过梁从诫向国家民族事务委员会转交了一封信,希望通过梁从诫的影响敦促政府停止组织攀登位于云南西北地区的梅里雪山。由于梁从诫的介入,攀登梅里雪山的行动被终止了。然而,即便是梁从诫领导的"自然之友"也不能免于政府的管理。

金丝猴和藏羚羊

梁从诫在两个产生很大影响的环保活动中发挥了核心作用,这两项活动是保护滇金丝猴和藏羚羊。滇金丝猴生活在云南德钦县,由于德钦县非法砍伐山林,金丝猴的生存受到极大威胁。藏羚羊生活在中国西部边陲,由于偷猎猖獗,藏羚羊也面临绝迹的危险。这些活动不仅鼓舞了中国的环境保护主义者,还催发了全国性的环境运动,并为未来的环保活动打下了坚实的基础。

1995 年,《大自然》杂志的摄影师奚志农用几个月的时间拍摄了纪录片《追寻滇金丝猴》,第一次用摄影机记录了濒临灭绝的滇金丝猴的活动情况[1]。那时,奚志农还在云南省林业厅工作。滇金丝猴在针叶林带觅食,主要吃附生在云杉、冷杉上的松萝。那些针叶林树龄长,生长在将长江和湄公河分隔开来的大山里。[2] 森林采伐,不管是合法的还是非法

---

[1] 乔治·韦尔弗雷兹,《绿色热浪》,《新闻周刊》,1996 年 10 月 7 日,第 13 页。
[2] 马丁·威廉姆斯:《猴年》,《BBC 野生动物纪录片》,2000 年 1 月,第 72 辑。

的,都严重破坏了滇金丝猴的栖息环境。制作完那部专题片不久,奚志农获悉德钦县为了解决财政上的困难,决定把大片的原始森林卖给砍伐者。为挽救这片森林,奚志农向云南省林业厅领导反映,但林业厅领导向他解释,那片森林不在保护区范围内。即便是那些曾积极关注环境保护的媒体也拒绝报道,担心这个事情太敏感,因为涉及到藏族人民。①

奚志农的一个朋友与唐锡阳联系,介绍了奚志农正在做的事以及遇到的困难。唐锡阳马上给奚志农打电话,并劝他给当时的国务院环境保护委员会主任宋健写封信,把趋于濒危的滇金丝猴面临的问题与长江上游森林减少导致的更大威胁联系起来,并提醒森林减少引起的水土流失会使淤泥堵塞三峡大坝。② 唐锡阳还把信转交给梁从诫,梁从诫把信的复印件提供给新闻媒体。该信首先由美联社刊登,继而中国媒体进行转载,引起了国内外的广泛关注。同时,也就是 1995 年底,温波、颜军这两位初出茅庐的记者,也是学生时代就积极参加环保活动的环境运动分子,在北京林业大学组织 200 多名学生观看奚志农制作的滇金丝猴专题片。

这些信和专题片在国务院各部委引起了极大的关注,结果是,1996年 4 月,中国政府正式展开调查。中央电视台新闻联播报道了德钦县森林采伐的情况,专题采访了奚志农,并邀请他到广受欢迎的《东方时空》栏目组工作。1996 年夏天,奚志农帮助唐锡阳组织了第一个大学生绿色营,带领 30 多个大学生到德钦县,了解那里的森林状况,扩大对社会的宣传。最后,国务院责成当地政府停止非法砍伐,并承诺连续三年每年补偿伐木工人 800 万元(97 万美元)。

然而,1998 年,有人告诉奚志农德钦县的森林砍伐仍在继续。中央

---

① 马丁·威廉姆斯:《猴年》,《BBC 野生动物纪录片》,2000 年 1 月,第 73 辑。
② 中国环境主义者 2000 年 6 与作者在纽约的谈话。

电视台的《焦点访谈》栏目通过隐蔽采访,报道了林业砍伐的情况,后来又对该县一名副县长进行了访谈。凑巧的是,那期节目播出的第二天,长江发生特大洪水。当时的朱镕基总理亲自处理,给云南省林业厅厅长打电话,要求立刻采取行动。云南省林业厅副厅长马上召集会议,德钦县主要领导在会上"承认错误",那名副县长被免职。①

尽管有 16 名高层领导的批示,地方政府还是没有有效地制止森林砍伐,个中原因可能是经济利益在作祟。② 有些官员甚至恐吓说,他们能"让奚志农消失"③,奚志农因此失去在云南省林业厅的工作。梁从诫认为政府和非政府组织应该在云南进行更大规模的普及教育,让更多的公众和官员关心环保,这样才能成功。④

虽然这项活动在防止森林砍伐、保护滇金丝猴方面仅取得了部分成功,但改变了中国环境保护的面貌,为中国的环保运动注入了活力,使环保分子认识到通过他们的努力的确可以取得一些成就。这是中国的环保主义者第一次协同行动,并对最高政府的决策产生影响。

一些参与者在这次活动以后更加热心于非政府组织的活动。比如,奚志农和他的妻子史立红于 1999 年回到德钦县,申请注册成立了自己的非政府组织。在从事环境非政府组织工作方面,史立红已经是老资格的环境运动人士了。一开始,史立红在《中国日报》当记者,看到了由廖晓义制作的一个关于妇女环保运动的纪录片,并受到感染,投身到环保运动中来。1996 年,她和温波以及其他几个年轻的环保主义者参加了唐锡阳组织的赴德钦大学生绿色营。后来,她以志愿者的身份加入"自然之友"和"北京地球村环境文化中心",并从 1997 年 3 月开始兼职为世界自然基金会工作,担任中国项目环境教育助理,后来在 1999 年 10 月开

---

① 马丁·威廉姆斯:《猴年》。
② 中国环境主义者 2000 年 4 月与作者在北京的谈话。
③ 乔治·韦尔弗雷兹:《绿色热浪》,第 13 页。
④ 中国环境主义者 2000 年 4 月与作者在北京的谈话。

始全职担任中国项目联络处主任。

但是,尽管工作出色,奚志农和史立红在当地申请注册成立非政府组织时,仍没有如愿,原因可能是奚志农发起参与了拯救滇金丝猴行动。① 在这种情况下,奚志农找到省里,云南省的领导肯定了他所做的工作,顺利批准了他的创立非政府组织的申请。2000 年 3 月,奚志农夫妇注册成立了"生态保护发展研究中心"(现在称为"绿色高原")②,挂靠北京西城区工商局。该中心把主要工作放在保护生物多样性和防止土壤侵蚀方面,尽管这些工作是"地区性的自然资源保护和发展"。③ 他们还实施了各式各样的项目,比如培训德钦当地的妇女通过卖地毯提高收入;帮助扩容一个小型水电站;协助当地建筑设计师改善藏族房屋设计,少用木材;培训教师等等。他们还开展环境调查,史立红在一篇关于政府治理滇池的报告中指出,尽管投入了数十亿美元,滇池的水质事实上是在恶化。④

作为中国环保运动的领导者,不仅需要付出大量的精力,还要做出个人的牺牲。史立红以"世界未来 100 名领导"之一的身份到纽约参加2002 年世界经济论坛的时候,我遇见了她,她告诉我,她和她的丈夫已经离开云南,回到了北京。尽管他们在云南做了大量的工作,但他们不是本地人,因此决定把那儿的工作交给他们培养的当地环保运动人士。回到北京后,他们建立了独立的工作室"野性中国",重点制作珍稀物种电视片和电影。⑤ 6 个月后,我在北京再次见到史立红。虽然她依然充满活力,侃侃而谈,可难掩疲惫之态,而且对于一直生活在聚光灯下,她感

① 中国环境主义者 2000 年 6 与作者在纽约的谈话。
② 中文名字是"北京志农生态保护发展研究中心",其中包括奚志农的名字"志农",即便后来英文名字变了,中文名字一直未变。
③ 史立红,绿色高原研究所创办人之一,在伍德罗—威尔逊中心的谈话,华盛顿 D.C.,2000 年12 月 8 日。
④ 同上。
⑤ 史立红与作者 2002 年 2 月在纽约的谈话。

到很忧虑。廖晓义此前曾忠告过史立红,作为中国具有影响力的环境运动分子,个人隐私很难保留,个人生活也要做出牺牲。可能是接受了廖晓义的建议,史立红在一位研究中国的知名学者奥维尔·斯科勒(Orville Schell)的邀请下,到美国加州伯克利分校进行了为期一年的学术休假。

保护藏羚羊为推动中国初生的环境运动的发展提供了第二次机遇。藏羚羊脖子上的羊绒柔软细腻,质地精良,过去几十年来,由于国际藏羚羊绒贸易,藏羚羊面临灭绝的危险。藏羚羊数量的减少和国际藏羚羊绒贸易之间的关系最早是由美国著名的环境主义者乔治·夏勒(George Schaller)提出的,夏勒博士数十年在中国工作,拍摄专题节目,保护珍稀物种。尽管藏羚羊自1979年就被列入了《濒危野生动物植物物种国际贸易公约》(CITES)的保护之列,但是藏羚羊的数量依然从上个世纪末的100万只减少到本世纪初的7.5万只。[1] 如果非法偷猎以目前的速度进行下去的话,那么藏羚羊这个物种到2020年就有可能灭绝。[2]

藏羚羊分布、活动在可可西里、青海、新疆、西藏这片中国西部广阔无垠的贫瘠土地上。藏羚羊羊绒贸易的发展有三个因素,一是偷猎者;二是以藏羚羊绒为原料的围巾加工生产者,这些生产者主要集中在克什米尔;三是西方非常富有的消费者,这些消费者是为藏羚羊绒贸易推波助澜的最重要的因素,在西方,一条藏羚羊绒披肩售价高达1万美元。美国、英国以及其他西方国家已经开始打击藏羚羊羊绒贸易,然而,印度仍然对环境主义者关闭藏羚羊羊绒加工厂的呼吁无动于衷。法鲁克·阿卜杜拉博士(Dr. Farooq Abdullah)2002年前担任克什米尔首席部长,他悍然宣称:"只要我还是首席部长,克什米尔就要卖沙图什羊毛织

---

[1] 盖伊·特雷贝(Guy Trebay):《死亡的藏羚羊》,《乡村之声》,1999年5月26日至6月1日。
[2]《关于自然之友》,第2页。

品"，并扬言"没有证据可以证明藏羚羊的数目正在减少，或是有人为了获取沙图什羊绒而将其猎杀"。[1]

在中国，1992年，为制止日益猖獗的藏羚羊偷猎活动，治多县成立了民间武装反偷猎队伍"野牦牛队"[2]，可可西里就在治多县境内。"野牦牛队"的队长索南达杰本是当地一名官员，1994年被偷猎者杀害后，他的妹夫扎巴多杰继承他的事业，继续领导"野牦牛队"。1998年，扎巴多杰在青海格尔木他的家里因枪伤去世，警方认定是自杀，但还有其他解释，认为死于谋杀，或死于家庭矛盾等。就在那个时候，梁从诚、奚志农以及"绿色江河"的杨欣决定加入到保护藏羚羊的队伍中来。

1997年，奚志农与杨欣一起去西藏，与《东方时空》合作报道可可西里的反偷猎活动，他们与"野牦牛队"一起进行了两周的巡逻。返回后，奚志农说服妻子史立红争取让世界自然基金会参与进来。史立红的老板吕植与梁从诚以及国际爱护动物基金会(IFAW)亚洲区总代表葛芮商量非政府组织对此能做些什么。为了抢救藏羚羊，史立红开始四处联络，最后联系上了《濒危野生动物植物物种国际贸易公约》在日内瓦的办公室，该办公室同意参加由国际自然基金会和国际爱护动物基金会在日内瓦举行的会议。

1998年7月，"自然之友"和国家林业局《中国绿色时报》的一名年轻记者胡勘平邀请扎巴多杰到北京做了系列报告，这些报告给公众以极大的鼓舞，也为"野牦牛队"赢得了很多赞助。然而，不幸的是，一个月后，扎巴多杰就被杀害了。

尽管发生了扎巴多杰英年早逝的悲剧，北京的非政府组织仍然继续推进藏羚羊保护工作。索南达杰的挚友杨欣开始筹备在可可西里建立自然保护站，既可以从事气候变化的研究，也能利用5个分站对所在地

---

[1] 彼得·波帕姆：《这些动物在死亡，全是因为女士喜爱沙图什羊绒》，《独立报》，1998年6月20日，又载于《关于自然之友》，第7页。

[2] 《野牛队驰援救助珍稀藏羚羊》，《美国新闻和世界报道》，1999年11月22日，第38页。

区进行观察,制止偷猎。同时,梁从诚和"自然之友"积极筹款为"野牦牛队"购置了两辆北京军用吉普。① 梁从诚还就藏羚羊问题专门向国家环保总局和林业部打了报告,呼吁给予更多的资金、武器和人力支持。最重要的是,梁从诚认识到如果能制止偷猎活动,那么青海、新疆和西藏这三个省区就会同时行动,保护藏羚羊。

新闻媒体对非政府组织也给予了支持和帮助。1999 年春,经过一年的努力,奚志农说服年轻的电视制片人胡劲草制作了一个藏羚羊专题片。1999 年 4 月,中国政府对藏羚羊偷猎者进行严厉打击,逮捕了 12 个偷猎团体。但是到了 6 月,偷猎活动又死灰复燃。

8 月初,青海省政府提出由官方的自然保护部门替代"野牦牛队",这对"野牦牛队"来说是一个沉重的打击。梁从诚和其他环境保护主义者以及"野牦牛队"强烈反对青海省政府的这个决定,因为一方面,培训和建立一支官方反偷猎队伍需要一年多的时间,另一方面他们认为其中可能有说法。

然而,既然已经投入了很多的时间和精力,中国的非政府组织不愿意看到"野牦牛队"被解散。正如一个非政府组织负责人所说:"'野牦牛队'从某种形式来说,已经成为中国环境事业的一面旗帜,没有人希望它倒下去,但是由于'野牦牛队'的所作所为,很多人害怕和它有牵连。"② 到了 2001 年,青海省政府决定,"野牦牛队"解散,相应地,成立一个政府组织。至少有一名非政府组织的领导人认为,政府的努力正在日见成效。

藏羚羊和滇金丝猴保护是中国非政府组织环境运动发展中的重要篇章,巩固加强了环境非政府组织在全国的联系,激励了更多新的环境主义者加入到环保运动中来,还显示了北京非政府组织的辐射领导能

① 梁从诚:《成功固然多,需要做的仍有很多》,《环境之友通讯》,1999 年第 2 期,www.fon.org.cn/newsletter/99 - 2e/4.html。
② 中国 NGO 负责人 2000 年 12 月 8 日在伍德罗—威尔逊中心与作者的谈话。

力,以及在环境问题上引起中央重视、推动地方支持所发挥的重要作用。但是,中国的环境运动要想蓬勃发展,就必须进一步扩大活动领域,将更多的地方非政府组织组织起来,一如既往地推进环保工作。这实属不易。除北京外,其他城市的非政府组织由于政治色彩不浓,因此和国际非政府组织联系较少,而且受地方的影响也很大。

中国内地的草根环境运动

很多地区性的非政府组织在昆明等生物多样性丰富的内陆城市不断涌现。对此,中国政府通过注册登记等措施有效地控制了非政府组织的发展。然而,即便是在人力和经费都受到限制的情况下,这些非政府组织依然能创造性地开展工作。事实上,有几个非政府组织在环境保护方面表现非常出色,做了那些北京环保人士想做而没有做到的事情,可能会成为今后中国环境运动的典范。

在地区性的非政府组织中,杨欣的"绿色江河"可能是最成功的。杨欣曾是一名会计,年届四十的时候开始集中关注长江源头的环保问题,已出版了四部书,其中,《长江源》在美国有很大的销量,为杨欣的非政府组织带来了可观的收入。杨欣有很强的组织才能,每年都花很多时间在北京,与北京的"自然之友"、"地球村"等非政府组织保持密切的联系。此外,杨欣还为自己的非政府组织"绿色江河"建立了网站。

2000年春天,杨欣组织科学家、记者、政府官员考察长江源头,建立了江泽民主席题写碑名的"长江源"环保纪念碑。不过,正如前面所述,杨欣最杰出的工作是1997年在长江源头建立的索南达杰生态环境自然保护站。建立这个保护站,一方面是纪念索南达杰率领的"野牦牛队"制止藏羚羊偷猎行为的壮举,另一方面是鼓励在长江源地区进行科学研究和环境监测。2008年9月,"绿色江河"宣布沿第一个保护站顺江而下,建设第二个自然保护站,第二个站将建在大熊猫、红熊猫、羚牛和金丝猴等珍稀动物活动的地区。一旦建成,这个站将重点开展对年轻人的环境教育,并开展自然保护方面的培训。①

杨欣的成功不仅是因为他具有很强的个人能力,而且还因为他与当地政府建立了良好的关系。1998年,杨欣在注册非政府组织时,没有遇到一点麻烦。从那以后,杨欣的工作得到了国内外的认可。2003年,杨欣获得世界自然基金会颁发的"J.保罗·格蒂奖"。2006年,根据网络投票和公众民意,杨欣在获得提名后被环保部门授予"绿色中国年度人物"称号。②

其他非政府组织,比如重庆的"绿色志愿者联合会"、昆明的"绿色行动",在开展环保活动中就遇到了很多困难。"绿色志愿者联合会"是由重庆大学的德语教授田达生创立的,田教授深受俄罗斯作家伊万·屠格涅夫(Ivan Turgenev)、唐诗和德国浪漫派作家的影响,激发了对自然的热爱,在20世纪80年代瑞典和德国左翼绿色运动的鼓舞下,投入环保运动。1996年,田达生从电视上了解到"自然之友"的情况,就申请加入该组织,参加了到内蒙古的植树活动。回到重庆后,他协助成立了一个学生组织"绿色家园"。

吴登明是"绿色志愿者联合会"发起人之一,他曾是一名解放军军官。20世纪50年代"大跃进"时期,吴登明担任部队狩猎队队长,带领队员射杀了很多野生动物,后来想起来好像欠了一大笔债。他参加环境保护工作,原因之一是为了还债。同时,作为一名钢铁工人,吴登明还担心中国会像西方工业国家一样受到严重污染,因此在结识田达生以后,受他环保事迹的鼓舞,成为一个环保主义者。

成立绿色志愿者联合会时,田达生和吴登明遇到了一些阻力。本来,田达生计划设立一个"自然之友"的分支机构,但是有人告诉他非政

---

① 《NGO计划建立中国第二个自然保护站》,绿色江河网站,www.green-river.org/english。
② 《绿色江河获得的主要荣誉》,http://www.green-river.org/english。

府组织是不能设立分支机构的。的确,地方政府有关人员也告诉他,由于当地已经有了一个非政府组织,他就不能再设一个。无奈之际,田达生和吴登明找到当时一个面临解散的单位的领导,这个单位就是重庆"绿色志愿者联合会"。经协商,他们两人接手了该组织,正式通过了注册,并积极加强与其他非政府组织的联系,扩大"绿色志愿者联合会"的影响。田达生和吴登明都是"自然之友"的会员,都参加了廖晓义 2000年 3 月在北京组织的"地球日"活动。通过"地球日"活动,他们还认识了杨欣,并开始了合作。

田达生和吴登明积极发展会员,使重庆"绿色志愿者联合会"志愿者人数达到 1800 多名,两人还开展了一项大胆的环保活动,分别扮成商人和地质学家,进行秘密调查,收集证据,揭露非法砍伐活动。由于他们的调查以及后来的报告,组织非法砍伐的村领导被判处三年徒刑,尽管后来是以保释的形式执行的。随着媒体对这类调查与环保活动的报道,田达生和吴登明很快成为当地的名人。[①] 但是,吴登明不断地受到恐吓,面临地方政府的掣肘。2003 年,重庆"绿色志愿者联合会"对位于重庆西边50 英里的浦鲁河谷中的工厂污染进行曝光,该联合会的一名调查人员在访问当地一位村民时被拘押。[②]

于晓刚在环保方面取得的成就更为显著,但为此付出的个人代价也更大。于晓刚是云南本地人,从小在山清水秀的大自然中长大。2002年,于晓刚围绕湄公河漫湾大坝的环境影响,完成了他的硕士研究论文。漫湾大坝损害了当地的渔业经济,使得当地村民无以为生。于晓刚一开始在云南省政府的一个部门工作,他的报告受到温家宝总理的批示。同一年,于晓刚在昆明创立了一家 NGO,名为"绿色流域",主要是向当地民众宣传大坝建设和其他项目带来的负面影响,特别是宣传已经建议将

[①] 中国环境主义者与作者助理 2000 年 6 月在昆明的谈话。

[②] 潘文:《环境保护主义者继续反对三峡大坝建设》,《华盛顿邮报》,2003 年 6 月 22 日。

在怒江上建设的 13 座大坝的负面影响。"绿色流域"认为建设这些大坝将造成 5 万人移民,并会对怒江流经的联合国教科文组织世界遗产所在地带来严重影响。于晓刚向政府提建议,并于 2004 年带领部分村民参加联合国在北京组织召开的水力发电会议。围绕大坝建设,"绿色流域"还组织了一系列的公众讨论。

在于晓刚和其他 NGO 的努力下,温家宝总理做出批示,叫停怒江大坝建设工程。2006 年,"戈德曼环境奖"授予于晓刚,表彰他在保护怒江方面做出的贡献。……于晓刚一如既往地从事他的环保工作,继续呼吁停止建设其他的大坝,开展自然灾害管理培训。仅 2008 年一年的时间,"绿色流域"就对 100 多个 NGO 和 60 多个社区进行了培训。目前,于晓刚领导"绿色流域"集中开展漓江附近拉什湖的保护工作,实施一项综合流域管理项目。而且,于晓刚在 2008 年还联合其他环保 NGO 发起评选"绿色银行创新奖"活动,奖励那些在环境保护方面做出成绩的银行和金融机构。[1] 在获得 2009 年"麦格塞塞奖"时,于晓刚说,在当前中国环境不断恶化的情况下,"我们对 GDP 的自豪将变成 GDD,也就是国民生产灾难"。[2]

尽管遇到这些困难,田达生、吴登明和于晓刚仍然矢志环境运动,对环境保护和社会变革怀有坚定的信念。因此,这些以开展环境保护为主要目的的非政府组织不管是从环境方面还是从政治方面,都体现了唐锡阳、戴晴等人提出的理想信仰,这就是呼吁更大的政治透明和政府诚信,当时是以温和的语言呼吁的。北京以外地区的很多非政府组织严重缺乏资金、人员和场地,还有其他的政治上的限制,因此生存艰难。在这种情况下,田达生、吴登明和于晓刚这些人依然坚持自己的环保工作,并与其他关注城市重建的非政府组织建立联系,比如与廖晓义的"地球村"建

---

[1] 色列斯·P. 多由:《拉蒙·麦格塞塞奖授予中国水资源保护者》,《菲律宾每日问讯报》,2009 年 8 月 30 日。

[2] 《2009 拉蒙·麦格塞塞奖:于晓刚获奖感言》,拉蒙·麦格塞塞奖基金会。

立联系,从而扩大了环保活动的范围。

走出自然保护:清洁城市

　　和梁从诚一样,廖晓义也是由于参与环境保护而获得国际知名度的。1996 年,她在北京创立了"地球村",目的是通过电视节目改善城市环境,推动环境教育。

　　廖晓义本是中国社科院的一名研究人员,曾到美国的北卡州国际环境政治中心做研究员。在那里,她开始研究环境非政府组织的作用,制作了电视专题片"地球的女儿",介绍了四十位女环境运动者的工作。受此鼓舞,廖晓义回国后在北京创建了"地球村",主要目的是通过电视提高中国公众的环境意识。

　　廖晓义的工作与梁从诚和其他环保主义者有着很大的不同。与梁从诚不同的是,廖晓义注册的不是非政府组织,而是一个企业。廖晓义1995 年到民政部注册非政府组织的时候,她在美国两年的研究还未完成。而且,她被告知开展任何活动或举办任何会议之前,都必须得到她的主管部门的批准。如果注册成一个企业,就可以避免以上那些问题,保持较强的独立性。当然,廖晓义必须为企业的经营照章纳税。①

　　廖晓义的公司和大多数非政府组织的不同之处还有:她的企业主要侧重社区发展等城市事宜。在政府的支持下,她在北京宣武区实施了垃圾分类示范项目,后来将这个项目推广到其他区。她还和宣武区一道建设"绿色社区"。因此,宣武区采用推广了一大批节能降耗技术,如节能灯、节水阀门、垃圾回收桶,等等。在开展这项工作时,廖晓义与当地环保局和其他政府部门密切合作,使各相关部门都参与到城市环境保护工作中来。

---

① 中国环境主义者与作者 2000 年 3 月在纽约的谈话。

廖晓义还支持西城区大乘巷居民委员会的居民开展垃圾分类工作，在该小区，一些退休教师组成小组，进行社区环境保护。廖晓义做得最出色的工作可能是她在北京城外建立了一个环保教育与培训中心。该中心住有 40 户人家，都以绿色的方式生活，实行垃圾分类，循环利用日常用品，不使用化肥。①

廖晓义的做法是通过具体案例和媒体宣传来影响政府的决策，这种做法无疑是成功和有效的。据廖晓义说，国家环保总局前局长解振华充分肯定绿色社区的成绩，并在当时指出绿色社区建设应该成为今后国家环保总局的主要任务之一。截至 2002 年，廖晓义在加拿大国际发展署的资助下，积极在北京以外的地区，比如武汉、上海等城市建设绿色社区，那里的地方官员对此表示了浓厚的兴趣。

廖晓义认为中国的环境主义应该是三位一体的，涉及到政府、企业和非营利机构。在她看来，非政府组织的作用是教育公众，协助政府实施环保政策，鼓励企业更多地重视环境保护。② 她曾组织召开过一个可持续消费方面的会议，邀请中国高层官员、非政府组织负责人、联合国环境规划署以及联合国开发计划署的官员、英国石油公司、壳牌公司等企业的负责人前来参加。

与其他环保主义者截然不同的是，廖晓义在公开言论中从来不谈论政治。比如，在一次采访中，她说："我不喜欢极端的方式，我从事环保工作，不是为了达到什么政治目的。这是我的方式，也是我的原则。"③她非常不愿意介入到诸如三峡工程之类的棘手政治问题当中。她可能会说不喜欢三峡工程，但一定会补充说她不想"惹麻烦"。她坚持从正面做工作，影响人们的环保行为，因此总是积极地向前看。有一次，她私下里告诉我，戴晴请她多关心一下三峡工程，反对三峡工程上马。她说，"在中

---

① 《个人改变世界》，《北京周报》，2000 年 8 月 14 日，第 20 页。
② 同上书，第 16 页。
③ 同上书，第 17 页。

国,我们除了三峡大坝工程,还有很多事情要做。对我们来说,最重要的是避免再犯三峡工程那样的错误。"

同时,廖晓义与全国各地的非政府组织负责人联络,组织举办一年一度的"地球日"活动,吸引了国内外的非政府组织和环境主义者参加。2002年,有12个非政府组织参加。2002年8月底到9月初,廖晓义还牵头在南非约翰内斯堡世界可持续发展大会期间举办展览。当时有几个中国的非政府组织参加,更多的中国非政府组织是通过世界银行资助的一个专题录像介绍给国际社会的。这个专题录像片介绍了1992年联合国环发大会召开以后中国社会的变迁,在1992年的大会上,中国没有非政府组织参加。

廖晓义坚信媒体的力量,她在环境和媒体的结合方面是一个先行者,她制作的电视节目《环保时刻》从1996年到2001年在中央电视台每周播出,连续播出5年,共有300集。2002年,在美国农业部和中央电视台的支持下,她制作完成了9集节目,系统介绍了美国中等农场的环保情况。目前,她继续以制片人的身份在中央电视台制作环境节目,包括谈话类节目《绿色访谈录》和纪录片《地球的女儿》。的确,她的工作充分体现了媒体作为信息传播以及未来环境非政府组织活动基础的重要性。

廖晓义不仅在工作成绩上,而且在管理技巧上都给其他非政府组织树立了典范,她成功地筹集资金50万美元,资金主要来自国外,在北京亚运村的一个写字楼设立了办公地点,有7名全职雇员。办公场所虽然不大,但工作人员很忙碌,有大量的业务需要处理。由于工作出色,廖晓义获得了很多荣誉,包括曾当选中央电视台经济年度人物社会公益人物,两次当选"《中国妇女》杂志十大时代人物"。

媒体和环保

廖晓义在利用媒体开展环境活动方面做了开创性的工作,此后,中国媒体在环境保护运动方面逐渐成为一个重要的因素。在 2007 年的一次社会调查中,81%以上的人说关于环境保护的事情是从电视和广播里知道的①,通过政府宣传获得环保信息的人数仅列第 4 位,比例为13.5%。②

近年来,很多媒体人和新闻记者在环境教育方面发挥了领导作用。汪永晨是民间环保组织"绿色家园志愿者"的富有激情的召集人,可能是由于是第一个从事环保事业的广播主持人,汪永晨通过脱口秀节目引起社会对藏羚羊等问题的关注。2003 年,汪永晨牵头发起一场阻止在四川省的岷江上兴建杨柳湖大坝的活动,指出杨柳湖大坝将会损害都江堰这个可能是世界上最古老的至今仍在使用的水利工程。中国的主要媒体对修建杨柳湖大坝反对声一片,公众也在网上发表强烈的反对意见。汪永晨介绍说,岷江杨柳湖水利工程的下马,是中国有史以来公众力量第一次直接影响了工程决策。③ 2004 年,由于在阻止建设怒江大坝中的努力,汪永晨获得美国"康狄·纳斯特旅行家环境奖"。目前,她是中国国际广播电台负责环境报道的高级记者,每个月都组织记者会,提出和讨论影响媒体和环境的迫切问题。

中国电视在环保方面也发挥了关键作用,对一些环境污染和违法行为进行了调查和揭露。一名前中央电视台女主持人说:"为公众争取正义已经成为中国媒体的一项重要任务,这项任务可能是中国特有的国情决定的,之所以特有,是因为中国的法制还没有真正建立起来。"④中国媒

---

① 中国社科院:《2007 年全国公众环境调查报告》,中国环境意识项目,2008 年 4 月 3 日,第 3—4 页。

② 同上。

③ 汪永晨与作者 2002 年 2 月在纽约的谈话;凯利·哈加特·穆兰:《人民力量阻止大坝建设》,《三峡探索新闻服务》,2006 年 10 月 16 日。

④ 陈晓伟(音译):《当今中国社会媒体的多种功能》,"当代中国记忆和媒体"会议提交论文,加州大学伯克利分校。见李小平《中国电视产业的重大变革及其对中国的影响》,华盛顿 D.C.:布鲁金斯学会东北亚政策研究中心,2001 年 8 月,第 13 页,www. brookings. org/dybdocroot/fp/cnaps/papers/li_01.pdf。

体中最受人关注的节目之一是《焦点访谈》,是模仿美国新闻节目《新闻60分》设立的栏目。《焦点访谈》作为中央电视台的调查类节目《东方时空》的一部分,于1994年开播。虽然只有短短的13分钟,《焦点访谈》已经成为中国电视节目的一个品牌,有2亿—2.5亿观众,报道的内容有环境问题,还有社会关注的其他重要问题。① 在2007年的一次中央电视台栏目调查中,《焦点访谈》成为中国第二个观众最多的栏目,仅次于《新闻联播》。②

李小平是《焦点访谈》制片人,她在一篇论述中国媒体作用的精彩论文中谈到,很多人等在《焦点访谈》制作室门外,请记者去调查各种各样的环境污染以及其他官员的渎职等事件。她还提到,有些地方甚至有"防火、防盗、防焦点访谈"的说法。③ 地方媒体也积极报道环境问题。2005年,广东省上坝村不断有人死于癌症,地方媒体进行了报道,此后地方政府和大宝山矿得到资金,建设了一个水库,向村民提供清洁的用水。④ 在向政府高层领导传送有关环保信息方面,媒体也发挥了重要作用。前总理朱镕基通过电视节目了解到污染问题后,立即采取行动。比如20世纪90年代末组织的防沙化行动和非法砍伐治理行动最初都是源于电视报道。⑤

电视节目报道还促进了草根环保主义的发展。比如,中国的电池回收行动就是通过电视宣传得到公众支持的。⑥ 有这样一个例子,在大连,一位名叫耿海英(音译)的医生,就是通过观看电视节目走上环保道路的。耿海英看到的电视节目是胡劲草制作的,胡劲草是一名年轻的女新

---

① 李小平:《中国电视产业的重大变革及其对中国的影响》。
② 乔·马丁森:《人人都爱CCTV》,Danwei网,2007年12月21日。
③ 同上。
④ 《居民保护环境权利案例:"癌症村"居民为洁净水请愿》,环境法公众研究网,2009年2月25日,www.greenlaw.org.cn/enblog/? p=1407.
⑤ 中国环境主义者与作者2000年4月在北京的谈话。
⑥ 王英(音译):《进一步加强废旧电池回收》,《中国日报》,2000年8月7日。

闻工作者,在梁从诫和其他环保人士的影响下,参加环保运动,制作了一批有关藏羚羊、淮河和森林减少等的环境节目。

看了胡劲草的节目后,耿海英怀疑当地垃圾堆里的废旧电池会泄露出来,毒害水源以及农产品,因此就从国家环保总局的网站"绿色北京"以及固体废物处理方面的书籍了解有关信息,进而调查废旧电池污染问题。然后,她开始单枪匹马地在大连回收废旧电池。当地环保局表示支持,但由于没有明文规定,中国在应对废旧电池这个问题上还没有多少实际的行动。后来,国家环保总局提出废旧电池回收是工作重点,耿海英在征得到大连市环保局的同意后,在全市开展废旧电池回收活动。耿海英劝说当地百货商店设置废旧电池回收点。一开始,这些百货商店怀疑她的动机,但是到了 2000 年 4 月,已经有三家百货商店设立了废旧电池回收箱。耿海英的环保行动还得到了另一个大连人温波的支持,温波帮助她通过广播节目向社会宣传回收废旧电池的意义。

耿海英的情况反映了草根环境运动所面临的一个难题,这就是:政府没有满足普通大众提出的环保要求。2000 年,电池回收的另一个实践者田桂荣(音译)在河南省回收了 30 吨废电池。然而,她说:"我把这些电池收上来,就是为了保护环境,但不知道往哪儿放啊。"[1]在北京,市环保局设立了环境热线以及"有用垃圾回收中心",收集使用过的电池和其他物品,但是这个中心的电池处理设施达不到国家环境标准,只好将回收的电池储存起来。中心的一个负责人说,工作人员最怕接到电话说有人要送电池过来,他们患上了"电池恐惧症"。[2]

因此,虽然有媒体的关注、公众的大力支持,中国的环境保护仍然满足不了社会的需要。的确,中国环境保护中的一些个人行为,比如个人设立自然保护区、从事垃圾回收[3],正反映了地方环保部门工作的不足。

---

① 刘俊、曾茜(音译):《公众回收的废品难以出手》,《中国日报》,2000 年 9 月 8 日。
② 同上。
③ 关于这类活动的讨论,参见戴晴、爱德华·魏美尔《做好事,但不要惹"老共产党"》,第154 页。

从耿海英的情况看,环保主义者的行动和媒体的关注如果有机结合起来,可能会产生更大的影响。事实上,中国新一代的环保主义者中有很多人当过记者,然后再到大学、智库和国外的非政府组织继续读书或做研究,这些人带给环境保护事业的不仅是坚实的技术知识,还有与国内外观众进行沟通交流的能力,因此将成为未来环保事业的一支强有力的力量,其中有些人将在北京工作,但更多的将到其他地区工作。

下一代环保主义者

中国环境保护的未来在很大程度上要依靠下一代环保主义者,不过情况还是很乐观的。唐锡阳、梁从诫和其他非政府组织负责人密切合作,认真培育新一代环保主义者。这些新成长起来的环保人士不仅受到老一代非政府组织负责人的熏陶,还受到国际非政府组织的影响,因此,他们具有丰富的专业知识、敏捷的思维能力、成熟的政治意识,其中比较突出的有温波、马军、"绿色高原"发起人之一史立红以及《中国绿色时报》的胡堪平。

在这些年轻的环保主义者当中,比较出类拔萃的是温波。还在 25 岁的时候,温波就已成为知名的环保人士,具有良好的新闻和环保素质,在很多方面都为中国新一代环保主义者树立了榜样。温波曾在《中国日报》跟史立红实习,后来在《中国环境报》当记者,同时,他还在全国各地的大学中组织学生环境团体,帮助他们参加中国绿色大学生论坛,该论坛已经有 250 个学生团体。温波还参加唐锡阳的绿色营活动,参与"美国环境保护协会"、"国际雪豹基金会"(ISLT)、"国际河网"(International Rivers Network,IRN)等国际非政府组织的工作,其中"国际河网"是反对建设三峡大坝最激烈的组织。2001 年,温波协助绿色和平组织在中国大陆建立了第一个办公室。

2001 年,温波加入"太平洋环境组织",主要是为中国各地方的环境

NGO 提供组织和资金方面的援助。他的工作得到了国际社会的认可，2009 年入选世界经济论坛"全球青年领袖"。与温波不同的是，胡堪平主要从事记者工作，重点报道国家林业局的有关情况。胡堪平大学期间学的是文学，先在国家林业局主办的报纸《中国林业报》工作，1997 年，该报更名为《绿色时报》。现在，胡堪平是《环境保护》杂志的常务副总编，负责环保部的特别专题报道。他还写了几本书，探讨中国人怎样才能过环境友好型生活。

温波和胡堪平两人都意识到媒体的局限性。比如，在讨论《绿色时报》的时候，胡堪平提出，他的记者可以采访报道地方腐败，但不能报道任何暴力和个人隐私等。而且，国家林业局允许记者发表不属于该局职能业务范围内的文章，比如污染，但限制发表属于该局管理职能业务之内的文章。[①] 不过，胡堪平逐渐突破这种限制，使得环境报道更加贴近普通民众。比如，胡堪平自己创建了一份独立的报纸《绿色周末》。1995 年 10 月，他带着《绿色周末》参加一个报刊发行会，结识了温波，并成为朋友。尽管《绿色周末》在商业上不是很成功，订户少，但林业局的领导还是给予了充分的肯定，因为《绿色周末》没有多少官样文章，不登公文通知等，体现出生动、信息量大的特点。林业局的领导鼓励他在《绿色周末》上多登载文字活泼生动的文章。由于胡堪平在环保方面的名声越来越大，因此"自然之友"邀请他加入理事会，成为理事会成员。

马军开始从事环保事业的时候也是一名记者。他生于沿海城市青岛，长在北京，从很小的时候就在父亲的鼓励下学习英语。1993 年，马军在《南华早报》驻北京办事处做助理，以调查环境事件而出名，后来被提拔为《南华早报》驻北京办事处主任。

1999 年，马军出版《中国水危机》一书，论述了经济发展对中国河流带来的灾难性影响。这本书极大地引起了中国公众对水的关注，被誉为

---

① 胡勘平 2000 年 12 月 8 日在华盛顿 D.C.伍德罗—威尔逊中心的谈话。

中国人写成的《寂静的春天》。2005 年,马军创立非政府组织"公众与环境研究中心"(IPE),主要从地方环保部门的报告中收集有关空气和水污染方面的数据,并以这些数据为基础,于 2006 年发起建立了网上公众数据库,描绘污染源的状况。一年以后,马军制作了类似的空气污染地图。马军的污染数据库成为中国的第一个数据库,目前已公布了 3 万多家违反空气和水质量规定的企业名单,其中大多数是中国公司,也有一小部分是跨国企业。对污染名单作出回应的企业将被列入一个观察名单,只有在经过第三方的环境审核后,才能从这个污染名单中除去。

马军的工作很快受到国际社会的关注。2006 年,《时代周刊》杂志授予马军"全球最具影响力的 100 人"称号。由于曝光污染企业,马军和企业、地方官员不断发生冲突。尽管如此,马军在环保部和世界自然基金会等国际组织的帮助下,依然能正常开展工作。他主要针对跨国公司并只采用政府公布的数据,这也保护了他的工作。

2008 年 8 月,"公众与环境研究中心"开发了绿色选择联盟供应链管理体系,通过这个管理体系,企业可以查到其供货商是否在"公众与环境研究中心"的污染企业名单上,如果供货商名列污染企业名单,那么企业就会取消该供货商的供货资格。仅仅 4 个月,污染名单中就有 16 家企业受到审核,其中 10 家企业从该名单中除去。在污染企业的审核过程中,马军不断吸收地方 NGO 参与其中。

2009 年 8 月,由于"利用科技和信息应对中国水危机,在保护中国环境和社会可持续利益方面做出的实际的、多方面的、有效的努力",马军被授予"麦格塞塞奖"。

相比之下,环境主义者吴立宏则没有那么幸运。吴立宏四十多岁,曾是一名工厂销售员,16 年来为了解决江苏省太湖严重的污染问题,一直收集证据,向地方官员写信,最终关闭了近 200 家污染企业。2005 年,吴立宏被中国政府评为知名环保人士,但是 2006 年,吴立宏批评过的一个地方政府以诬陷和诈骗的罪名将其逮捕。吴立宏被迫认罪后才免受皮肉之苦。2007 年,吴立宏被判处 3 年徒刑,上诉后,维持原判。①

新一代年轻的环保工作者的共同特点是开放、进取心强。比如,我认识的一个青年记者说,他希望看到非政府组织挑战中央政府的政策,拿出更高水平的报告,帮助提高政府的效率和效能,成为游说团和压力团,采用绿色和平组织那样的行动应对环境事宜。不过,他对公开发表意见还是怀有戒心,更愿意通过实际行动突破一些限制。

其他一些环保人士在谈到变革要求时显得更为直率:

> 中国向市场经济的转型扩大了民主社会的基础。同时,政府还是很强大的。我认为,环境团体在目前的情况下可以发展,而最后,环境工作可能导致中国有更广泛的民主。事实上,环保主义和民主是相关的。很多非政府组织的负责人不愿意承认和我们有关系,但我相信非政府组织的活动正在建立民主。②

总起来说,这种态度尽管谨慎,还是表达了一定的乐观看法。这一代环境主义者似乎认为非政府组织的存在目前是微不足道的,但相信最终会强大起来。

中国环境运动的未来

随着中国的政治改革,环境非政府组织在 20 世纪 90 年代初期到中期很快涉足政治领域,通过举行"地球日"活动、摄制播出环境电视节目,在提高全社会的环境意识方面产生了重大影响。同时,还暴露了地方环境执法不力,尤其是在物种保护和森林砍伐等方面执法不力的问题。这些非政府组织还与城市合作,积极推动环境友好型技术的使用,改善环境质量,提高人们的生活水平。通过这些方式,环境非政府组织保护人

① 周看:《在中国,一个太湖保护者给自己带来麻烦》,《纽约时报》,2007 年 10 月 13 日。
② 中国环保主义者 2000 年 12 月 8 日在华盛顿 D.C.的谈话。

民的利益,了解人民关心的问题,满足政府的需要。

　　但是,为什么环境非政府组织能存在和发展? 其中一个原因是,这些环境非政府组织提供了一个廉价的机制,可以监督地方的污染治理行动,教育公众开展环境保护。国家环保部尽管没有和环境非政府组织联合开展过活动,但双方的利益经常是连在一起的。国家环保部副部长潘岳就对政府与非政府组织开展合作给予支持。另一方面,环境非政府组织还为中国政府提供了一个清明的政治形象,表明中国政府允许独立社会组织的存在和发展。

第六章　家门口的恶魔

中国政府积极开展与国际社会的合作,作为实施其改善环境长期战略的重要组成部分。在合作对象上,不仅有国外的政府和联合国、世界银行、亚洲开发银行等国际政府间组织,还有跨国公司以及国际非政府组织。

同时,随着经济改革的推进以及日益融入全球经济,中国在环境保护方面也不断开放,制定了新的政策,采用了新的技术。市场机制所崇尚的高效、透明、法治、管理等理念开始渗入到中国的环境保护工作当中。而且,随着加入亚太经济合作(APEC)和世界贸易(WTO)等国际贸易组织,中国越来越重视把环境保护和经济发展有机地结合起来。因此,中国经济的转型将对环境保护产生深远的影响。

但是,中国在开展环境保护的国际合作方面还存在着很多制约因素。有效实施环保政策、推广环保技术的很多条件还不具备。环保法规实施的不连贯性、缺乏透明度、政策力度弱等都制约着很多技术的采用,也影响了环保政策的效果。中国长期重视经济发展,以致可能忽视国际社会成员提出的在地区和全球环境问题上采取更加积极政策的倡议。更需指出的是,国际社会有时会忽视中国真正的需求,主张采用一些与中国现有经济发展水平、发展能力、环境保护不相适应的技术。

中国步入世界环境舞台

正如我们所知,1972 年的联合国人类环境大会标志着中国第一次加入国际环境政治这个舞台。这次会议提高了中国领导人对环境问题的认识,推动建立了中国第一个正式的政府环保机构[1],使中国参与应对全球环境事务。在联合国的努力下,中国和国际社会一道打击濒危物种贸易、制止海洋倾废、反对热带木材贸易、控制自然和文化遗产地区环境的退化。

国际社会在加强环境保护方面的努力使得中国领导人认识到全面加入国际环境条约和组织的重要性,因此中国政府针对要加入的每一个条约,都成立一个领导小组。成员有国务院相关部委和单位,研究条约内容,提出发展建议。中国政府的这一举措保护了一小部分专家,有些是"文革"和历次政治运动中被剥夺科研权利的知识分子,这些专家形成了后来环境科学研究的基础力量。

在有些环境问题上,比如海洋倾废,中国的经济利益关系不大,因此在加入《伦敦倾废公约》(London Convention on Marine Dumping)时,中国的主要动力是政治方面的,即重返国际社会,防止台湾在国际组织中出任中国代表以及培养环境与技术方面的专家,这些专家可以将相关知识介绍给中国领导人,解决国内的环境问题。[2]

但是,签署任何一个条约,中国首先必须具有实施该条约的能力,这就要求中国起草制定自己新的法律,培训能够理解并实施条约标准的专家,协调十几个政府部门之间的工作,因为每个部门都负责条约不同条

---

[1] 这一点在第四章有详细讨论。

[2] 要深入了解中国加入国际环境条约以及实施那些条约情况,参阅米歇尔·奥克森伯格(Michel Oksenberg)、易明《中国加入并实施国际环境条约情况,1978—1995》,学术论文,斯坦福大学亚太研究中心,1998 年 2 月。

款的实施。

这种加入国际条约的前期准备工作一般是漫长而复杂的。以《伦敦倾废公约》为例,中国是在该公约在国际上生效10多年后的1985年才签署加入的。为了确保国内的法律实施能力能满足国际公约的要求,中国在签署《伦敦倾废公约》前,首先以公约为模板制定了《中华人民共和国海洋环境保护法》。中国加入《伦敦倾废公约》准备了这么长时间,因此有关部委可以认真研究其利弊,谋取在公约谈判磋商中的有利位置,获得签署公约后的最大利益。

在整个谈判过程中,中国代表团保持低调,认真研究公约的每一个技术点,通过参加培训班、研讨会等提高自己的专业水平,监督执行、管理国际环境协议的联合国秘书处向发展中国家的专家专门提供内容详细的教育项目和一些技术。在成为《伦敦倾废公约》成员国后,中国国家海洋局充分利用该公约提供的监查海洋倾废培训班的机会,在联合国环境规划署和国际海事组织的支持下,建立了自己科学的法制体系。

国际社会的其他组织还帮助中国提高履行公约条款的能力。比如中国加入《世界遗产公约》(The World Heritage Convention)几年后,世界银行和位于洛杉矶的盖蒂博物馆(The Getty Museum)联合协助中国恢复、保护云冈石窟和敦煌莫高窟,保护这些拥有公元4世纪以来的瑰丽壁画、雕塑和古建筑的佛教圣地,合作进行防沙治沙,减少沙尘暴,加大对洞窟内环境条件的观测,盖蒂博物馆还提供了仪器设备并对相关人员进行了培训。作为对国际社会的回报,中国把自己的专家派到柬埔寨,与国际社会一道保护高棉帝国的遗址吴哥,那里有著名的佛寺吴哥窟(Angkor Wat)。

1981年,中国加入《濒危物种国际贸易公约》后,也得到了世界自然基金会(WWF)、世界自然保护联盟(IUCN)以及美国内务部的资助。这些单位为中国培训了官员,帮助中国开发资源数据库,开展野生动植物物种研究等。世界自然基金会和世界自然保护联盟甚至派人和中国官员一道暗中查访,抓获那些贩卖虎骨的违法人员。虎骨是中药材之一,虎骨违法贩卖导致了华南虎和西伯利亚虎数量的急剧减少。[1]

20世纪80年代,中国的很多环境和资源问题引起了国际社会的关注。比如,世界银行在中国启动实施了一批渔业、农村供水、天然气等项目,世界自然基金会则积极参与中国的物种保护,比如该组织多年来参与保护栖居在中国四川省的举世闻名的大熊猫,因为其数量在急剧减少。[2]

提高认识:臭氧层损耗与气候变化

随着中国逐步建立自己的环境科研队伍,不断参与国际环境事务,在20世纪80年代末90年代初臭氧层损耗与气候变化日益严重的情况下,国际社会更加密切关注中国的环境和发展政策,希望中国政府把环境保护放在工作议程的首位。

臭氧层损耗与全球气候变化给全世界所有国家都带来了健康、环境、经济上的严峻挑战,比如气候变化引起的海平面上升将会导致一些岛屿消失。由于应对这些全球环境问题的公约需要各成员国投入资金和人力,因此全球性环境问题与其他地区性环境问题有着很大的不同。

20世纪80年代以前,中国在导致以上全球性环境问题方面没有什么大的责任。全球气候变化和臭氧层损耗主要是由工业发展引起的,而不是自然的变迁。中国工业化起步晚,这意味着与欧洲和美国相比,中国在当今环境问题上所承担的历史责任很小。不过,由于工业发展速度快、经济规模大,在经历整个20世纪80年代后,中国在加速全球气候变化和臭氧层损耗方面影响逐渐加大。1986年,中国所使用的消耗臭氧层

---

[1] 米歇尔·奥克森伯格、易明:《中国加入并实施国际环境条约情况,1978—1995》,学术论文,斯坦福大学亚太研究中心,1998年2月,第13页。

[2] 关于世界自然基金会同中国首次合作的曲折动人故事,参阅乔治·夏勒的《最后的熊猫》,芝加哥:芝加哥大学出版社,1993年。

物质,大约占全世界的 3%;到了 2001 年,中国已成为臭氧层损耗的主要影响国,2007 年,情况依然如此。2007 年,中国关闭了 5 家排放消耗臭氧物质潜势最大的工厂。[①] 但是,就排放量而言,中国在 2008 年依然是次威胁性臭氧损耗物质排放最大的国家,这些臭氧损耗物质主要用在冰箱和空调上。[②] 同时,在 20 世纪 80 年代后期,中国排放的温室气体位居全世界第三位,已成为影响全球气候变化的主要国家。2007 年,中国温室气体排放超过美国,成为温室气体二氧化碳排放量最大的国家。

1990 年,中国参与讨论《蒙特利尔破坏臭氧层物质管制议定书伦敦修订案》(London Amendments to Montreal Protocol on Substances that Deplete the Ozone Layer)和《联合国气候变化框架公约》(Framework Convention on Climate Change),极大地提高了中国对世界环境问题的认识。在伦敦召开的《蒙特利尔破坏臭氧层物质管制议定书》修订会议上,中国在国家环保局的牵头组织下,派代表团参加,就签署《蒙特利尔破坏臭氧层物质管制议定书修订案》的利弊进行评议。经过分析,中国代表团认为中国应该签署该修订案,原因有三,其中最重要的原因是该修订案基于市场的制裁机制。中国要成为轻工产品出口大国,一些轻工产品,比如冰箱,使用氟利昂等臭氧层损耗物质,而该修订案禁止签署国购买此类产品,并将对开展此类产品贸易的国家进行制裁。第二,中国代表团的某些领导成员认为,作为国际社会的成员之一,中国应该在解决臭氧层损耗问题方面做出自己的贡献,通过签署该议定书修订案,树立良好的国际形象。第三,用中国代表团的一个成员的话说,充分确凿的科学证据和与国际科学界的交流,也是促使中国签署该议定书修订案的重要原因。[③]

---

① 联合国环境规划署:《中国关闭消耗臭氧的化工厂》,新闻发布会,2007 年 7 月 1 日。
② "数据查询中心",联合国环境规划署臭氧秘书处,2009 年 3 月 23 日更新版。
③ 米歇尔·奥克森伯格、易明:《中国加入并实施国际环境条约情况,1978—1995》,第 29—30 页。

然而,最终决定中国签署《蒙特利尔破坏臭氧层物质管制议定书修订案》的是经济方面的因素。与印度一样,在国际社会承诺提供资金支持和技术转让前,中国一直拒绝签署。只是在国际社会同意就此建立一个特别的多边基金后,中国才在 1991 年同意加入该议定书修订案。氟氯碳(CFC)是臭氧损耗潜势较高的物质,中国排放的氟氯碳已经从 1998 年的 5.5 万公吨减少到 10 年后的 550 公吨。[①] 中国臭氧损耗物质成功减排的部分原因是得到国际社会持续的资金支持。

在应对全球气候变化问题上,也是这种情况。由于气候变化涉及复杂的科学问题,因此,在正式谈判之前,中国政府先邀请科学家进行反复的科学论证,向国内和国际专家进行了大量的咨询。《联合国气候变化框架公约》要求每个国家的专家都进行研究并提供数据。中国为此建立了一个专门机构,收集参加科学讨论所需要的数据。1989 年,也就是中国参加科学论证一年以后,中国组织实施了一个气候变化研究计划,包括 40 个项目,有大约 20 个部委和 500 多名专家参加。[②]

这项科研计划的经费主要来自国际社会。世界银行、亚洲开发银行、联合国环境规划署、联合国开发计划署、日本和美国都提供了绿色气体排放监测,实行计算机模型技术共享,在开发应对措施上给予技术支持,培训中国负责环境的官员。比如,美国能源部西北太平洋国家实验室(该实验室建立以来一直由俄亥俄州的非营利机构巴特尔研究院管理)的一名专家从中国国家计委能源研究所挑选了几位经济学者并在美国对他们进行培训,其中一位学者后来成为中国气候变化谈判小组的成员。国家计委能源研究所是开展能源与气候变化国际合作的职能部门(尽管缺乏这方面的系统研究)。在准备气候变化的政治磋商中,中国最终采用了美国西北太平洋国家实验室的一个建模,并进行了改进,用于

---

① 联合国环境规划署:《中国关闭消耗臭氧的化工厂》,新闻发布会,2007 年 7 月 1 日。
② 易明:《苏联和中国对全球气候政策的谈判:沟通国际和国内决策之路》,博士论文,密歇根大学,1994 年,第 159 页。

分析评估中国二氧化碳的排放量。[①] 通过参加国际气候变化工作小组，一些中国成员对中国参与国际气候变化的重要性有了新的认识。[②]

然而，随着气候变化的谈判从科学层面转向政治层面，国际社会的影响开始减少。在中国，牵头谈判的部门不是持积极态度的科技和环保部门，而是外交部和国家计委，这些部门所持的主导意见更加关注经济发展和领土完整，轻视未来技术、环境能力建设以及国际形象等方面获得的潜在利益。

中国领导层更多地认为工业发达国家应该调整结构，改革自己的污染处理方式，而不应该简单地要求发展中国家做出承诺。一名科技界的官员这样说："气候变化的政策制定是一个社会问题，而不是科学问题。"[③]而且，在应对气候变化方面采取行动所付出的潜在经济代价，要比减少臭氧层损耗大得多。中国要应对气候变化，需要中国的能源工业有一个重大的调整，也需要在提高能效方面投入大量的资金。

因此，尽管国际社会在推动中国成立应对气候变化的机构、设立气候变化科研单位、资助中国进行气候变化研究方面产生了广泛的影响，但是中国在气候变化上的立场仍然不积极。中国不愿意考虑为温室气体减排设定任何目标或者时间表，甚至不允许其他国家为了履行公约义务在中国开展防沙治沙等联合实施活动。[④]

此后，国际社会和国内一些积极的部门继续做工作，希望中国政府能够采取一种更加灵活的方式，来应对气候变化带来的挑战。在20世纪90年代末以及2001年和2002年期间，中国的态度有了一定的变化。

---

① 易明：《苏联和中国对全球气候政策的谈判：沟通国际和国内决策之路》，博士论文，密歇根大学，1994年，第179页。

② 国家科委官员1994年6月和1996年5月在北京与作者的谈话。

③ 国家计委官员1992年6月在北京与作者的谈话。

④ "联合实施"是发达国家提出的一个计划，根据这个计划，发达国家可以在发展中国家实施温室气体减排项目，实现的减排指标可以作为自身完成减排的任务。（比如，一家美国发电厂可以在巴西进行森林恢复方面的努力）发达国家在发展中国家进行减排的成本要比国内低很多。

比如,当时的朱镕基总理在 1998 年向国外以及国内的科技和政策人员指出,中国应该在气候变化问题上发挥一些建设性的作用。而且,他还希望国际环境和经济领域的专家帮助中国制定二氧化碳减排战略。同时,1998 年中国政府机构改革后,国家经贸委的职能得到加强,这个部门希望引进国外的新技术,因此,更加支持那些在制定气候变化政策方面持积极态度的政府官员。

2002 年,中国在约翰内斯堡举行的世界可持续发展峰会上迈出了重要一步,宣布已被批准加入《京都议定书》,致力于减少温室气体排放。作为一个发展中国家,中国可以在清洁发展机制(CDM)下通过让发达国家购买其二氧化碳指标,实现二氧化碳减排。[①] 然而,此时中国并不需要一定要达到某个减排目标,或按照时间表进行减排。不过,中国走出这一步后,就意味着今后要同意做出减排承诺。

约翰内斯堡世界可持续发展峰会近 8 年之后,当 2009 年 12 月世界各国政要齐聚在哥本哈根,商议修订《京都议定书》时,中国成为最重要的参加国之一。2007 年,中国超过美国成为世界上最大的温室气体二氧化碳排放国家,引起了国际上的广泛关注,让中国承担起控制温室气体排放的责任是国际社会的共识。中国领导人已经认识到气候变化会给中国的未来带来不利的影响,中国的一些分析家和智库成员预言,如果气候变化得不到控制,到 2050 年,中国的四大产粮区中会有三个受到影响,农产量将下降 37%;海平面上升会使中国富庶的沿海地区数百万人受到影响;不断严重的沙化现象已经影响到全国 20% 的土地。

到 2009 年 12 月哥本哈根世界气候大会时,中国的谈判专家已经着手准备做些工作。尽管中国依然不同意制定一个具体的目标,而且呼吁发达工业国家用 GDP 的 1% 设立基金,为发展中国家提供绿色技术,但中国愿意为保护世界环境做出自己的贡献。中国表示 2020 年的碳浓度

---

① 清洁发展机制的规则还没有全部制定出来。

要比 2005 年降低 45%，这意味着要降低每个 GDP 单位的碳含量，但并不是要绝对地减少温室气体排放。这和中国领导人计划在国民经济发展过程中减少能源消耗、提高能源效率的观点是一致的。国际社会中有些人赞扬中国的这一做法，有些人认为考虑到中国将来快速的经济发展和相应的排放物增加，光做到这一点还远远不够。

如果说中国由于担心妨碍经济发展而坚决拒绝制定温室减排目标和时间表的话，中国在引领未来世界绿色技术方面却做出了快速的反应。自从被批准加入《京都议定书》后，中国就成为世界其他国家开展温室气体减排、技术发展和转移以及能力建设的试验地。到 2009 年 9 月，《京都议定书》框架下大约 35% 的世界清洁发展机制项目是在中国实施的。① 这些项目帮助中国扩大了风能发电能力，提高了捕捉煤矿甲烷能力，为中国政府带来了数十亿美元的利润。(这些经费据说将用来作为建立绿色技术的基金。)国际社会还积极推动实施生态城市、生态省伙伴关系计划。比如，欧盟就与吉林、重庆和广东建立了伙伴关系，新加坡和天津、加利福尼亚州和江苏也建立了伙伴关系。虽然这些伙伴关系的具体内容还不是很明确，但将会促进地方政府和企业发展的能力建设，从而推动低碳经济的发展，比如开发生产风能涡轮机。民营企业，以及跨国公司和国际 NGO，也广泛参与中国应对气候变化的活动。英国石油公司(BP)在清华大学建立了清洁能源研究中心，沃尔玛在其超市和工厂发起节能运动，美国自然资源保护委员会积极推动建筑节能和需求侧管理，美国环保协会实施示范项目，帮助降低农业领域的温室气体排放。

由于参加国际气候变化谈判以及希望推动国内能源安全，中国制定了一系列的目标和政策，改进能源使用方式。比如，中国承诺从 2006 年到 2010 年将单位 GDP 能耗降低 20%②，计划到 2020 年将可再生能源

---

① 实施国注册项目活动情况、清洁发展机制数据、联合国气候变化公约，http://cdm.unfccc.int/index.html。
②《第一季度中国单位 GDP 能耗降低 3.35%》，新华社，2009 年 8 月 2 日。

占初次能源的比重提高 15%[1],每升油征收 1 元的消费税[2],更新火力发电厂的设备,安装效率更高的发电机组,实施大规模的植树造林计划。通过这项植树造林计划,中国的森林覆盖率已从 1998 年的 12% 提高到 2009 年的 18%。[3] 由于中国参加了 2009 年在哥本哈根举行的旨在对《京都议定书》进行修订的世界气候变化大会,中国关于减少温室气体排放自愿目标、碳税以及碳排放交易的讨论也会大大增多。

中国还大力增加新技术投入,减缓温室气体排放的增长。中国宣布投入 15 亿元,用于补助汽车厂家改进电动汽车技术。[4] 国有发电企业中国华能集团宣布在亚洲开发银行和中国政府的帮助下,将开发碳捕捉和封存技术。神华集团也将在内蒙古实施的煤变油项目中开发碳捕捉和封存技术。

一些中国公司已经成为环境技术的先锋。比如,比亚迪汽车公司(BYD)研制电池驱动的电力汽车。其他公司,比如尚德太阳能有限公司,致力于太阳能发电。而且,高效发电技术不仅从国际社会传入中国,中国也向世界其他地区传授这种技术。2009 年 4 月,华能麾下的西安动力研究所与休斯敦未来燃料公司草签协议,给 2010 年在宾夕法尼亚州斯古基尔建造的一家综合煤炭液化工厂(IGCC)提供两段式加压粉煤气化技术。

到目前为止,中国制定气候变化政策主要是基于这样的理念:低碳经济对经济现代化有好处,开发和出售气候变化技术能够带来收益,国内能源安全在某种程度上依赖于自己对可再生能源的利用。只要有利,中国领导人还会把减缓气候变化和改善国内空气质量,同防洪防涝等环境问题结合起来。当然,中国在应对气候变化方面的努力在遇到经济发

---

① 《中国将增加可再生能源》,合众国际新闻社,2009 年 7 月 6 日。
② 伊迪·陈、汤姆·迈克斯:《中国将征收燃油税,浮动燃油价格》,路透社,2008 年 12 月 5 日。
③ 《中国的林业发展》,新华社,2009 年 3 月 20 日。
④ 白水纪彦:《中国用绿色轿车推动汽车产业》,《华尔街日报》,2009 年 3 月 23 日,www.online. wsj.com/article/SB123773108089706101.html。

展刚性任务时就会打折扣。

从全球气候变化与臭氧层损耗这两个案例可以看出,国际社会对中国的影响力既重要,又有限。很明显,国际科技界和政策研究团体对中国的决策影响很小。就全球气候变化而言,科学对政治决策的影响微乎其微。就臭氧层损耗来说,尽管科技界在推动国内研究方面发挥了一定作用,但中国只是在资金要求得到满足以后,才开始采取更加积极主动的态度。

国际社会与中国的有关部门围绕气候变化仍然保持接触和交流,但还没有在进程和结果两个方面取得大的变化。不过,随着中国环境保护部门级别的提高以及与国际社会更加直接、密切的交流,中国今后在制定应对气候变化政策方面一定会有大的变化。

制定国际环境合作新议程

臭氧层损耗与全球气候变化使人们在环境与发展的问题上开始了新一轮的全球对话。这些问题在1992年的联合国环发大会上进一步成为热点,那次大会的中心议题就是如何更好地实现环境目标与经济发展目标的统一。通过参加臭氧层损耗与全球气候变化、经济发展、环境保护这三个问题的讨论,中国与会的科技官员、环境官员深受鼓舞,回国后与国际社会合作,在国内进行了保护环境的新努力。

里约环发大会以后,中国的环保部门和科技部门举办了一系列会议,提高各级部门对环境保护的认识,协调计划部门、经济部门把环境目标和经济发展计划有机结合起来。在联合国前助理秘书长马丁·里斯(Martin Lees)先生的努力下,由国际社会资助,中国政府在1990年10月举办了一个为期三天的高层国际会议,会议由环境、科技和社科部门联合主办,时任国家环保局局长曲格平、国家科委主任宋健和国务院发展研究中心主任马洪都出席了会议。在这个中国经济与环境协调发展国际会议上,中国官员与国际专家围绕"90年代的中国与世界"这个主题进行了深入讨论。这是中国围绕环境问题举办的第一个国际会议,后来还举行了几次,国外参加会议的有世界银行、联合国开发计划署的代表和荷兰皇家壳牌集团、日本住友商事株式会社的总裁以及洛克菲勒基金会、世界自然基金会等非政府组织的负责人。

曲格平利用其大会主席的身份介绍了国际社会对中国施加的压力,希望能源部、国家计委和外交部的与会人员能更加重视环境保护工作。但这些部委的代表要么强调中国优先发展经济的重要性,要么强调发达国家应对气候变化负主要责任,因为发达国家在工业化进程中消耗了全球资源,污染了环境。[1] 与此形成鲜明对照的是,农业部、水利部、国务院发展研究中心的与会代表认为中国的污染主要源于自然资源价格的不合理、地大物博的传统观念以及落后的管理技术。[2] 在大会总结中,曲格平详细列举了一些工业和环境领域,指出中国应该在这些领域采取更加有力的措施。[3]

这次会议结束后不久,国务院环境保护委员会主任宋健公开提出了一个经济发展模式,它不是简单地采取先发展经济后治理的模式,而是建议经济发展和环境保护同时推进,甚至建议为了保护环境,宁可经济发展缓慢一些。"我们发展经济时,必须保证生态平衡,将我们的自然资源控制在一个科学的开发范围之内,以便我们的子孙后代能够继承应有的资源。为了这个目的,我们应该更加重视环境问题,甚至如果需要,我们要放慢经济发展的步伐"。[4]

1990年召开的这次高层会议还促进中国政府于1992年建立了中国环境与发展国际合作委员会(国合会,CCICED),很多中国环境主义

---

[1] 马丁·里斯:《90年代的中国和世界》,会议总结报告,北京,1991年1月25日,第30—31页。
[2] 同上书,第9—19页。
[3] 同上书,第22页。
[4] 美国中央情报局对外广播情报处《中国每日报道》,1990年12月27日,第31页。

者认为该委员会是中国开展环境国际合作最权威、最有效的平台之一。国合会组织召开的第一次正式会议于 1992 年 4 月开幕,由中国国家环保局和加拿大国际开发署共同承办。直到 2003 年当选总理以前,温家宝一直担任国合会的主席。此后,国务院副总理曾培炎(2003—2007)和副总理李克强(2007—2011)接任主席职务。多年来,国合会一直是中外专家交流意见的平台,并为中国领导人的决策提供了很多建设性意见。①

1992 年的环发大会促进中国成立了一个中国环境保护国际合作的正式机构。尽管由李鹏总理率领的中国代表团在环发大会上一如既往地表达了固有的传统思想观念②,但环发大会对中国的环境政策、体制建设和思维模式产生了深远的影响。③ 环发大会召开一年后,中国成为第一个根据全球 21 世纪议程行动计划制定自己 21 世纪议程的国家,积极促进中国的可持续发展。从这里可以看出,国际社会在影响中国国内政策方面也发挥了基础性作用。联合国开发计划署提出可持续发展理念,提供经费支持,派遣国际专家,筛选优先发展项目并安排举办国际赞助的会议。④

中国相关环境部门还直接要求国际社会给予经费援助,支持其 21 世纪议程的实施。1994 年夏天,中国国家领导人邓小平的女儿、时任国家科委副主任邓楠指出:

---

① 联合国环境与发展大会以后,中国环境与发展国际合作委员会(CCICED)的支持单位不断增加,包括英国、德国、荷兰和世界银行。CCICED 组成了 5—7 个短期工作组,重点探讨资源核算和定价、生物多样性、贸易与环境、能源等问题,有 50 名中外环境和经济专家以及中国官员和科学家参与其中。工作组每年召开会议,发布报告,向政府提供切实可行的建议。2002 年 11 月的建议包括强化民营组织在环境执法和实施生态税中的作用。由于一些参加者本身是副部长或部长,因此,这些建议经常可以直接报中央高层领导。(他们还参加论坛和研讨会,发布重要信息)

② 这些传统思想观念包括:主权保护高于自然资源保护;环保技术从发达国家无偿转移到欠发达国家;发达工业国家历史上温室气体排放多,因此应对全球环境问题承担更大的责任。

③ 参阅第三章,该章对联合国环境与发展大会对中国国内环境政策实践的影响有详细的论述。

④ 一位美国 NGO 负责人 2001 年 11 月与作者的通信。

随着经济和科技的发展,我们可以增加环境方面的投入,但是中国目前的经济发展还是资源型的,这种发展模式可能导致生态破坏和环境恶化。如果在发展中忽视环境问题,那么经济发展也会受到严重阻碍。我们应该开展积极的国际合作。①

1994 年 7 月,也就是邓楠讲话后不久,中国举办了第二次高层次环保会议,呼吁国际社会资助其 21 世纪议程的实施。与会的 20 个国家、国际组织和企业的代表同意从中国政府提出的 62 个优先发展项目中选出 40 个给予支持,这些项目主要集中在清洁生产、可持续农业、污染控制、清洁能源和信息通信等领域。根据宋健的意见,为了保证中国 21 世纪议程的成功实施,国际社会要提供总投入 40 亿美元中 30%—40%的经费。②

中国参加环发大会还为机制变化带来了契机,促进了环境非政府组织的发展和中国 21 世纪议程管理中心的成立。该中心一开始由国家科委(SSTC)和国家计委(SPC)管理,后来主要由国家发改委(SDPC)管理。③

对中国政府来说,可能最重要的是,环发大会强化了专业部门对可持续发展的认识,向社会公众普及了可持续发展的理念。这个理念提供了中国可以接受的框架,使得中国政府在这个框架内把环境保护纳入到未来的经济发展当中。④ 在中国的很多地区,地方政府也制定了自己的

---

① 美国中央情报局对外广播情报处《中国每日报道》,1994 年 6 月 29 日,第 22 页。

② 美国中央情报局对外广播情报处《中国每日报道》,1990 年 7 月 11 日,第 31 页。1996 年,中国官方说资助这些项目所需要的 40 亿元经费中的 1/3 已经募集到。不过,一位国家科委官员认为这一数字可能有些夸大。

③ 事实上,中国 21 世纪议程管理中心目前是国家科技部直属事业单位。——译者注

④ 并不是所有中国官员都欢迎国际环保的理念、态度、方法与中国进行更深层次的融合。比如,尽管现在中国广泛接受了可持续发展的理念,但可持续发展这一术语的西方基础在 1995 年到 1997 年却受到一些中国人的质疑。中国媒体不断报道说,可持续发展是西方工业化国家(特别是美国)通过保护环境迫使中国放慢经济发展步伐从而遏制中国的整体计划的一部分。与中国接受可持续发展理念的总趋势相比,这一时期的偏差只是暂时的,但也说明,环境问题和很多其他多边事务一样,很容易被政治化。

21世纪议程行动计划,确保在城市发展中贯彻可持续发展原则。①

国际社会对于中国环境运动的兴起不论是在机构建设还是经费支持上都给予积极的回应。在很多情况下,不同的国际组织往往围绕同一问题给予推动。比如,国合会曾提出将国家环保总局进行升级。同时,世界银行2001年的报告《中国:空气、土地和水》,不仅明确呼吁提高国家环保总局的级别,而且呼吁重建国务院环境保护委员会,因为这个环境监管部门在1998年的机构改革中被取消了。②

还有一个例子。联合国清洁发展机制(CDM)在促进外国公司支持中国温室气体减排方面也起到了很大作用。在清洁发展机制下,负有温室气体减排任务的中国公司可以向《京都议定书》签署国家的公司出售"合格减排配额"(CER),从而冲抵购买CER国家的减排任务。中国公司通常通过跨国公司(MNC)的指导和投资实现减排,这些跨国公司后来会购买CER。通过清洁发展机制,跨国公司和碳基金会对中国公司实行提高减排的经济激励措施,中国公司会及时利用这样的机会。到2010年1月,中国实施清洁发展机制项目700多项,比任何一个国家都多。江苏梅兰化工有限公司通过实施清洁发展机制项目,在今后7年里有望获得收入7.4亿美元。联合国根据《京都议定书》建立的"多边基金",已向中国的氟利昂(CFC)和三氟甲烷(HFC-23)减排项目投资1.5亿美元。联合国环境规划署估计,2009年CER的市场会达到183亿美元。③中国通过清洁发展机制吸引投资所取得的成功引起了一些批评。一些国际分析家认为中国公司是在玩市场,即建立污染严重的工厂,然而通过清洁发展机制进行相应的减排,这种做法的目的只是为了获得利润。④

---

① 中国21世纪议程中心官员2000年4月与作者在北京的谈话。
② 特别要指出的是,国家环保总局是国合会的秘书处以及世界银行报告的共同支持者。
③ 联合国环境规划署:《总结可以公开获得的信息,说明清洁发展机制运作的有关内容以及作为可计入额度的HCFC-22产量》,蒙特利尔议定书多边基金执行委员会第五十七次会议,2009年4月3日,蒙特利尔,http://www.multilateralfund.org/files/57/C5762.pdf.
④ 克利斯·韦特:《绿色金融投入需要清查》,《欧洲货币》,2007年10月3日。

而且,中国政府通过向 CER 征收消费税获得大笔收入。通过实施政府鼓励的项目,比如推广替代能源技术,所产生的 CER 收入,可以征收 2%的税。对于那些西方国家侧重投资的 HFC-23 减排等项目所获得的收入,甚至可以征收 65%的税。①

从中国在实施清洁发展机制项目上的实践可以看出,中国的环保工作在通过国际组织吸引国际投资方面做得非常成功。据估计,中国环境保护 80%的经费来自国外。② 总起来说,中国是全球环境基金经费最大的受援国,在获得世界银行贷款最多的国家中排名第三,位于巴西和印度之后,中国还从亚洲开发银行和联合国开发计划署获得了很多资助。

比如,2007 年到 2008 年,世界银行向中国提供了 7 亿多美元贷款,支持水土保持、废物管理、气候变化教育以及提高大中型企业的能效等项目,支持淮河流域的污染控制。截至 2009 年 4 月,世界银行的国际复兴与开发银行、全球环境基金两个机构自 2007 年 7 月批准的项目投资总数达到 46 亿美元。然而,只有大约占总数 30%的经费,也就是 14 亿美元,用于环境项目上,32 亿美元被用到铁路、公路等基础设施的维修和建设上。这一时期,获得投资最大的项目是汶川地震重建工程,主要目的是修复关键基础设施和开展教育及医疗服务。③ 与世界银行相比,亚洲开发银行的投资要小得多,过去 10 年来,亚洲开发银行共资助中国环境项目几十亿美元,其中 2007 年,通过贷款和援助方式投入城市环境改善和水供应项目的经费接近 4 亿美元。不过,也是在 2007 年,亚洲开发银行还向中国提供贷款 9 亿多美元,用于道路和机场等交通设施建设。④

---

① 杰弗里·鲍尔、约翰·D.马敬能、夏雷:《中国利用全球变暖挣钱》,《华尔街日报》,2007 年 1 月 8 日,第 A11 版。
② 丹尼尔·埃斯蒂、邓沙特:《美国对华援助绿色化》,《中国商业评论》,1997 年 1—2 月合刊,第 41—45 页。
③ 世界银行:《国别贷款业务摘要:中国》,2009 年,www.go.worldbank.org/J7TULWEO00。
④ 亚洲开发银行:《2007 年度报告》,2008 年 4 月 8 日,第 45 页。

随着欧盟成为中国最大的贸易伙伴,德国、法国和日本一道成为向中国提供技术和资金年度援助最大的国家。① 2008 年,法国向中国提供贷款和援助资金 2.35 亿欧元(3.43 亿美元),德国是中国第二大贷款和资金援助国。不管是法国还是德国,两国的援助都直接用于应对气候变化,促进可持续发展。欧洲委员会也向中国提供援助,1975 年以来,提供资金达 9 亿欧元(13 亿美元),资助多个领域。

就双边来说,日本一直是资助中国环境建设最多的国家,在其海外开发援助预算中把环境援助作为优先领域。日本对支持中国的环境保护具有很高的积极性,这种支持既是由于受到中国酸雨和沙尘暴的影响,也是由于受到有争议水域捕鱼问题的影响。不过,从环境技术转让方面看,日本也从对中国的援助中获得了直接的经济效益。中国是日本最大的技术合作伙伴。② 2007 年 12 月,日本首相福田康夫(Yasuo Fukuda)承诺资助中国建立 10 个新的中心,重点推进环境和能源技术的转移与合作,在 3 年内围绕环保技术培训 1 万名中国学生。③ 2009 年 9 月就任日本首相的鸠山由纪夫(Yukio Hatoyama),也在继续甚至扩大这种援助,承诺将改善与中国的关系,在日本应对气候变化方面做出新的努力。

美国主要通过非政府组织向中国提供了大量的政策建议和技术培训机会。(尽管中美在双边关系中越来越强调加强环境合作,但美国对中国的资助深受政治、经济因素的限制。)2006 年以来,美国和中国的高层会晤都把全球和国内环境事务列入议程,从而体现出中国与国际社会

---

① 经合组织:《分国别的政府开发援助》,www. stats. oecd. org/Index. aspx? DataSetCode = ODA RECIPIENT。
② 日本外务省:《日本的国际合作:日本政府开发援助 2008 年白皮书》,2009 年 3 月,第 179 页。
③《日本推进向中国转让环境技术》,《人民日报》,2007 年 12 月 29 日,www. en glish. people. com. cn/90001/90776/90883/6330165. html,以及《日本首相寻找"创新型伙伴"》,《中国日报》,2007 年 12 月 29 日,www. chinadaily. cn/china/2007 - 12/29/content_6357675. htm。

在环境方面的交流。2008 年 12 月,就在美国前财长亨利·鲍尔森主持中美第五轮战略经济对话后,美国表达了希望中国以非经合组织成员国的身份加入国际能源署(IEA)的愿望,从而为中美能源合作提供又一个平台。①（中国对接受这一建议仍然有所保留,很大原因是不愿意拘泥于国际能源署的透明原则,从而失去对其能源政策和能源基础设施的控制。）②然而,与日本情况不同的是,美国开展的积极对华能源外交并没有落实到相应的合作项目上。(尽管中国能源合作项目不断增加)美国能源部一直很难为其清洁煤技术开发中国这个巨大的市场。由于缺乏资金,尤其是缺乏美国公司的投资机制,美国的能源公司很难在争取中国环境项目上与欧洲和日本的企业进行竞争。然而,中美合作仍然在扩大。美国驻香港总领馆支持在广东实施了一个示范项目,主要开展能效评估。申请开展能效评估的工厂可以从参与评估的银行获得贷款,用于支付提高能效所产生的费用,然后这些工厂把通过减少材料或节能方面获得的收益用来还贷。③ 从 2008 年 6 月通过战略经济对话签署"十年能源环境合作框架"以来,中美两国政府还支持双方企业之间建立新的"生态伙伴关系",比如福特汽车公司和长安汽车公司成立了合资公司,丹佛和重庆两个城市合作开发电动汽车。截至 2009 年 4 月,中美双方的大学、企业和城市之间还建立了六对其他方面的生态伙伴关系。2009 年 7 月,中美宣布建立中美清洁能源研究中心。这个中心初期投入 1500 万美元,将重点开展能效、清洁煤和清洁能源汽车方面的研究。④

　　国际社会也可能在推动中国领导人应对环境问题上发挥作用,由于要维护国际形象,中国领导人可能会在应对环境问题上采取行动。当

---

① 美国财政部:《美国概况:能源和环境成就》,新闻发布会,2008 年 12 月 4 日。
② 作者 2009 年 4 月 22 日与美国驻华大使馆官员布兰特·克里斯坦森、克拉克·T.兰德的谈话和电子邮件交流。
③ 易明:《中国:大跃退?》,见诺尔曼·威格、米歇尔·克拉夫特编:《环境政策》,华盛顿 D.C.国会季刊出版社,即出。
④ 美国能源部:《中美宣布建立清洁能源研究中心》,新闻发布会,2009 年 7 月 15 日。

然,国际社会在北京奥运会举办以前对北京空气质量表示的关切,也极大地推动了中国环境项目的实施。(如第三章所讨论的)

中国和国际社会之间的矛盾也在增加,在谁应该对中国温室气体减排负责这个问题上尤其如此。而且,日益增长的跨境贸易和投资更是将污染和排放责任这潭浑水搅得愈加浑浊。中国指责发达国家的跨国公司,认为大量的温室气体是这些跨国公司在中国开设的工厂排放的。根据《京都议定书》,温室气体排放是根据排放地计算的,但是中国等发展中国家对此不接受,认为这样不公平。根据《京都议定书》的框架,英国声称 1990 年英国温室气体排放已经减少了 18%,但是斯德哥尔摩环境研究所估计,如果把英国外包出去的工厂和国际交通算进去的话,英国的温室气体排放则增长了 20%。① 中国希望在控制温室气体排放时要充分考虑发达国家外包产业给发展中国家带来的负面影响。与此相反的意见是,既然中国已经从跨国公司外包产业中获得经济好处,那么就应该为此承担减排的责任。

经济改革:环境合作的挑战和机遇

30 年来,中国的工业化进程、从计划经济向市场经济的转型以及参与国际经济循环,引起了环境污染和环境退化,同时也为重新思考、定位中国的环境保护问题提供了难得的机遇。

成功地发展市场经济、成功地参与国际经济循环,需要有公开透明、崇尚法治、专业管理以及重视生产效率这些特质,这些特质对于实现中国 21 世纪议程以及"十一五"规划所确定的环境目标同样非常关键。随着中国政府积极推进经济改革,发展对外贸易,国际社会紧紧抓住这个机遇,在政策设计、能力建设、技术转让和激励措施等四个方面加快与中

---

① 邓肯·克拉克:《中国二氧化碳排放增多归咎于为西方出口生产》,英国《卫报》,2009 年 1 月 23 日。

国的环境合作。

政策设计

国际社会和中国政府在政策改革方面开展了多种多样的合作活动，很多活动主要针对能源领域，包括在国家层面上制定新的战略和法律，在地方层面制定政策措施，比如制定重庆市建筑能效标准等。

外国政府、国际政府间组织、国外非政府组织以及跨国公司都在这些问题上与中国有关部委、机构建立了合作关系。世界银行和国家发改委合作的内容是清洁煤炭和再生能源战略；美国政府在战略经济对话中承诺在中国实施 15 项煤矿甲烷回收项目；美国能源部 2006 年 12 月同意向中国出售西屋电气公司 4 座先进的核反应堆，帮助实现中国到 2020 年核电翻番的目标；2008 年，通用电气在中国建设了第一座"冷、热、电三联供"发电厂，该电厂不仅二氧化碳排放少，而且还能向北京的太阳宫地区供暖、供冷；英国石油公司投入数千万美元，资助中科院的多个研究项目，包括新建一个清洁能源商业中心。[1] 事实上，北京已经在不断增加天然气的使用，因而，北京的空气质量有了较大改善。总部设在美国的自然资源保护委员会（NRDC）已经开始实施几个长期项目，为长江流域设计建筑标准，主要开展了制定标准手册，培训有关官员、设计师、建筑师和承包商等，制定财务措施，提高建筑材料的能效等工作。[2]

中国环保官员也提出，今后将更多地应用财税和市场手段，而不是单纯地利用罚款[3]、司法措施去改善环境状况。比如，在极度缺水的河北

---

[1] 美国能源部：《第二次中美战略经济对话简况》，新闻发布会，2007 年 5 月 23 日；亚历克斯·帕斯特奈克：《希拉里·克林顿赞赏北京市超高效率热电冷三联供发电厂》，2009 年 2 月 23 日，www.Treehugger.com；英国石油公司：《英国石油公司加快兑现其对中国的承诺》，新闻发布会，2008 年 1 月 18 日。

[2] 自然资源保护委员会官员 2002 年与作者的电话谈话。

[3] 上海环保局官员 1999 年 9 月在上海与作者的谈话。

省张家口市,当地政府在亚洲开发银行的建议下,将水的价格提高了40%,当然在提高水价的时候,充分考虑了消费者的不同,根据不同的消费群体定价。一年以后,张家口市的水消费下降了将近14%,主要是通过企业采取水循环利用技术所节约的。[①]

事实上,一些国际社会的机构,包括美国环保署和非政府组织,比如美国未来资源研究所和美国环保基金会(EDF),已经采取市场机制,实施了一些示范项目。比如,为了帮助中国实现减排二氧化硫20%的目标,美国环保基金会从1999年到2005年与中国最大的国有发电公司华能集团公司合作,在山东、山西、江苏、河南和上海、天津等地制定实施了一个二氧化硫排放许可证办法。这个办法1990年曾由美国环保协会在美国推广使用过,主要是在某个特定地区,设定一个总体排放限额,给每一个企业设定一个指标,然而允许企业就二氧化硫排放许可指标进行买卖。超额完成排放指标的企业可以将排放指标留在以后使用,也可以卖给其他企业。当然,在经济转型时期,中国在采用这个办法时遇到了很多困难。正如安守廉所指出的,中国计划经济和市场经济的混合特征时常使那些在环境保护方面可能发挥重要作用的机制和办法在实施中大打折扣。

> 坚持"谁污染谁负责"的原则,建立排放许可证贸易制度,这种办法与中国目前正在实行或者在可预见的将来要实行的相比,更多地采用市场机制,由独立的权威机构进行监管……"谁污染谁负责"原则的贯彻,首先要明确有哪些排放有害气体和污染物的企业,这些企业在治理污染方面的预算,形成许可证排放市场所需的信息自由流动,划清排放许可证监管者和被监管者之间的界限。[②]

---

① 《水危机:第一部分》,www.websiteasaboutchina.com/envi/environment_1_1.htm。
② 安守廉、舒圆圆(音译):《法律在应对中国环境问题中的局限性》,《斯坦福环境法学学报》,1997年1月,第136页。

从事二氧化硫排放许可证试验的研究人员还指出,中国环保官员和企业负责人产权观念淡薄,中国没有建立起产权转让的市场机制,因此也没有产权中介人(指的是转让契约未完成前保管资金的第三方)。2007 年 12 月,通过中美战略经济对话,美国同意帮助中国实施一项为期 10 年的项目,在全国范围内推广二氧化硫交易许可制度。实施周期长,就预示着需要对这项制度进行相当大的改动才能有效地推行。2005 年以来,美国环保基金会还一直致力于采取市场机制减排农业温室气体。通过和新疆、四川的省级和县级环保部门合作,美国环保基金会向农民提供精准施肥、免耕农业、滴灌、家用沼气和水管理等技术。中国农科院对采用这些技术减排的温室气体进行认证。这些减排可以打包成自愿减排信用额(VEC),卖给投资者。截至 2008 年 4 月,美国环保基金会实施的这个项目已经减排二氧化硫 31 万吨,并被美国的跨国公司收购,所得收入返还给农民。

实施大规模的碳交易可能需要一些时间。北京、上海和天津都在 2008 年底分别设立了碳排放交易市场,希望在 2010 年开始碳排放额交易。但是这些交易市场只有在中央政府理顺二氧化碳排放管理规定以后才能有效开展业务。截至 2009 年 9 月,来各交易市场进行交易的公司寥寥无几。交易市场面临的一个体制性障碍是中国分配减排额的方法,中央政府将额度分至省政府,省政府常常会把额度分给那些自己喜欢的公司。黄杰夫是天津排放权交易所董事长助理、芝加哥气候交易所副总裁,他建议中国应该把减排额直接分配给企业。[1] 这些交易市场还极有可能不开展碳交易,这会非常令人遗憾,但它们将促进能源保护和环境保护技术、能源保持配额、污染权,包括二氧化硫、化学耗氧量等的交易。只有在中国为碳排放明确价格以后,碳交易才有可能

---

[1] 钟亚瑟:《中国第一家排放权交易所可能于年底开始交易》,争气行动网站(见路透社),2009 年 2 月 20 日。

进行。

能力建设

从二氧化硫排放许可证这个案例可以看出,如果要使环境合作取得成效,中国就需要加强应对环境的能力建设。没有对中方合作伙伴的适当培训,没有中方内部的协调统一,环境保护的很多政策永远也不会得到圆满实施。[①] 根据对亚洲开发银行中国项目的评估,"很多企业可以通过加强管理而不用进行设备升级,就可以减少污染排放一半以上"。[②] 因此,能力建设已成为国际合作项目的核心要素。[③]

比如,美国陶氏化学公司与联合国环境规划署和环保部合作,在中国化工界开展化学安全、应急准备和处理方面的培训项目,提高社会的环保意识。该项目在 2008—2010 年实施,是陶氏化学公司和环保部开展的系列能力建设项目中最近实施的一个,目的是强化中国化工行业的环保能力。陶氏化学公司负责可持续发展的副总裁尼尔·霍金斯(Neil Hawkins)说:"(中国)是全球转型发展的中心,与环保部和联合国环境规划署合作,将对很多人以及中国整个社会产生积极和长期的影响。"[④]其他公司,比如通用电气和通用汽车公司,也对其中国工厂的管理人员进行了大规模的培训,内容包括法律知识、环境、健康和安全问题、听证技巧和特别事宜的工作计划,比如如何保持空气和水的质量、如何防止污

---

① 阿米努尔·哈克、宾杜·N.罗哈尼、卡济·F.贾拉勒、艾里·A.R.欧阿诺:《亚洲开发银行在促进中国清洁生产方面的作用》,《环境影响评估评论》,第 19 卷,1999 年,第 550—551 页。

② 哈克等:《亚洲开发银行在促进中国清洁生产方面的作用》,第 542 页。

③ 有些公司,比如 BP,已经走出了仅支持合作伙伴和与其直接需要相关的能力建设阶段,还重点关注中国的长远环境问题。BP 已经和世界自然基金会合作 7 年,在 3 所教学型大学里支持开展环境教育。经过三年的实践,这一项目已扩展到 10 所大学,并在环境教育领域颁发资格证书,开设硕士课程。壳牌公司小规模地支持可再生能源项目,比如在云南开发生物燃料,在浙江开发秸秆气化技术等。(《跨国公司要在中国承担社会责任》,《中国发展简报》,第 4 卷,2001 年第 1 期。)

④ 联合国环境规划署:《促进中国化工产业的化学安全和应急准备》,2008 年 9 月 16 日。

染和注意工业卫生等。

　　跨国公司和其他国际组织长期重视投资能力建设以及对合作伙伴的培训,同时强调选择合适的合作伙伴的重要性。[①] 比如,通用汽车用了5年时间才选定上汽作为其中方合作伙伴。

　　不过,一家总部设在英国的跨国公司的官员认为,当中国的企业或政府部门在一个合作项目上需要降低成本时,首先要削减的往往是培训支出。而且他们还注意到,过去10年来,尽管中国企业在环境方面的态度变化很大,但是这些变化"并不总是能在项目实施中体现出来"。比如,这家跨国企业尽管非常清楚地向中方伙伴介绍了国际标准化组织(ISO)14001环境标准,但中方企业在实践中并不完全执行。[②]

　　缩小中国政策设计和具体实施之间的差距还需要政府部门之间的密切合作,这一点恰恰是很难做到的。比如,国合会的中外成员都相信,他们提出的环境建议不能被切实采纳,往往是因为相关的部委没有真正负起责任来。国合会的一个中方成员指出:"当环境问题涉及相关部(委)时,由于该部(委)与国合会之间缺乏联系,因此,不管是该部(委)部长(主任),还是主管司局,甚至是有关处室,对国合会都一无所知。"同样,亚洲开发银行也发现,跨部门之间由于缺乏有效的沟通协调,"往往导致部门之间相互扯皮"。[③] 比如,正如第四章所讨论的,由于国家环保总局、国家统计局和地方省政府的意见分歧,实行"绿色GDP"的努力在2007年最终流产。

[①] 国际上对合作伙伴的需求已远远超出了符合要求的中国公司的数量。如果与大城市以及知名机构以外的伙伴合作,将会大大增加合作初级阶段的费用。中国顶级研究机构、大学和智库都与国际机构建立了满负荷的合作关系。这会产生一些挑战。有一个例子,比如,一家美国智库花了好几年的时间和近12万美元,与一家知名中方机构进行沟通,最后被告知该机构不能承担曾承诺的项目,因为要完成与其他重要国际合作伙伴合作的项目。

[②] 作者2002年3月与该英国跨国公司北京分部主任的电子邮件交流。

[③] 哈克等:《亚洲开发银行在促进中国清洁生产方面的作用》,第551页。

技术转让

中国的经济发展和改革还通过引进国外新技术推动了环境保护工作的进展。2001年,世界银行和国家环保总局联合对中国的环境状况进行了评估,认为"实现向更具竞争力、以需求推动的工业的转变,需要提高收入留成和再投资比例,这样才能增强技术的创新能力,提高资源利用率,以较少的环境成本实现更快的工业增长"①。中国官员普遍表示,技术是解决环境问题的钥匙。温家宝总理在2009年1月说:"国际社会应当在应对气候变化、技术开发与转让方面加强合作,使广大发展中国家及时用上减少温室气体排放的先进技术,从而提高全球应对气候变化的能力",敦促欧盟取消对中国高新技术产品出口的限制。②

为了加快这一进程,中国从1993年起,开始逐步推行清洁生产,从1997年开始实行ISO14000环境管理标准③,中国2007年获得的ISO14001:2004环境管理许可证比任何一个国家都多,至少说明中国制造业迫切希望达到国际认可的环境等级,从而实现其经济利益。④(2007年的许可证代表ISO 2004年颁布的标准。)国际政府间组织和跨国公司在中国实施了很多清洁生产合作项目。成功的项目都需要有政策的变化、技术的创新和能力的建设。比如,沃尔玛作为中国的第八大贸易伙伴,与美国环保基金会合作,在其产品供应商中支持清洁生产,涉及大约10万家中国工厂。从2009年开始,沃尔玛要求为其供货的中国商家遵守环境法律,提高能效,并进一步提高工作透明度。为了扩大清洁生产,

---

① 世界银行:《中国:气、土、水》,华盛顿D.C.:世界银行,2001年,第2页。
② 中华人民共和国环保部:《总理要求与德国进行更加紧密的环保合作》,新闻发布会,2009年1月30日。
③ 清洁生产也是《中国21世纪议程》行动计划的中心内容。
④ 国际标准组织:《ISO调查:2007》,2008年,www.iso.org/iso/survey2007.pdf。

沃尔玛在要求供货商采用新技术,推广最优管理的基础上,还要求供货商与其他企业共享这些成果。[①] 美国铝业公司也在中国的铝生产行业提供新的、更清洁的技术。2007年,美铝公司和郑州宇通客车股份有限公司合作,为北京奥运会开发轻型、高效的城市公交车。[②] 两年后,美铝公司和矿资源丰富的河南省达成战略协议,提供新的节能、清洁技术,提高铝回收利用能力,建立更加清洁的废物处理机制。[③] 美铝公司在河南的努力将促进铝业的清洁生产,进而带来在可持续发展技术中更多地使用铝,比如制造全铝节能汽车。

建立新的机构,促进技术转让和环境教育,也是加快中国环境保护的一项重要措施。比如,世界银行就支持中国建立了一些节能服务公司(ESOCO),这些公司为中国公司购买、安装和使用节能技术提供咨询服务,并从中国公司节省的经费中获得报酬。据中国节能协会节能服务产业委员会(EMCA)的统计,2002年,中国的节能服务公司不足5家,到2006年底,则发展到200多家。这样的发展速度表明,节能服务公司将成为国家能源管理的一支重要力量。[④]

然而,很多跨国公司在转让、推广环境技术方面并非一帆风顺,即便是与能力建设、政策改革结合起来,中国对能源新技术的采用仍然不理想,其原因是中国的环境执法和政策激励体制相对较弱。一个又一个的实例说明:"技术并不能代替执法。"[⑤]不管是废水处理,还是通过电滤器

---

① 美国环保基金会:《沃尔玛效应》,2008年11月5日,www.edf.org/page.cfm? tagID=2101。

② 《宇通公司为2008年北京奥运会生产生态友好型公共汽车》,中国企业社会责任网,2007年9月24日,www.chinacsr.com/en/2007/09/24/1710-yutong-building-eco-friendly-buses-for-2008-beijing-olympics。

③ 《美铝公司和中国河南省合作进行铝产品可持续生产》,中国企业社会责任网,2009年2月18日,www.chinacsr.com/en/2009/02/18/4522-alcoa-to-work-with-chinas-henan-province-on-sustainable-aluminum-production/。

④ 赵明(音译):《中国的节能协会和节能服务产业的发展》,中国节能协会,在印度新德里气候技术产业联合论坛(2007年3月7—8日)上的发言。见EMCA网站,2009年3月,www.emca.cn。

⑤ 约翰·卡普兰·纳格尔:《中国环境法司法案例的缺失》,《纽约大学环境法学报》,1996年,第537页。

控制二氧化硫排放,很多企业都具有解决环境污染的技术能力,但是由于担心增加成本,不愿采用污染控制技术。①

执法与激励措施

中国环境执法能力弱这一点不管在国内还是国外都广为人知。世界银行 2003 年的一个报告称:"实施国家综合环境政策的能力受行政管理地方化、地方政府强调投资和就业、中央和地方财政不均衡、环境状况责任不明确等因素的制约。尽管法制体系在慢慢改善,但仍然很少通过立法和执法解决环境问题。"②

环保部 2009 年发布的一则新闻显示,执法行动和存在的问题都有所增长:"去年,全国共出动执法人员 160 余万人次,检查企业 70 多万家次,立案查处 1.5 万家环境违法企业。"然而,"我部受理的建设项目中有 15.5%存在未批先建的环境违法问题,9.6%的取缔关闭企业有死灰复燃的迹向,25%的重点污染源治污设施运转不正常"。③ 而且,全球经济衰退还可能阻碍了清洁工业技术的采用。正如环保部部长周生贤所说:"国内经济增速持续下滑,一些行业产能过剩,部分企业经营困难,客观上存在停运治污设施、偷排漏排动机,环境执法的难度和压力明显加大。"④

对于国际社会来说,执法面临的挑战有好几种形式。比如,公众与环境中心 2007 年发布污染企业名单后,中国民众和官员纷纷指责名单上的跨国公司。很多合资公司由于中国不保护知识产权而陷入停顿或

---

① 约翰·卡普兰·纳格尔:《中国环境法司法案例的缺失》,《纽约大学环境法学报》,1996 年,第 537 页。
② 罗伯特·C. G. 华莱:《世界银行和中国的环境:1993—2003》,世界银行贷款项目评估部,2003 年,第 2 页。
③《污染者要清洁自己的行为》,《中国日报》,2009 年 4 月 15 日。
④ 同上。

流产。① 还有其他公司发现中方合作伙伴由于额外成本而不使用终端处理技术。很多工厂要么根本不开污染控制设备,要么只是在环保部门检查时才开。即便跨国公司提供必需的污染控制设备,中国合作公司也不愿意在工厂安装,因为安装成本要比超额污染排放罚款高得多。②

　　所以,执法能力弱就会影响企业转让最好技术的积极性。如果使用一般技术不被罚款的话,跨国公司从自身利益考虑也不愿意使用其先进的技术,因为那样会增加合资公司的启动成本。③ 应对执法难的挑战,必须制定一套强有力的激励机制,鼓励企业投资新技术,提高工厂效率。④

---

① 太平洋资源国际有限公司是一家美国公司,具有跨国公司在中国发展的经验。该公司将其设计图授权给中国电力部后,电力部就和中国所有的大型锅炉制造商共享设计图,美国在实施过程中给予太平洋资源国际有限公司适当的补偿。全球环境基金也有这样的经历,它的中方合作伙伴是财政部,即便如此,在这方面也遇到了严重问题。有一个大型项目,"主要是资助中国企业从国外获得新型工业锅炉技术许可证,"但没有得到顶级跨国公司的响应,部分原因是这些跨国公司顾虑中方合作伙伴不能保护其知识产权。(吉姆·沃森、刘雪(音译)、杰弗里·奥尔德姆、戈登·麦克凯隆、斯蒂夫·托马斯:《清洁煤技术向中国转移的国际视点:给贸易和环境工作组的最终报告》,中国环境与发展国际合作委员会,2000年8月,第55页。)美国太平洋资源国际有限公司所遭遇的经历使其他企业有所顾忌。比如,三井巴布科克能源有限公司就反对给予中国公司技术许可证。有些跨国公司只是把技术或工艺流程的一部分转移出去,而保留不愿转移的部分,从而维护自己的权益。比如,壳牌公司转移了包括气化过程的技术,但是保留了关键部件的设计,目的是保持公司在技术和市场上的优势。其他公司,比如通用汽车,则不仅是和中方合作伙伴共享技术,而且还和中方合作伙伴一起进行基础研发,培训中方经理、科学家和专家,确保合资公司的长远利益。比如,通用汽车和上海汽车集团的合资公司就有基础研究和工程、软件、生物力学等合作。中方经理和技术人员也被派到通用汽车在世界其他地区的工厂,外方经理和技术人员也被派到与中方的合资公司。尽管如此,考虑到国家安全等原因,一些最先进的技术,比如燃料电池,是不和中方共享的。
② 吉姆·沃森:《清洁煤技术向中国转移的国际视点:给贸易和环境工作组的最终报告》,第36页。
③ 同上书,第29页。
④ 麻省理工学院、清华大学和瑞士联邦技术研究院联合在河南、江苏和山西的256个点提高锅炉使用效率,尽管为不同的锅炉开发了很多有针对性的、廉价的技术,但一开始却失败了。以麻省理工学院为首的研究团队发现国有大型企业的负责人没有更新改进他们工厂技术的积极性和动力,所以现在正研究污染和当地人健康之间的关系,从而说服当地官员和企业负责人,使他们明白该项目的重要性,同时也寻找资助技术更新的机制。(当然,该团队遇到了当地公共卫生官员的抵触,这些官员不愿意告知他们所掌握的有关信息)吉姆·沃森:《清洁煤技术向中国转移的国际视点:给贸易和环境工作组的最终报告》,第50页。

为了推动清洁生产,企业需要诸如限制资源、提高价格、严格管理等措施。截至目前,清洁生产技术只是在出台强有力激励措施的水资源严重短缺的华北地区①,以及外方合作伙伴提供技术的合资企业,或者那些能够通过清洁发展机制出售减排指标的公司中推广。

即便是中国企业采用了最先进的环境技术,由于基础设施不到位,管理能力差,这些技术的效果也会打折扣。正如一个分析报告所指出的:"最新的环保技术在中国往往不适用,原因是中国现行的管理体制落后。在中国陈旧的体制上嫁接新技术不仅会导致结果欠佳,而且可能是全盘皆输。"②比如,杜邦和美国陶氏化学公司发现:"不稳的电压经常引起超灵敏的高技术化工制造流程的混乱。在计算机控制系统出现问题时,现场的技术人员往往措手不及,不知如何应付出现的情况。"③曾经发生过这么一个情况,公司不得不从国外派来专家,因此大大增加了合资公司的成本。由于中国政府坚持强调使用最先进的技术,并保证有相应的基础设施和人力资源支持,因此,发生这种事以后,国外合作公司的官员显得特别不高兴。④

随着中国不断完善市场经济和融入国际经济体系,中国的环境保护面临很多新的机遇和挑战。然而,通盘考虑未来体制、政策和技术对国际环境合作效果的影响,只有采取综合的方法,将各种支持措施结合起来,才能产生最佳的结果。⑤ 这就意味着,在国际合作方面,要把政策设计、能力建设、技术转让以及执法/激励措施这四个方面结合在一起。随着中国经济越来越多地与全球经济融为一体,国际环境运动将促进中国的环境保护,同时,充分利用中国加入国际贸易组织的机会,向中国提出

---

① 世界银行:《中国:气、土、水》,第 102—104 页。
② 蔡舒恒(音译)、斯特芬·伊格巴莲、蔡景松:《中国的绿色挑战》,《哈佛中国评论》,2000 年第 2 卷第 1 期,第 85 页。
③ 同上。
④ 同上。
⑤ 世界银行:《中国:气、土、水》,第 xxii 页。

一些环境方面的要求,也将会促进中国的环境保护。

通过国际贸易组织推动环境执法

即便是在最重视环境的国际宣言中,国际贸易与环境保护之间的矛盾也是显而易见的。比如,《里约环境与发展宣言》第12款规定:

> 出于环境目的采取的贸易政策措施不应成为一种任意的或不合理的歧视手段,或成为一种对国际贸易的隐性限制。应避免采取单方面行动去处理进口国管辖范围以外的环境挑战。处理跨越国界或全球性的环境问题的环境措施,应该尽可能建立在国际一致的基础上。[①]

由于国际贸易中的绿色要求,中国的一些行业已经受到影响,包括纺织、农产品和木箱。美国和加拿大禁止用木箱装运货物。[②]

APEC和世界贸易组织这些地区性和全球性的贸易组织在推动中国的发展和环境保护方面具有很大的潜力。中国为了保持向欧盟出口电子产品,就执行《电气、电子设备中限制使用某些有害物质指令》,这是通过国际贸易促进中国实行环境标准的一个积极案例。2005年,向欧盟出口的电子产品占中国出口的35%,金额达3800亿美元。当欧盟通过了《电气、电子设备中限制使用某些有害物质指令》指南,并于2007年1月1日开始生效时,中国估计在对外贸易中损失了370亿美元。[③] 为应对这一问题,中国出台了自己的限制有害物质指令——《电子信息产品污染控制管理办法》,使得中国的电子产品制造能够符合欧盟《电气、电

---

① 彼得·莫里奇:《世界贸易组织中的贸易与环境统一》,华盛顿.D.C:经济战略研究所,2002年,第8页。
② 吴长华(音译):《贸易和可持续发展:中国视点》,《汉学》,第3卷,2000年第3期,第29页。
③ 李子君:《欧盟'绿色'发展指南给中国的电子工业带来挑战》,世界观察研究所,2006年2月22日,www.worldwatch.org/node/3883.

子设备中限制使用某些有害物质指令》的条款,对电子产品的环保信息披露提出了新的要求。中国这个新规定也适用于那些出口欧盟以外的产品。①

中国于 2001 年 12 月加入世界贸易组织,国际社会希望中国通过融入国际贸易网络以及实行的市场自由化,提高其对环境和安全问题的认识,从而对中国的制造业和出口产生更大的影响。中国"入世"带来的其他方面的积极变化还有中国出台了影响贸易的环境法律法规、国际社会要求中国更大的法律透明以及更有效的执法机制、继续关闭效率低下的国有企业。的确,加入 WTO 以来,中国关税从 2001 年的 15.3% 下降到 2009 年的 9.8%。② 然而,特别是在安全生产和国际知识产权保护方面,中国的"入世"并没有带来所期望的结果。恰恰相反,中国通过与贸易伙伴拖延谈判、延长争端等措施,使得这些问题上的进展裹步不前。

中国"入世"并没有大幅度地改善中国的工业污染环境的状况。从 2002 年到 2007 年,中国的能源强度总体上是增长的。③ 截至 2009 年初,中国钢产量占全球的 38%,其中出口只占 12%。④ 国际组织对国内高能耗、高污染产业的影响很有限。主要出于能源安全的考虑,中国在降低能耗方面采取了一些措施,取得了一些进展。中国在实现"十一五"规划的到 2010 年降低能耗 20% 的目标方面也做出了积极的努力。在"十一五"的前三年(2006—2008),中国累计降低能耗 10.04%。⑤ 2006

---

① 于洁琼(音译)、彼得·希尔斯、理查德·威尔福德:《生产商责任增加与生态设计变化:中国的观点》,《公司的社会责任与环境管理》,第 15 卷,2007 年第 2 期,第 111—124 页。

② 《中国 2009 年将保持 9.8% 的总关税水平》,新华社,2008 年 12 月 18 日。

③ 丹尼尔·罗森(荣大聂)、特雷弗·豪泽:《中国能源:破解谜局之道》,战略与国际研究中心,皮特森国际经济学研究所,2007 年 5 月 8—10 日;简丽芳(Flora Kan):《中国 1000 家企业节能项目》,联合国开发计划署,联合国能源会议(2008 年 9 月 22—23 日)提交论文,www.unido.org/fileadmin/user_media/Services/Energy and_Climate_Change/EPU/TOP1000_UN Energy_FloraKan.pdf.

④ 特雷弗·豪泽:《绿色和节约:美国新经济能够既气候友好又竞争力强吗?》,在美国国会欧洲安全与合作委员会上的证词发言,2009 年 3 月 10 日。

⑤ 《中国能源效率 2008 年下降 4.59 个百分点》,路透社,2009 年 2 月 25 日。

年,国家发改委和加州大学劳伦斯伯克利国家实验室联合开展千家企业节能行动,对钢铁、煤矿、建筑材料、发电等九个行业的 1000 家企业的节能实行激励政策。为了支持企业自愿节能降耗,劳伦斯伯克利国家实验室提供技术和能力建设培训。2008 年 9 月,这一行动确定到 2010 年减少排放二氧化碳 4.5 亿吨,相当于韩国每年二氧化碳排放的总和。①

遗憾的是,全球金融危机可能吞噬中国已经取得的环保成果,对实现"十一五"计划环境目标将带来威胁。2009 年,中国 5860 亿美元的经济刺激计划大量投入能源密集型产业。2003 年,出于对国内外关于资金、资源密集型发展项目负面影响的考虑,当时的国家环保总局起草了《环境影响评价法》,要求所有新上的重大建设项目都要有环评报告。由于经济影响的压力,环保部的一位发言人在 2009 年 1 月 10 日宣布对推动内需的重大建设和资金密集型项目开通"绿色通道"。② 在天津,60 天的环评期限缩减到 7 天。③

在产品安全方面,2007 年发生的涉及中国出口有毒产品事件引起了国际上的责难,也显示出中国对产品标准监管不严。2008 年 9 月,中国三聚氰胺奶制品事件导致 20 多个国家拒绝进口中国奶制品。该事件导致至少 6 名婴儿死亡,对 30 万名中国儿童的健康产生危害。此前,在 2007 年 3 月,掺有三聚氰胺的宠物食品造成宠物肝脏衰竭,使得中国不得不召回销往北美、南非和欧洲的宠物食品。2007 年 4 月,美国食品药品管理局扣押了所有来自中国的植物蛋白产品。2007 年 5 月,在中国销

① 简丽芳:《中国 1000 家企业节能项目》,联合国开发计划署,联合国能源会议提交论文,2008 年 9 月 22—23 日,www. unido. org/fileadmin/user media/Services/Energy_and_Climate_ Change/EPU/TOP1000_UN_Energy_FloraKan.pdf.

② 李静(音译):《中国环保部批准 153 个新项目》,《中国日报》,2009 年 1 月 10 日,www. chinadaily. com. cn/china/2009 - 01/10/content_7384689. htm.

③《天津将环评程序缩短为 7 个工作日》,《天津日报》,2009 年 2 月 9 日,www. news. sina. com. cn/o/2009 - 02 - 09/073815132565s. shtml.

往巴拿马、美国、加拿大、印度和尼日利亚的牙膏中发现了有毒物质。2007年6月,人工养殖的鱼被发现含有抗生素。也是在2007年夏天,有几个玩具品牌,其中最著名的是美泰,因使用含铅过多涂料而被迫召回数百万个玩具。2007年以来,印度曾出于健康考虑禁止进口中国玩具。2009年1月,印度如法炮制,宣布今后6个月内禁止进口中国玩具,理由同样是出于健康考虑。2004年中国禽流感爆发以来,美国就禁止进口中国的禽类食品。尽管WTO成员国并没有向中国施压,要求其保证产品安全,但仍给中国提供了一个投诉的平台。2009年春天,中国就以地方保护主义为名,将印度和美国告到WTO最高法庭。

当然,中国融入全球贸易体系使得中国更加看清了自己存在的问题。中国法官,至少是部分出于缓和贸易伙伴恐惧的政治愿望,对那些生产有毒出口产品的负责人课以重罚,有一人被判处无期徒刑,有两人被判处死刑,有一人畏罪自杀。2007年6月,中国食品药品监督管理局局长被指控受贿。诸如此类的行动可能会使人关注改革的必要性,但问题是系统性的,很难根除。

关于知识产权保护(IPR),中国在执行国际标准方面进展较慢。美国在2007年4月指控中国,称中国关于知识产权保护的法律不健全,不符合WTO《与贸易有关的知识产权协定》的要求。美国认为中国违反了《与贸易有关的知识产权协定》,因为中国的《著作权法》不保护那些未通过"中国内容审查"的作品,中国对盗版的处置方式损害了合法作品的声誉,中国关于仿冒、盗版的刑法规定使得大多数商业知识产权侵权者逍遥法外。2009年1月26日,WTO就前两项指控做出美国胜诉的决定,对第三项指控认为还需要有更多的证据才能进行裁决。[1] 这类知识产权侵权事件使得跨国公司在向中国进行产品和技术转移时变得非常谨慎。

---

[1] 美国贸易代表:《世贸组织就中国知识产品争端事宜采用专家报告》,新闻发布会,2009年3月20日。

为了改变这种状况,有些跨国公司,比如通用电气公司会通过自己的努力支持中国的知识产权法制建设。通用电气公司向中国政府和执法部门提供法律人员和培训服务。①

而且,中国加入世贸组织提高了那些对消费者来说安全但可能污染环境的产品的出口潜力。比如,纺织品出口 2007 年和 2008 年每年增长近 8.2%。② 特别令人担心的是,中国政府再次鼓励发展对环境有害的产业以及能源密集型产业,比如锡矿、锡产品加工,在 2008 年底全球经济开始衰退以后尤其如此。③ 同样,中国的汽车拥有量到 2030 年将增长 7 倍。④

与 WTO 不同的是,APEC 不会硬性地向成员国提出某些要求,但提出每个成员国应该报告其在清洁生产、海洋环境保护、食品、能源几个关键领域为促进可持续发展所采取的措施。⑤ 而且,APEC 能源部长会议提出,要切实重视利用清洁能源和再生能源来提高能效,等等,甚至鼓励成员国积极参加温室气体减排。⑥ APEC 第十五次领导人非正式会议在 2007 年发表《亚太经合组织领导人关于气候变化、能源安全和清洁发展的宣言》,达成了与 2005 年相比,在 2030 年前将亚太地区的能源强度降低 25% 的意向性目标。2009 年,APEC 在新加坡召开会议,为期 3 天,讨论气候变化问题。APEC 近期推进的项目包括一项由美国支持的行动,即努力消除 APEC 成员之间在可再生能源技术和碳封存潜力评价方面

---

① 通用电气:《中国的知识产权》,2009 年,www.ge.com/citizenship/performance areas/public policy china.jsp.

②《商务部表示,中国纺织品出口不会大幅上扬》,《人民日报》,2009 年 1 月 22 日,www.english.peopledaily.com.cn/90001/90776/90884/6579775.html.

③ 同上书,第 6 页。

④ 同上书,第 5—8 页。

⑤ 亚太经合组织:《亚太地区的可持续发展,1999》,www.203.127.220.67/apec_groups/other_apec_groups/sustainable_development.downloadlinks.0002.linkURL.download.ver5.1.9.

⑥ 亚太经合组织:《APEC 能源部长关于清洁煤和可持续发展的联合声明》,2000 年 5 月 12 日,www.203.127.220.67/apec/ministerial_statements/sectoral_ministerial/energy/00energy/00cleanenergy.html.

的交流障碍,减少东南亚地区天然气生产中的温室气体排放,实施期限是从 2008 年到 2009 年。[1]

但是,环境问题在 APEC 看来远远没有经济和其他问题重要。尽管 APEC 能源工作组实施了很多项目,但是却没有实施一个可持续发展计划项目。虽然商定每年举行一次 APEC 环境部长会议,但最近的一次会议却是在 1997 年。尽管 APEC 在 2006 年举办了一个"可持续发展高官会议",但会议取得的成果只是在 APEC 成员之间共享国际组织和国内社团的可持续发展信息,并没有确定宏大的目标。[2]

不过,APEC 框架下有些地区性环境问题经常在直接相关的国家之间进行小范围的讨论。比如,韩国、日本与中国讨论如何应对酸雨问题,不断磋商海洋渔业协议问题。地区合作中更困难的是那些涉及主权的敏感事务,比如南海的资源控制以及湄公河的水资源利用问题。

因此,随着中国越来越多地加入国际贸易组织、与国际环境组织加强交往以及推进市场化进程,中国在环境保护问题上与国外的合作也越来越密切。当然,如果这种合作对中国产生潜在的威胁,那么这种合作就会少一些。不过,由于中国在环境保护和经济发展方面全方位地引进外资,中国实施的一些大规模的项目也受到了国内外的批评。

大工程和大战略:环境和经济的协调发展

三峡大坝工程

三峡大坝工程遭致的批评主要来自国际方面,当然国内也有。早在

---

① 亚太经合组织主页,2009,www.apec.org.
② 同上。

1919 年,孙中山先生就提出过建设三峡大坝的建议,但真正着手实现这一宏图却是在 20 世纪 80 年代末 90 年代初。① 三峡大坝工程巨大,将最终为中国每年提供 2.2 万兆瓦电能,占中国全部电能需求的 10% 还多。三峡大坝主体工程大部分在 2006 年完工,大坝高 200 米,水库长 600 多公里,深 175 米。整个工程分两期建设,先是向大坝周围的地区供电,当大坝在 2010 年满负荷运转以后,中国政府希望三峡发的电能输送到北至北京,南至香港。但是,那个时候这两个地区是否有电力需求,目前还不清楚。

在三峡大坝工程建设问题上,中国科技界意见不一。尽管美国政府在 1984 到 1993 年之间不断为三峡工程提供技术帮助,但是国际社会的很多专家对该工程给予批评。上个世纪 90 年代初期,全中国人民在内部也进行了激烈的讨论。那个时候,反对三峡工程的人,不管是国内的还是国外的,都认为该工程有几个方面不切合实际:一是将造成一百多万居民迁移;二是将淹没大量宝贵的耕地,破坏古代的文化遗产和历史名城,比如著名的“鬼城”丰都;三是大坝所筑起的水库将会被淤积的泥沙充塞,阻碍一些船舶通行。虽然有这些争论,中国政府仍然决定上马三峡工程,并于 1994 年开工建设。

起初,国际上对该工程的资金支持很少。世界银行拒绝提供帮助②,中国政府计划在国际金融市场发行债券,但国际金融机构缺乏兴趣,因此债券发行也失败了。但是,三峡工程开发总公司通过中国国际金融有限公司募集了资金,摩根士丹利拥有中国国际金融有限公司 35% 的股份。而且,美国投资公司,包括摩根士丹利、美林证券和大通银行,认购

---

① 关于三峡大坝历史和现状的详细情况和分析,参见戴晴《长江! 长江!》,帕特里夏·亚当斯(Patricia Adams)、约翰·希波杜编,南希·刘、吴梅、孙友耕、张晓刚译(人名均为音译),多伦多:地球扫描出版物有限公司,1994 年。

② 世界银行行长詹姆士·沃尔芬森将“安全”的概念扩展到所有项目评估方面。性别、移民、少数民族人口、环境和公众参与都是世界银行资助项目时要考虑的因素。在中国,这样的考虑已经影响到好几个潜在的项目合作。

了中国开发银行1万亿美元的债券,该债券募集的资金主要贷给了三峡工程。

与此同时,国际社会也开始反对三峡工程建设。国际非政府组织"国际江河网"组织了大规模的活动,采取抵制摩根士丹利发行的"发现卡"等措施,迫使该公司抽回资金。另外,总部设在波士顿的美国延龄草资产管理公司(Trillium Asset Management),主要开展"社会责任投资"(SRI)业务。1995年以来,延龄草资产管理公司积极呼吁并施加压力,希望花旗集团、大通银行等金融机构不要以任何方式支持三峡大坝。延龄草资产管理公司在这方面已经产生了一定的影响,美洲银行同意不直接向三峡工程贷款,而且要"认真审查任何一笔可能使三峡工程受益的转账"。① 另外,在延龄草资产管理公司的影响下,花旗银行开始在贷款和认购债券方面统筹考虑环境、人权、公共关系风险等因素。

政府间的支持也遇到了一些障碍。尽管很多政府通过出口信贷机构向本国金融公司提供资金和保险支持,帮助它们赢得三峡大坝工程项目,但美国国务院却通过本国的进出口银行,撤销了对美国公司争取三峡大坝项目的支持。

三峡大坝所带来的地质影响,特别是地震活动和严重的山体滑坡带来的影响使得社会问题愈加复杂。2006年9月三峡水库水位升高后的7个月内,科学家记录了822次地震。② 水库建设引发的地震增加又引发了三峡两岸陡峭山坡坍塌的增加。政府又投入17.5亿美元减少地质活动带来的危害。③ 然而,另一个问题是三峡水库周围乡镇和城市造成的污染。政府考虑到潜在的环境危害,宣布投入资金55亿美元新建150个污水处理厂和170个垃圾处理中心。中国官方英文报纸《中国日报》

---

① 卡林·库克:《大坝耻辱》,《乡村之声》,2000年3月29日至4月4日,第48页,www.villagevoice.com/issues/0013/cook.php.

② 国际江河网:《三峡大坝》。

③ 常红晓、欧阳洪亮:《三峡地质求治》。

报道说,每年排放到三峡地区和长江上游的垃圾有 600 万吨,固体工业废料有 1000 万吨,倾倒到三峡水库周围地区的垃圾有 2000 多万吨。2002 年夏天,我沿长江顺流而下,看到从重庆到武汉的长江河面上漂满了垃圾。不过,对很多中国人来说,更令人担忧的是,三峡水库建设完成以前,中国政府没有足够的时间清理长江沿岸所有的工厂和煤窑,因此已经产生了严重的水污染。

西部大开发:开发还是开采?

"西部大开发战略"是中国 21 世纪初启动的最重要的战略之一,在全国和国际社会引起了广泛关注,凸显了中国政府对国内外压力所能承受的限度。

该战略从 1999 年开始实施,目的是通过发展西部 6 省(陕西、甘肃、青海、四川、云南、贵州)、5 区(宁夏、西藏、内蒙古、广西、新疆)和 1 市(重庆),"缩短地区差距,最终实现共同富裕"。这些西部地区涉及 540 万平方公里土地,3.63 亿人,分别占全国土地面积和人口的 56% 和27.5%。[1]西部地区自然资源丰富,金子、石油、天然气、煤的储量都很大,不过煤很难开采。而且,与东部地区不同的是,这些西部地区与外部世界联系较少,而且中国最穷的一些省份也在这里。贵州是中国最贫困的省份之一,人均收入仅达到上海的 9% 多一点。[2]

西气东输工程是西部大开发战略中确定实施的一个典型发展项目,主要由中国石油天然气集团公司(CNPC)及其下属公司中国石化设计、建设,被认为是能够让西部省份在经济上受惠的一项工程。这项工程将为西部地区的石油、天然气资源开发引来投资。第一条西气东输管道西起新疆塔里木盆地,东到上海,已于 2005 年 1 月 1 日开始商业运行。第

---

① 中国国家统计局:《中国统计年鉴 2008》,北京:中国统计出版社,2008 年,第 87 页。
② 同上书,第 328、341 页。

二条管道于 2008 年 2 月开始建设,将气输往广东,计划于 2010 年完工,届时将成为世界上最长的天然气管道。[①] 2009 年 3 月,通用电气获得一项 3 亿美元的合同,为西气东输工程提供涡轮机,对输送过程中的天然气进行压缩。(2005 年以来,通用电气在西气东输工程中已经获得 6 亿美元的合同,包括第一条西气东输管道以及 2010 年将要完成的从四川到华东的管道。)[②]第三条、第四条管道正在设计规划中。

蒋高明是中科院植物研究所研究员,他指出,政府投资 600 亿元(87 亿美元)用于京津风沙源治理工程,减少土壤侵蚀,但中国东部地区频繁发生的沙尘暴显示这些资金和努力没有产生应有的效果。比如,有些官员把种草改为种树,尽管草能够保持土壤疏松,而且不消耗宝贵的地下水。有些官员还只在能看得到的路旁和城市种树,忽视那些面积更大的、人们看不到的地方,主要原因是:"谁会看得到呢?"

将西部大开发战略的实施和国家的安全简单挂钩,进一步扩大了这一战略对环境损害的影响。中国领导人把西部大开发战略看作是巩固西藏和新疆等边疆地区的重要措施。这些地区是中国少数民族居住最为集中的地区,有 2000 万维吾尔族、藏族和其他少数民族的人民。(汉族是中国人口最多的民族,占总人口的 92%。然而,在新疆和西藏,尽管 1949 年以后汉族人大量迁入,维吾尔族和藏族的人数仍比汉族人多。)

中国的生态城市:可持续城市化合作的挑战

随着中国到 2030 年实现 4 亿人进城计划的推进,中国政府和国际

[①]《中国设定第二条西气东输线路》,新华社,2007 年 8 月 27 日,www. news. xinhuanet.com/English/2007 - 08/27/content_6612538. htm.

[②] 通用电气:《中国西气东输的里程碑,世界最大的天然气输送工程之一再一次使用通用油气技术》,新闻发布会,2009 年 3 月 25 日,www. genewscenter. com/Content/Detail. asp? ReleaseID = 6376 & NewsAreaID = 2 & MenuSearchCategoryID.

社会开始重点关心数百个新城市建设所带来的环境机遇和挑战。生态城市已经成为迎接挑战的流行模式,引起了中国和国外政府、媒体的广泛关注。最有建设前景的生态城市还吸引了国外公司和政府的大量投资。遗憾的是,这些大规模的合作目前还没有取得期望的效果。国际社会和中方合作伙伴不同的期望值已经对这些开创性的发展项目产生了一定的消极影响。

东滩曾计划建成世界上第一个全方位的生态城市。2004年,上海实业(集团)有限公司(SIIC)委托麦肯锡咨询公司,寻找一家国际公司在崇明岛的东端开发建设一个城市。崇明岛位于上海北部的长江三角洲,面积有曼哈顿的3/4那么大。[①] 这个岛的东端是一片湿地,是34种珍稀候鸟的栖息地,还是中华鲟的哺育地。[②] 崇明岛也是拥有2000万人口的上海的最后一个欠发达地区,被誉为上海的"绿肺"。

总部位于英国的工程公司奥雅纳(Arup)全球公司2005年赢得开发东滩的竞标,这项工程被看作是中英关系的一个里程碑。奥雅纳已经获得了竞标参与建设2008年奥运会的几个标志性工程,包括国家体育馆(人们称之为"鸟巢"),对中国有着重要的政治影响。奥雅纳和上海实业的协议合作仪式在唐宁街10号签署,胡锦涛主席和当时的英国首相托尼·布莱尔出席了签字仪式。[③]

东滩建设的最初计划具有同等重要的政治意义。该生态城分期建设,第一期计划投资20亿美元,到2010年上海世博会时将容纳5万人。[④] 到2040年,人口将达到50万人。建成后的东滩生态城,低矮的建

---

① 道格拉斯·麦克格雷:《发展的城市:中国建设绿色大都市》,《连线》杂志,2007年4月24日。

② 马尔科姆·摩尔:《中国首座生态城市计划东滩项目搁浅》,英国《每日电讯报》,2008年10月19日,www. telegraph. co. uk/news/worldnews/asia/china/3223969/Chinas - pioneering - eco - cityof - Dong tan - stalls. html.

③ 马尔科姆·摩尔:《中国首座生态城市计划东滩项目搁浅》。

④《每周报道》,《进入亚洲》简报,2007年4月16日,《中国经济评论》摘要,www. chinaeconomicreview. com/editors/2007/04/19/dongtan - eco - potemkin.

筑群落将集工业、商业和生活于一体,道路、公园和河道杂陈其间,只允许使用零噪音、零排放的汽车,当然,更重要的是,汽车可能根本就不需要。尽管整齐紧凑的居民区周围就是农田,但奥雅纳还是设计开发房顶农业和地下"植物工厂",在铺实的秸秆上种植庄稼,并通过 LED 灯照射提高亩产量。上海实业要求,即便是在 2010 年完成的一期工程中,东滩60%以上的电力将由可再生能源提供,发电用的太阳能板、风电涡轮机以及新型稻壳沼气将由东安格利亚大学开发。所有的废物都将回收循环利用,当作生物质或肥料。奥雅纳还将投资新技术,保证燃料转化率达到 80%,那将是目前转化标准的很多倍。①

开发单位就工程对附近湿地的潜在影响向国际环境组织进行了咨询,湿地是候鸟的家园。中意环保合作项目(Sino - Italian Cooperation Program for Environmental Protection)于 2004 年进行了环评。为了遵守已经实施了 30 年之久、旨在保护湿地发展的《拉姆萨尔湿地公约》,中国政府要在东滩和湿地之间建一个长 3.5 公里的缓冲带,奥雅纳将湿地保护区纳入了开发规划。②

合作协议签署 4 年后,奥雅纳没有实现东滩建设计划的任何一个目标。尽管奥雅纳否认这个项目已经结束,但已经开始不再坚持履行一些具有革新性的设计承诺。2008 年 2 月的一次会议上,奥雅纳城市规划负责人盖瑞·劳伦斯说:"如果允许使用汽车,那么汽车是最不受欢迎的交通工具",这与东滩早期关于汽车的规划相比是一个巨大的转变。③ 同时,东滩和上海之间建起了一座桥。崇明岛居民不再渴望建设"生态城",而是希望为上海市民建设高级宾馆和周末度假村。④ 一些观察家还

① 道格拉斯·麦克格雷:《发展的城市:中国建设绿色大都市》。
② 斯蒂文·切利:《如何建设绿色城市》,电子和电力工程师研究所网站,2007 年 6 月,www.spectrum.ieee.org/jun07/5128/3.
③ 保罗·弗伦奇:《东滩:中国绿色生态村的变迁》,道义公司,2008 年 2 月 18 日,www.ethicalcorp.com/content.asp? ContentID = 5722.
④《亚洲的梦幻之城;一个中国生态城》,《经济学人》,2009 年 3 月 21 日,第 43 页。

认为,与其让东滩作为一个失败项目闲置浪费下去,不如为 2010 年世博会建设几个国家展览馆。当然,这些展览馆拆除后对将来的可持续发展并没有好处。①

黄柏峪的设计理念没有东滩宏大,在东滩建设以前也取得了相当的成功,但最后由于想法各异无疾而终。黄柏峪是辽宁本溪市的一个农村小镇,有近 400 户居民。2002 年,中美可持续发展中心开始在黄柏峪建设中国第一个生态村。中美可持续发展中心由前中国领导人邓小平的女儿邓楠和知名环境可持续建筑专家、威廉·麦克唐纳设计公司创建人之一比尔·麦克唐纳共同担任理事长,该中心和麦克唐纳的公司共同重新开发这个项目。② 最初要把黄柏峪建成中国乡镇的示范样板,麦克唐纳在 2005 年的一个报告中描绘了他"12 年内为 4 亿中国人建房"的目标。③

2005 年,威廉·麦克唐纳向本溪市政府递交了设计计划,该计划声称要把向阳的屋村住宅、商业区、政府和学校都建在山谷中,周围是农田,不再使用汽车进入社区或农田。④ 住宅采用碾压泥土制成的免烧土砖和草砖建造,避免传统烧窑制砖所产生的污染和废物。墙壁设计得很厚,以隔热保暖。所有房子都由太阳能电池板供电,每幢房子的造价不超过 3500 美元。惠普、英国石油公司、英特尔都进行了投资。爱荷华威猛建筑公司捐助了碾压泥土制砖设备。⑤

这项工程 2006 年陷入停顿,当地的一个开发商代小龙负责建造的

---

① 梅琳达·刘:《只是形式,没有人》,《新闻周刊》,2009 年 3 月 28 日,www.newsweek.com/id/191492.

② 威廉·麦克唐纳事务所:《黄柏峪村》,www.mcdonoughpartners.com.

③ 威廉·麦克唐纳:《从摇篮到摇篮的设计智慧》,TED 非盈利组织(报告录音),加州蒙特利,2005 年 2 月,www.ted.com/index.php/talks/william mcdonough on cradle to cradle_design.html.

④ 威廉·麦克唐纳事务所:《黄柏峪村》。

⑤ 萨拉·谢弗、安若丽:《建设绿色建筑》,《新闻周刊》,2005 年 9 月 26 日,www.newsweek com/id/104598/page/1.

第一期工程,没有达到计划所规定的很多生态设计标准。完成的 42 座房子只使用了 2 座,到 2007 年,入住的几户居民既没有供热,也没有供气。① 黄柏峪村民也抱怨每家的空地太小,不能种植作物或养牲畜;新家远远不如老家;房子建的不合格;尽管村里汽车不到 10 辆,但每家都建了车库;许诺的到工厂上班也没有兑现。房顶没有安装太阳能板。从项目的结果看,很明显,对于黄柏峪项目,各方的期待不同,而且这些期待又没有进行明确的沟通。

中美双方建设生态村的初衷有很大不同。中美可持续发展中心希望建设一个生态示范村,以推进中国新农村的建设,同时对世界环境产生积极的影响。而黄柏峪的地方政府更关心生态村建设可能带来的经济发展机遇。由于在目标上没有达成一致,具体建设过程中出现分歧就难以避免。

中国政府和新加坡企业建设的中新生态城于 2008 年 9 月 28 日在北京以东 150 公里(93 英里)的天津破土动工。这项投资 100 亿美元的工程选用 26 个"重要业绩考核指标"(KPI),包括生态城不占用农业用地、90% 的交通实行"绿色方式"(步行、骑自行车或者乘公交车)、单位 GDP 二氧化碳排放量限制在每 10 亿美元排放 150 吨以内。然而,从某些方面说,天津生态城的生态理念还没有东滩先进。比如,这个占地 30 平方公里(11.6 平方英里)的生态城需要对盐碱滩进行脱盐处理,需要对部分天津港污染水面进行填埋。②

尽管天津生态城在建设中对传统城市发展模式有所妥协,但仍然代表着中国生态城市建设运动中的进展。更重要的,这是个商业运作项目,由新加坡吉宝集团、天津泰达投资公司和包括卡塔尔投资局在内的国际投资商投资。开发商希望通过环境研发、服务领域的商业和旅游业

---

① 萨拉·谢弗、安若丽:《建设绿色建筑》,《新闻周刊》,2005 年 9 月 26 日,www.newsweek com/id/104598/page/1.
② 新加坡政府:《中新天津生态城》,2008 年 6 月 24 日,www.tianjinecocity.gov.sg/.

实现投资回报。这个项目的营利性质要求从另外的角度看待它的成功，也许会为中国未来生态城市的发展提供一个新的示范。① 古小松、李明江是中国学者，两人在新加坡《海峡时报》上发表文章，鼓励新加坡和中国企业在华南地区的北部湾开展类似的合作。②

东滩这个最有雄心的生态城项目的失败还引发了国际社会和中方伙伴在环境可持续城市基础设施建设方面的小规模合作。在这些项目中，各合作方的期待更加容易沟通，因而成功便更有把握。2008 年，瑞典国际发展合作署、斯德哥尔摩环境研究院和内蒙古鄂尔多斯市政府合作建设了四五层高的住宅楼，有 825 套住房，每套都配有干式、粪尿分开式生态卫生厕所。③ 2006 年，伯克利大学的城市可持续发展项目和成都市、西南交大合作设计成都的公共交通系统，希望将成都市公共交通的利用率提高 30%。④

不管是什么规模，中国还没有建设一个真正意义上的"生态城"。东滩不会是世界上第一个生态城。阿联酋的玛斯达尔有望获得这一殊荣。国际社会对中国生态城市建设的前景充满希望，一是因为中国需要这种发展，二是因为中国不断发展的经济和社会主义体制能够办到这类具有风险的城市发展项目。生态城项目中的核心问题是环境工程技术以及技术转让。目前，建设环境可持续发展示范城这类大规模项目的失败表明，国际技术向中国的转让还面临着很多挑战。外方合作伙伴一直感兴趣的是，中国的政治和经济环境可以实施大规模的试验项目。中方合作

---

① 黄立安：《创造更加美好的生活：对中新天津生态城项目的详细考察》，大跃进网站，2008 年 11 月 16 日，www.greenleapforward.com/2008/11/16/creatinga - better - life - a - closer - look - at - the - sino - singapore - tianjin - eco - city - project/；新加坡政府：《中新天津生态城》。

② 古小松、李明江：《北部湾生态城美好前景》，《海峡时报》，2009 年 1 月 6 日。

③ 斯萨·提戈诺：《国家水行动计划：中国建设生态城市拒绝冲水马桶》，亚洲开发银行，2008 年 3 月，www.adb.org/water/actions/PRC/Rising - Eco - Town.asp。

④ 伯克利环境研究所：《中国的快速公交系统》，加州大学伯克利分校，2007 年，www.bie.berkeley.edu/brtchina。

伙伴的推动力则是项目会带来政治、经济利益。这种愿望上的差异影响了一些项目的实施,也把未来生态城市的试验引到营利项目或小项目上。

转型中的中国

1972 年联合国人类环境大会召开后的 30 年里,中国的环境保护态度和实践都发生了巨大的变化。中国已经从一个没有环保机构、没有环境法律体系、仅有极少环保精英的国家,转变成一个拥有众多环保机构、环境法律体系健全、全社会重视环境教育的国家。

国际社会在这个转变中发挥了重要作用。中国通过参与国际社会的环境活动,促进了国内环境社区、环境法律、环境机构的发展。中国这些新的发展又反过来为国际环境合作提供了新的机会。数年来,这种相互促进产生了大量的环境合作,涉及到中国社会的每一个方面、每一级政府甚至是每一个国际组织。

而且,中国经济的现代化进程还将环境合作提高到一个新的水平,涉及创新政策制定、先进技术开发以及更大规模的专业人员交流。中国越来越全面地加入国际贸易组织,把加强环境保护与未来经济发展更加有机地结合在一起。

但是,中国仍然需要提高环境执法能力,强化激励措施,采取市场化机制,实行更多的环境政策措施,开发推广更多的先进技术。中国在环境治理方面有合作成功的范例,也有没有达到目标的教训。能否推动国际环境合作主要取决于中国政府是否在提高执法能力、强化激励措施这两个方面取得进展。而且,中国政府实施了大规模的、破坏环境的发展战略不仅让人怀疑其对环境保护的承诺,而且招致了国内外的批评。

中国与国际社会在未来的环境保护合作中既会有很多机遇,也会有很多挑战。国际社会以及中国国内积极推动这种合作、提高中国环保能力的动机已经很明晰。接下来的是中国领导人能否投入必要的政治资本和金融资本,建立完善的激励机制,使环保事业得以蓬勃发展。

　　在采取多种政策措施应对环境挑战方面,中国不是唯一的国家。前东欧国家、前苏联以及一些亚洲国家都曾面临过与中国同样的经济、政治和体制对环境的挑战。而且,这些国家采取的最大胆激进的保护环境的措施是发展非政府组织,扩大公众参与以及开展更深层次的国际合作,这些措施和中国目前采用的也是一致的。在实施这些措施的过程中,前东欧国家、前苏联以及亚洲国家的政府体制、政治制度在巨大的挑战面前显得非常脆弱,以致引起了政治制度的根本变革和转型。我们将在第七章中讨论中国是如何从这些国家吸取教训的。

第七章 国外的教训

在既要维持环境和经济之间的平衡,又要保持社会稳定方面,很多国家面临着和中国相似的挑战。不过,大多数国家环境退化和污染的程度要远远小于中国。而且,由于中国正处于经济和政治转型时期,因此在一些地方与其他国家不具有可比性,其他国家的教训或经验也很难说适用于中国。但是,尽管如此,中国现在面临的挑战与其他亚洲国家以及一些前东欧国家和前苏联加盟共和国仍然有很多相同之处。总体来说,这些国家既反映了中国所遇到的环境问题,也反映了中国在由计划经济向市场经济转型时期所表现出的政治和经济活力。透过这些国家的历史和现状,可以预测中国环境保护今后的变化和趋势。

十几年前,东欧国家和前苏联面临着社会主义制度性工业快速发展、环境极度恶化的挑战,与中国几十年来所遇到的情形在很多方面是相同的,这些国家国有企业占主导地位,污染严重,把自然资源看作是免费的东西,不重视能源消耗以及污染控制①,国家领导人偏好追求大规模

---

① 苏珊·贝克、伯恩德·鲍姆加特:《保加利亚:动荡转型期的环境管理》,见《转型期的困境:东欧地区的环境、民主和经济改革》,苏珊·贝克、彼得·杰立卡编:《环境政治》特刊,第7卷,1998年第1期,第189页。

的工程,比如修建大坝、河道,搞农业试验,给环境带来灾难性的影响。环境保护基本上没有得到重视。

与20世纪80年代末90年代初的东欧和前苏联相比,今天的中国在很多方面已大不相同。中国已经较长时间发展市场经济,融入全球经济发展。中国领导人坚持不断地改革政治体制,推动经济市场化进程,加速国有企业改制,制定土地承包、流转办法,扩大劳动力和房地产市场,而且在改革进程中,允许一部分人先富起来。在实现社会公平正义的口号下,中国共产党不再搞大规模的意识形态领域的争论,而是主要领导全国人民实现经济的快速发展。

正是由于集中精力搞建设,中国开始与今天的中欧、东欧国家以及东南亚邻国变得更加相似。在发展历史上,韩国、泰国、马来西亚、印度尼西亚和菲律宾等国在很多方面都和中国一样遇到过经济与环境如何实现均衡发展的挑战。

面临这些挑战,其他国家起初多是通过政治和体制改革,而不是通过增加环保投入或是调整经济结构、实现经济和环境协调发展的办法来应对的。因此,这些国家首先是建立环保机构和环保法律体系,并像中国那样,后来鼓励全社会参与环境保护。

东欧和苏联

第二次世界大战以后,东欧和前苏联快速的工业化进程带来了大量的环境问题,其中很多和中国目前面临的十分相似。进入20世纪80年代以后,东欧、前苏联主要依赖煤作为能源供给。比如在东德和捷克斯洛伐克,80%以上的能源需求是煤提供的。由此带来的后果是,捷克斯洛伐克的二氧化硫排放比中欧任何一个国家都高[1],严重危害了农业生

---

[1] 弗雷德·辛格尔顿:《捷克斯洛伐克:绿色对红色》,见《苏联和东欧的环境问题》,弗雷德·辛格尔顿编,科罗拉多州博尔德市:林恩雷纳出版社,1987年,第175—176页。

产、植物存活和人类健康。在波希米亚地区,由于煤炭的大量使用,空气受到严重污染,呼吸道疾病、消化不良、心脏病以及婴儿畸形等发病率远远高于其他地区。① 东德科学家也认为,在东德一些高污染地区,心脏病、呼吸道疾病、癌症的发病率比其他地区高出10%—15%。而且,矿业开采、煤炭使用导致了硫酸盐、苯酚、硫酸以及粉尘颗粒的排放,从而引起农业用地流失,地下水位下降,水污染指数上升。② 如果从西方国家引进洁净煤技术,比如去硫设备,企业又认为成本太高。③

在水质方面,波兰和匈牙利的统计数据也是触目惊心。到20世纪80年代末,波兰官员认为,只有1%的地表水符合饮用标准,高达49%的地表水甚至达不到工业用水标准。而且,波兰将近一半的城镇没有污水处理厂,直接把未经处理的废水排到江河湖泊里面。④ 在匈牙利,2/3的污水没有进行生物净化。⑤

这些国家的政治制度进一步加大了经济发展对环境的负面影响。国家不执行环境法律,只根据产品生产数量奖励企业,忽视环境保护,阻塞信息渠道,限制政治结社。⑥ 比如,尽管波兰1983年召开部长联席会议,确定了27个环境污染严重的地区,并出台规定,禁止兴办新的环境有害产业⑦,但是这些规定根本就没有落实。这种政治上限制、经济上粗放的体制,使得污染后果严重,相关社会成本大大增加。

---

① 弗雷德·辛格尔顿:《捷克斯洛伐克:绿色对红色》,第176页。

② 琼·德巴德勒本:《未来已经开始:东德的环境破坏和保护》,收入《畅快的呼吸:东欧的环境危机》,琼·德巴德勒本编,华盛顿D.C.:伍德罗·威尔逊中心出版社,1991年,第179页。

③ 同上书,第177—178页。

④ 乔安娜·兰迪、布莱恩·莫顿:《改革对于东欧严重的生态危机来说可能有利有弊》,《优涅读者》,1986年1/2月合刊,第86页。

⑤ 米克罗斯·波萨伊:《匈牙利环境保护的社会支持》,收入琼·德巴德勒本编:《畅快的呼吸:东欧的环境危机》。

⑥ 米歇尔·韦勒:《东方研究中的地缘政治和环境》,《环境政治》,第7卷,1998年第1期,第32页。

⑦ 弗朗西斯·米勒德:《波兰的环境政策》,《环境政治》,第7卷,1998年第1期,第145页。

第一步：提高政府认识

东欧国家在20世纪70—80年代，特别是在1972年联合国人类环境大会召开以后，开始认识到环境所面临的挑战。这期间，很多东欧国家建立了环保机构[①]，政府官员也开始公开承认经济发展和环境保护之间的相互关系。比如，东德提出了"经济发展保障环保投入"的观点。[②] 东欧国家还出台颁布了很多环境法律[③]，比如到20世纪80年代末，波兰已出台了30项法律和规定，捷克斯洛伐克出台了53项法律法规，南斯拉夫出台的法规有300多个，东德、罗马尼亚和匈牙利等都在20世纪70年代通过了综合性的环境保护法，保加利亚修订实施了一系列的环境管理规定。[④]

然而，这些措施的影响还是很有限。有两个分析家提出："一个最大的难点在于，东欧国家共产党执政时期，政府热衷于制定限制环境危害的法律，但是这些法律对于遏制环境恶化却没有起到作用。"[⑤]制约环保法律实施的因素有腐败问题，"过去的经验表明，环境保护的资金常常被地方人民委员会挪作他用，很多企业通过关系可以免于执行水污染法律规定"。[⑥] 政府对发展经济的偏爱也是影响环境的一个因素："企业完成了生产计划，政府就奖励，完不成，就受到重罚……结果是大量的浪费，

---

① 在有些情况下，环境保护的功能仅仅被赋予业已存在的农业部、林业部或水利部。在其他情况下，比如波兰、东德和匈牙利，20世纪80年代中期，环境保护部门则被提到部委级别。见芭芭拉·扬察尔-韦伯斯特：《20世纪80年代东欧的环境政治》，收入琼·德巴德勒本编：《畅快的呼吸：东欧的环境危机》。

② 琼·德巴德勒本：《未来已经开始：东德的环境破坏和保护》，第185页。

③ 苏珊·贝克、彼得·杰立卡：《转型期的困境：东欧地区的环境、民主和经济改革》，《环境政治》特刊，第7卷，1998年第1期，第8页。

④ 扬察尔·韦伯斯特：《20世纪80年代东欧的环境政治》，第25页。

⑤ 米歇尔·韦勒、弗朗西斯·米勒德：《东欧的环境政治》，《环境政治》，第1卷，1992年第2期，第164页。

⑥ 弗雷德·辛格尔顿：《捷克斯洛伐克：绿色对红色》，第180页。

尤其是能源资源的浪费,同时还有大规模的污染。"①和中国一样,工厂设备陈旧、对污染者惩罚轻、环保检察人员职能弱都是导致环境执法力度不够的原因。②

同时,与中国在 20 世纪 90 年代中期的做法一样,东欧国家的政府还积极提高对环境保护的重视程度。很多国家在 1986—1990 年的五年发展计划中将环保投入增加了一倍,开展了环境影响评估。比如,波兰充分认识到,环境退化是社会经济进一步发展的障碍,环境保护在民意调查中被提到和住房、食物、能源一样的高度。在南斯拉夫,银行在批准新项目贷款前,首先要进行环境评估,要求项目达到环境要求。③

最后,东欧政府支持官方环保机构加强对环境退化的科学评测,支持普通民众参与环境治理行动,其中最主要的是开展环境保护活动。比如,在 20 世纪 80 年代的捷克斯洛伐克,斯洛伐克自然和国土保护者协会组织青年自愿者清理污染地区,开展植树活动。④ 如果算上捷克的会员,斯洛伐克自然和国土保护者协会的个人会员在 20 世纪 80 年代初就达到将近 3 万人。在保加利亚,也是在 20 世纪 80 年代初,保加利亚记者协会和全国自然保护委员会联合开展环境保护活动。⑤ 在东德,到 1986 年,已经有将近 6 万人加入政府支持成立的自然和环境学会。⑥

然而,这些政府支持的团体组织没有对国家在环境保护方面存在的问题给予更广泛的或更系统的批评,原因有了解信息不够、活动受限制以及与国外接触少等。⑦

东欧的科学家也开始关注环境事宜。在匈牙利,科学家率先参与领

---

① 米歇尔·韦勒、弗朗西斯·米勒德:《东欧的环境政治》,《环境政治》,第 1 卷,1992 年第 2 期,第 164 页。
② 弗朗西斯·米勒德,《波兰的环境政策》,第 146 页。
③ 扬察尔·韦伯斯特:《20 世纪 80 年代东欧的环境政治》,第 38 页。
④ 弗雷德·辛格尔顿:《捷克斯洛伐克:绿色对红色》,第 180 页。
⑤ 克里斯汀·弗塞克:《环境恶化:东欧》,《观察》,第 28 卷,1984 年第 4 期,第 135 页。
⑥ 德巴德勒本:《未来已经开始:东德的环境破坏和保护》,第 176 页。
⑦ 贝克和杰立卡:《转型期的困境:东欧地区的环境、民主和经济改革》,第 9 页。

导、组织开展环境保护,1971 年,匈牙利科学院年度大会把环境作为重要
议题,并于 1972 年围绕环境议题举办了一个特别会议。[①] 20 世纪 80 年
代中期,波兰科学院建议国家在 1986—1990 年的五年发展计划中增加
对环境保护的投入,将投入提高 6%。[②] 这些科学界和环境界的专家无
疑是"环境保护最有影响、最有权威的代言人",形成了一个跨专业的社
会团体,包括法律专家、科学家、社会科学家。由于均来自大学或参与一
些环境组织,因此,他们彼此都认识。[③]

第二阶段:环保主义行动

　　然而,政府的努力并没有解决困扰该地区的环境和政治问题,由此,
环境俱乐部应运而生。这些俱乐部有着广泛的社会代表性,积极应对不
断恶化的污染问题。

　　东欧的非政府环境主义运动可以追溯到 1980 年 9 月建立的波兰生
态俱乐部。[④] 那时,西里西亚等地区污染严重,波兰全国各地都高度关注
污染对健康带来的危害,同时,波兰民众支持恢复保持国家公园和自然
保护区的悠久传统[⑤],在这种形势下,波兰生态俱乐部发展迅速。波兰科
学家、文化精英、工会成员、环保活动工作者联合要求克拉科夫市
(Krakow)政府关闭或改造该市附近的主要工厂。在克拉科夫市市长的
支持下,环保活动取得了一些进展。到了 1981 年 7 月,波兰生态俱乐部
建立了 14 个分俱乐部,拥有会员 2 万多人。[⑥]

　　在匈牙利,早在 20 世纪 70 年代初,布达佩斯的群众团体就向市政

---

① 波萨伊:《匈牙利环境保护的社会支持》,第 216 页。
② 弗塞克:《环境恶化:东欧》,第 138—139 页。
③ 扬察尔·韦伯斯特:《20 世纪 80 年代东欧的环境政治》,第 40 页。
④ 弗塞克:《环境恶化:东欧》,第 136 页。
⑤ 米勒德:《波兰的环境政策》,第 147—148 页。
⑥ 弗塞克:《环境恶化:东欧》,第 136 页。

府反映空气污染和噪音污染问题。1977 年,一些孩子由于铅中毒而住院,在市民的压力下,政府不得不关闭了一家污染工厂。①

在东德,牵头进行环境保护的是新教教堂。20 世纪 70 年代,该教堂在教区居民中推动成立环境讨论小组,宣传环保主义。据估计,至少有几百名居民加入这种民间团体,并在重污染地区举办"环境弥撒"。② 除了组织种树、骑自行车宣传等活动外,他们还抗议一家化工厂,开展对核电的讨论。③ 路德教堂甚至还秘密印制环境刊物《环境活页》。④

催化剂:切尔诺贝利核电站事故及其影响

1986 年 4 月,位于乌克兰的切尔诺贝利核电站发生爆炸,引起了苏联政治的极大震动,其影响不仅波及到苏联各加盟共和国,还波及到东欧卫星国。4 月 26 日发生的切尔诺贝利核事故将大量放射性物质释放到大气当中,释放量超过二战期间将长崎和广岛夷为平地的原子弹爆炸。⑤ 当时放射性气体和粉尘远飘至希腊、南斯拉夫、波兰、瑞典和德国。然而,苏联领导人直到灾难发生两天后才向公众公布此事,而且试图大事化小,声称"核电站和周围地区的核辐射状况已经稳定下来"。⑥

苏联国内以及国际社会对这次灾难的处理方式都表示愤怒,要求苏联提高事故处理的透明度,国内群众由此进一步抨击政府处理其他环境污染问题的政策。苏联各地,知识分子、学生、科学家积极推动建

---

① 波萨伊:《匈牙利环境保护的社会支持》,第 218 页。
② 德巴德勒本:《未来已经开始:东德的环境破坏和保护》,第 176 页。
③ 弗塞克:《环境恶化:东欧》,第 137 页。
④ 扬察尔·韦伯斯特:《20 世纪 80 年代东欧的环境政治》,第 44 页。
⑤ 罗伯特·彼得·加勒、托马斯·豪瑟:《最后的警告:切尔诺贝利的遗产》,纽约:华纳图书公司,1988 年,第 27 页,引自默里·费什巴赫、阿尔弗雷德·弗兰德里:《苏联的环境屠杀》,纽约:基础图书公司,1992 年,第 12 页。
⑥ 佐罗斯·梅德弗德弗:《切尔诺贝利的遗产》,纽约:诺顿出版公司,1990 年,第 57 页,引自默里·费什巴赫、阿尔弗雷德·弗兰德里的《苏联的环境屠杀》。

立生态俱乐部,要求政府解决地方污染问题。为了向中亚极度缺水的粮棉地区增加供水,苏联制定了西伯利亚河流引水工程,但是在1986年发生一次大规模的抗议后,政府最终取消了这项已酝酿实施了几十年的工程。①

到了20世纪80年代末期,苏联的环保主义者对经济发展的道路产生了重大影响。苏联医学和微生物工业部是公认的制造污染的部门,该部制定实施的36个项目中,由于地方拒绝提供必要的土地,有将近2/3的项目不得不取消。② 在1989年,由于破坏环境,一千多家工厂被关闭或缩减生产。③ 因此,默里·费什巴赫(Murray Feshbach)和阿尔弗雷德·弗兰德里(Alfred Friendly)得出结论:"从应对污染到投身政治的转变是件容易的事。"④

同时,东欧国家政府面临的压力也在增加,一方面被要求加大环保力度,另一方面被要求在政策制定中扩大公众参与。在波兰,很多环境团体把切尔诺贝利核电站事故和波兰面临的环境问题归咎于政府决策过程中缺乏公众参与。⑤ 新闻媒体在开放政治言论、拓展公众辩论和讨论空间方面,发挥了关键作用。正如那时东欧分析家克里斯丁·佐塞克(Christine Zvosec)所指出的:"这不是报道政策中的自由不自由问题,而是说环境污染问题不能忽视。"⑥环境问题使得媒体以少有的坦率和直白对政府进行了不留情面的批评。在波兰和捷克斯洛伐克,媒体用生态灾难或灾祸描述各自国家的环境状况。⑦ 再比如,在南斯拉夫,新闻媒体密集刊载环境专家的文章,阻止黑山塔拉河大坝(Tara River Dam)建设,

————————————

① 默里·费什巴赫、阿尔弗雷德·弗兰德里:《苏联的环境屠杀》,第83页。
② D.J.皮特森:《多难的土地:苏联环境恶化的遗产》,科罗拉多州博尔德市,西方论点出版社,1993年,第200页。
③ 同上书,第197页。
④ 默里·费什巴赫、阿尔弗雷德·弗兰德里:《苏联的环境屠杀》,第22页。
⑤ 扬察尔·韦伯斯特:《20世纪80年代东欧的环境政治》,第44页。
⑥ 弗塞克:《环境恶化:东欧》,第139页。
⑦ 同上。

贝尔格莱德的一家广播电台不仅在节目中公布污染信息,还披露污染环境的企业名单。①

第三阶段:环境以外的意图

对苏联和东欧国家的政府来说,环境抗议至少一开始看起来只是一个"表达民众不满的相对安全的出口"。② 正如俄罗斯一位环境保护人士所言:"政府容忍绿色行动,原因是一开始没有把这些行动看作是对共产党执政的威胁。"③从政府的角度看,如果能正确引导,公众参与环境保护是有利的,可以发挥良好的作用。

批评不应该是表面的或者片面的,要考虑到决策者所面临的两难处境。环保主义者应该寻求现实的解决办法,提出可行的建议。除了批评政府现行的政策和警告潜在的危害外,社会组织还可以在提高全社会的环境意识方面发挥重要作用。政府组织和非政府组织的积极合作是有效进行环境保护的前提。④

政府官员认为生态团体的活动在本质上相对来说不对共产党执政构成威胁,但是生态团体很快辜负了这些政府官员的信任,一开始以反对污染的名义开展活动的环保分子很快就成为争取更广泛的"文化、经济、政治独立"斗争的领袖。⑤ 比如,在拉脱维亚,第一次所谓的"环境"抗议其实质是文化抗议。那是 1984 年,一些环保分子致力于恢复教堂和文化纪念碑。⑥ 拉脱维亚环保俱乐部(VAK)组织各种活动,要求恢复说拉脱维亚语的权利、庆祝活动中使用拉脱维亚旗帜以及纪念 1940 年被

---

① 扬察尔·韦伯斯特:《20 世纪 80 年代东欧的环境政治》,第 41 页。
② 贝克和杰立卡:《转型期的困境:东欧地区的环境、民主和经济改革》,第 9 页。
③ 费什巴赫和弗兰德里:《苏联的环境屠杀》,第 232 页。
④ 同上书,第 223 页。
⑤ 同上书,第 22 页。
⑥ 同上书,第 232 页。

斯大林驱逐出境的拉脱维亚人。① 正如一个保加利亚环保分子所指出的：“生态活动是唯一允许的活动形式。如果你提出人权或宗教自由，那么你就会被监禁。环保活动是表达不满而又不被逮捕的唯一途径。”②因此，拉脱维亚环保俱乐部就成为各色运动分子的庇护地。该俱乐部副会长瓦尔迪斯·阿波尔斯（Valdis Abols）在接受杰弗里·葛拉克（Jeffrey Glueck）采访时说：“很多人，甚至大多数1987年加入俱乐部的会员根本没有绿色思维，他们只是把俱乐部作为一种政治力量，并借此实现自己的政治野心。”③同样，一位斯洛伐克活动家也坦言，环保组织是他们“唯一的选择”。这就意味着参加环保组织的运动分子对其他问题感兴趣，比如呼吁残疾人的权利。他们之所以参加环保组织，原因是环保组织是唯一合法的非政府组织。④

其他社会组织也把环境问题列入自己的活动内容。比如，在捷克斯洛伐克，1977年由人权活动分子建立的团体“77宪章”（Charter 77）于1983年出版了捷克政府禁止出版的捷克斯洛伐克科学院的一份报告。⑤“77宪章”在其出版物中经常讨论环境事宜。1985年，有两名环保运动分子因为呼吁关注波西米亚的森林恶化问题以及公开批评捷克政府的环保政策而被捕入狱。⑥ 1987年4月，“77宪章”出版环境专题论文集，呼吁调整经济结构，把环境列入政府的首要议事日程。⑦

在波兰，劳工组织“团结工会”也把环境保护作为其开展政治活动的

① 杰弗里·格卢克：《颠覆性的环境主义：东欧、拉脱维亚、捷克、斯洛伐克的绿色抗议和民主反抗主义的发展》，哈佛大学优秀学士论文，1991年，第23—24页。
② 阿曼达·塞伯斯坦恩：《巴尔干乌托邦》，《催化》，1990年11刊和1991年1月刊，第28页，见韦勒和米勒德：《东欧的环境政治》，第161页。
③ 杰弗里·格卢克：《颠覆性的环境主义：东欧、拉脱维亚、捷克、斯洛伐克的绿色抗议和民主反抗主义的发展》，第26页。
④ 同上书，第23页。
⑤ 辛格尔顿：《捷克斯洛伐克：绿色对红色》，第175页。
⑥ 同上书，第179页。
⑦ 扬察尔·韦伯斯特：《20世纪80年代东欧的环境政治》，第43页。

一个平台。比如,1981 年 5 月,团结工会工人委员会提出一项决议,要求如果不解决环境危害问题,就要在一个煤炭开采地区实行罢工。① 到了1988 年,波兰成立了绿党。

环境问题与民族主义、反共运动等政治之间的联系常常在一些反对核电站、大坝、引水工程的建设过程中清晰地体现出来。② 严重的跨境污染以及其他环境争端也促进孕育了东欧的环保主义。比如,在 1987 年,波兰学生抗议一家捷克工厂燃油泄露、流进波兰的奥德河支流的事故。由于捷克政府在事故发生后好几天都没有报告事故情况,波兰政府抱怨没有及时得到信息,要求捷克给予赔偿。③ 奥地利和匈牙利之间也发生过类似的冲突。曾担任过匈牙利环境和水事务部长的米克罗斯·波萨伊(Miklós Persányi)介绍了这样一个例子:

> 在进口奥地利垃圾问题上,匈牙利进行了一次全国性的激烈大辩论。匈牙利西部莫雄马扎尔的一个地方议会签署合同,同意倾倒堆放在奥地利格拉茨的垃圾。奥地利方面支付硬通货,并答应提供高技术的废物处理设备。匈牙利当地一个环境组织派出化学家对废物进行分析,认为废物中含有重金属,已污染了地下水。该环境组织将此信息告知公众并报告政府,要求匈牙利环境与自然保护委员会制止该合同的执行。因此,匈牙利出台一个规定,禁止进口有害废品。④

还有两个影响深远的例子是捷克斯洛伐克和匈牙利合作建设大坝以及罗马尼亚和保加利亚之间跨境空气污染的冲突问题。

前者是捷克斯洛伐克和匈牙利签署合约,联合在多瑙河(Danube)上

① 弗塞克:《环境恶化:东欧》,第 136 页。
② 莉莉安娜·伯特契娃:《东欧环境运动主义的焦点和效应:环境运动比较研究》,《环境与发展》,1996 年 9 月,第 295—296 页。
③ 扬察尔·韦伯斯特:《20 世纪 80 年代东欧的环境政治》,第 44—45 页。
④ 波萨伊:《匈牙利环境保护的社会支持》,第 218—219 页。

建造加布奇科沃—大毛罗斯大坝（Gabcíkovo-Nagymaros），其中加布奇科沃在捷克斯洛伐克境内，该部分工程由捷克负责；大毛罗斯在匈牙利境内，由匈牙利负责。1981年，匈牙利著名环境学家加诺斯·瓦格哈（Janos Vargha）发表文章，认为该大坝将"改变多瑙河近200公里河段的水文、物理、化学和生物条件，这些改变将危害饮用水供应、河水和地下水水质、农业、林业和渔业以及当地如画的风景"[①]。1984年，成立了一个反对大坝工程的草根环境组织"多瑙河委员会"，该组织后来逐渐关注其他环境事宜，从事反对共产主义的活动，名称也改为多瑙河之圈，并于1988年注册成一个官方组织，与奥地利和其他国家的非政府组织相互交流。同时，匈牙利环境学者开始抗议政府同意奥地利将有毒废物运往匈牙利。[②] 1988年，4万名群众在布达佩斯集会，抗议多瑙河大坝建设。[③]一年以后，匈牙利政府决定终止大坝建设，但是捷克方面仍然继续。不过，国内外的非政府组织都积极敦促捷克政府停工。"国际反对大坝建设联盟"以及"国际河网"（两个组织都参与反对三峡大坝建设）还敦促国际投资机构和国外政府撤出投资。[④]

即便是在东欧国家中最富有隐忍精神之一的保加利亚，跨境污染问题也唤醒了普通大众的环境意识。1987年，保加利亚的鲁塞城（Ruse）遭受氯污染，严重威胁人们的健康，由此引发了那年秋天一系列的示威抗议。保加利亚政府不得不与罗马尼亚政府交涉此事。[⑤] 这个事件演变成对保加利亚共产党的首次真正的威胁。为了解决氯污染问题，保加利亚成立了"保卫鲁塞委员会"，后来逐步发展为涉及问题更广泛的保加利

---

① 赫尔辛基观察委员会：《东欧的独立和平与环境运动》，《赫尔辛基观察报告，1992年》，见伯特契娃：《东欧环境运动主义的焦点和效应：环境运动比较研究》，第296—297页。

② 扬察尔·韦伯斯特：《20世纪80年代东欧的环境政治》，第45—46页。

③ 罗尼·D.利普舒兹：《麻烦不断的河流：1950—2000年多瑙河上的冲突》，《海域之间》，第1卷，1997年第2期，第7页，www.columbia.edu/cu/sipa/REGIONAL/ECE/dam.html。

④ 伯特契娃：《东欧环境运动主义的焦点和效应：环境运动比较研究》，第297页。

⑤ 扬察尔·韦伯斯特：《20世纪80年代东欧的环境政治》，第48页。

亚地球之友,并成为"民主力量联盟"(Union of Democratic Forces)的核心力量。① 经过双方政府磋商,污染问题得到圆满解决,罗马尼亚关闭了80%以上的工厂,在罗马尼亚总统尼古拉·齐奥塞斯库(Nicolae Ceausescu)的有力控制下,尽管形势一度十分严峻,但环境运动最终没有在罗马尼亚扩展开来。②

在前苏联一些加盟共和国,环境事宜还成为政治变革的催化剂。正如皮特森(D.J. Peterson)所指出的:"对很多公民来说,他们的国家环境所遭受的破坏可能预示着苏联发展、苏联经济甚或苏联国体出现了问题,环境所遭受的巨大破坏有目共睹,因此很容易号召民众行动起来。大自然成为社会变革的中介。"③1989年,立陶宛绿色组织认为,立陶宛共和国"除了缺少污染控制设备,还无法控制生产和资源……谴责苏联统治者把立陶宛变成了生产和服务的工业殖民地,而不顾及立陶宛人民的需求"。④ 在格鲁吉亚,广大民众于1988年抗议建设跨高加索大铁路,为后来成立全格鲁吉亚罗斯塔弗黎学会(Rustaveli)生态协会奠定了基础,成为推动格鲁吉亚独立运动的先驱。⑤

最后,"有些环保组织只是作为实现推翻共产党统治这一大目标的工具……在人们环保意识不强的国家比如罗马尼亚尤其如此。"⑥在这种情况下,这些"所谓的环保分子"很少能推进环境保护,而是集中精力更多地关注政治问题。

比如,罗马尼亚有一个城镇考伯萨·米卡(Copsa Mica),是东欧污染最严重的城镇之一,当地居民生活在一家轮胎厂排放的黑碳粉尘之中。在大约3000名接受检查的市民当中,一半以上的人显示出铅中毒

① 韦勒和米勒德:《东欧的环境政治》,第165—166页。
② 伯特契娃:《东欧环境运动主义的焦点和效应:环境运动比较研究》,第299—300页。
③ 皮特森:《多难的土地:苏联环境恶化的遗产》,第216页。
④ 同上书,第216—217页。
⑤ 同上书,第216页。
⑥ 贝克和杰立卡:《转型期的困境:东欧地区的环境、民主和经济改革》,第10页。

症状。在 1983—1993 年期间,约有 2000 人由于铅中毒而患有严重的肺病、胃病、贫血症,不得不住院治疗。2—14 岁的儿童中 96% 的患有慢性支气管炎和呼吸道疾病。[①] 然而,当地居民的生活要靠这个工厂,他们已经接受了污染这个现实[②],不愿意进行反抗。而且,尽管联合国承诺要提供经费援助,改善环境污染状况,但罗马尼亚的环境非政府组织,比如罗马尼亚生态运动,却显得无动于衷,这些非政府组织更关心的是阻止齐奥塞斯库把多瑙河三角洲变成农田,因为多瑙河三角洲的农业开发将直接提高齐奥塞斯库这个独裁者的威望。[③]

环境保护:漫漫二十年

东欧和前苏联政治经济转型时期,环保方面取得了一定的成绩。在一些富裕国家,比如捷克共和国、波兰、匈牙利,经济改革、公众压力、环保主义等各种因素结合在一起,使得空气、水和土壤污染有了显著的下降。[④] 这些国家加大投入,开发更清洁、更先进的技术,实现了从高污染工业向目前更有效的生产方式的转变。[⑤]

欧盟对成员国的环境保护有严格的要求,很多国家如果希望加入欧盟,其政府就需要加大环保力度。比如,波兰在很大程度上就是为了达到欧盟的要求积极推动环保工作,取得了很大的成绩。波兰采取严厉措施,禁止从其他国家进口垃圾,提高环境污染费金额,实行污染许可交易等市场化措施。在匈牙利,环境状况不断改善,但是一些人相信促进环保工作的不是日益兴起的环保运动,而是政府加入欧盟的

---

① C.托马森:《罗马尼亚的黑色城市》,《世界报刊评论》,第 40 卷,1993 年第 9 期,第 43 页,见伯特契娃:《东欧环境运动主义的焦点和效应:环境运动比较研究》,第 304 页。

② 同上。

③ 同上书,第 304—305 页。

④ 彼得·哈弗里塞克:《捷克共和国:通向更清洁未来的第一步》,《环境》,第 39 卷,1997 年 4 月,第 18 页。

⑤《经济过渡中的环境趋势》,经合组织政策简介,《经合组织观察家》,1999 年 10 月,第 3 页。

愿望所致。[①]

但是,在该地区的其他国家,伴随环保运动和非政府组织的兴起以及共产主义的失势,环境状况并没有得到很大的改善,人们期待的更加绿色的未来并没有到来。原因是多方面的,最重要的是国家经济困难。比如保加利亚政府在环境方面的投入就随着经济的起伏而变化,在 20 世纪 90 年代中叶,随着经济形势的恶化,环境投入在 GDP 中所占的比重从 1993 年的 1.3% 下降到 1995 年的 0.9%;斯洛文尼亚也出现了同样的经济衰退,环保投入也相应地下降。[②]

东欧、中欧国家在持续不断地处理共产党执政时期遗留下来的核设施老化、重工业污染等问题的同时,快速的经济发展又引起了一系列新的环境问题。这些问题与中国面临的相似,比如车辆增加导致的空气污染加剧、洗涤剂等导致的水污染严重、塑料袋使用导致的废物管理问题增多等。[③] 另外,很多国家的环境非政府组织不愿意从社会政治活动中抽身去推动制定详细的环境政策,来应对这些新的环境挑战。

政治考虑也常常影响非政府组织作用的发挥。比如,俄罗斯高级官员发出命令,把核废料的处理看作是安全的,不允许环保主义者报告军方行动对生态的危害,否则以叛国罪论处。俄罗斯前总统弗拉基米尔·普京在其他官员的支持下,还成功制止了一项由 200 多万人签名呼吁的全民公决,该公决要求反对进口核废料,而进口核废料在未来 10 年内可以为俄罗斯政府带来 200 亿美元的收入。[④] 的确,由于俄罗斯政府不愿意公众参与环保事宜,导致一些环保人士再一次将环保和民主联系起

① 古斯塔夫·考斯托兰易:《哪里污染重,哪里就有钱》,《中欧评论》,第 1 卷,1999 年 9 月 13 日,第 12 期,www.ce-review.org/99/12/csardas12.html.

② 杰拉尔德·范克奇编:《兴起的环境市场:保加利亚、克罗地亚、罗马尼亚和斯洛文尼亚考察》,匈牙利圣安德烈:中东欧地区和环境中心,1997 年 9 月,第 24 页,第 49—50 页,www.rec.org/REC/publications/EmEnvMarket2/EmEnvMarket2.pdf.

③《欧洲:清洁还是清除》,《经济学人》,1999 年 12 月 11 日,第 47 页。

④ 劳拉·A.亨利:《更加绿色的未来的两条途径:俄罗斯的环境主义和公民社会发展》,《民主》,2002 年春季卷,第 184—206 页。

来,"全民公决不只是反对核废料进口,而且要求在俄罗斯建立民主和民权社会。"①

除了个别情况,中欧、东欧国家的环保部门职能一直比较弱小,特别是在面对提高人民的生活水平的情况下,更要把加快经济发展放在首位。以俄罗斯为例,普京总统在 2000 年解散了俄罗斯国家环境委员会,特别是在将环保职能划入自然资源部以后,俄罗斯环保主义者的工作更加难做,因为自然资源部的主要职能是负责矿业开采、石油开发和木材加工。

最后一点,很多环境非政府组织依然是一个精英主导的组织,与国际资助机构的联系要比与国内机构密切得多。而那些草根组织在与地方部门的沟通和联系方面可能更加有效,但常常缺乏资金,缺乏长期生存和发展的组织能力。

亚太地区:从经济奇迹到环境灾难

乍看起来,亚太国家和东欧国家以及前苏联没有多少共同之处。从 20 世纪 80 年代到 90 年代末的亚洲金融危机爆发之前,亚太地区的经济实现了前所未有的增长,经济的迅猛发展为该地区带来了巨大的财富。

但是,这种快速发展还带来了环境灾难,该地区的国家领导人又大多对此视而不见。就像东欧国家和前苏联一样,亚太地区从整体上来说忽视环境保护,各国环保部门职能弱,公众参与机会少。而且,就像中国一样,亚太地区由于机动车增加、城市化加快、进城人口增加以及其他原因,使得环境不堪重负。

亚太地区经济的迅猛发展已经对环境产生了很多负面影响。最主要的问题是水污染。工厂直接把未处理的废水排到溪流、江河和沿海水

---

① 保罗·布朗:《美国支持俄罗斯进口核废料计划》,《卫报》,2001 年 2 月 19 日,见劳拉·A. 亨利:《更加绿色的未来的两条途径:俄罗斯的环境主义和公民社会发展》。

域。整个东南亚,因树林被砍伐而变得光秃秃的山导致洪涝、干旱不断发生,形成恶性循环。农垦过度、不处理居民生活污水、工业废物等严重危害了地下水、地表水和沿海水域。有些报告估计,菲律宾、印尼、越南和泰国二氧化碳排放的增长幅度比经济增长的幅度快 2—5 倍。在菲律宾首都马尼拉,由于基础设施不完善,一半以上的居民没有自来水,只有4%的人口生活用水得到处理。[①] 水质差、水源少既危害着当地居民的健康,也威胁着经济的持续发展。在爪哇海,废物倾倒越来越严重,包括倾倒有毒工业废物,导致鱼群数量大幅下降,人口发病率上升,传染病蔓延。有一项研究对爪哇海 34 种鱼类进行了调查,发现从柬埔寨、印尼、马来西亚、泰国海岸选择的大多数鱼样汞含量很高。[②] 2008 年 7 月,在印尼巴布亚省,由于饮用水受污染,爆发了霍乱,死亡 172 人。[③]

即便是在韩国和中国台湾这些富裕的国家和地区,工业化进程也对水的质量产生了威胁。在中国台湾,几条作为饮用、水产和农业水源的主要河流受到镉、铜的污染。[④] 在韩国,未经处理的工业废水也污染了几个主要的饮用水源。[⑤] 日本虽然大大降低了沿海水域的汞含量和砷含量,但沿海娱乐场所以及高尔夫球场的开发,严重影响了鱼群数量。从1988 年到 2003 年,日本海洋渔业的捕获量从 1250 万吨减少到 600 万吨。[⑥] 总体来说,水源污染影响了整个地区的经济发展,人口发病率、死亡率上升,工业成本增加,农业发展缓慢,淡水渔业和沿海渔业产值下降。

---

① 亚洲开发银行:《2007 年亚洲水发展展望:菲律宾》,第 4 页。

② 安久佐哲郎、久尔土隆、安久佐须田:《东南亚海洋鱼类消耗中的微量元素暴露评估》,《环境污染》,2007 年,第 145 页。

③《印尼巴布亚省 172 人死于霍乱》,法新社,2008 年 7 月 30 日。

④ 郑兆展(音译):《台湾和日本空气和水污染法律的形成和发展比较研究》,《太平洋周边的法律与政策》,1993 年第 3 期,第 S62 页。

⑤《新闻评论》,1994 年 5 月 21 日,第 7 页。

⑥ 大桥隆典:《日本的渔业和海水养殖情况》,联合国培训与研究所海洋和人类食品安全研讨会提交论文,2006 年 10 月 1—6 日,日本广岛。

然而,正如中国一样,亚洲环境污染最明显的可能是空气质量差。机动车、煤油消费、能源供给和传输效率低带来的污染,给亚洲地区人们的健康以及经济发展带来了严重影响。空气污染增长的速度比经济发展快 2—3 倍,亚洲人口死于空气污染的比例高得惊人。曼谷空气中的粉尘数量超过世界卫生组织限制的 250%。2006 年的一项研究发现,在曼谷污染严重的地区,在 10—15 岁的儿童中间,呼吸道疾病和肺功能下降非常普遍。① 在马尼拉,每年死于空气污染的人数大约有 5000 人。②

由于很多国家人口增长、农民进城以及城市化加快,以上问题变得更加严重。据估计,到 2015 年,有将近 20 亿人,也就是亚洲人口的一半以上,将生活在城市里。③ 到那时,估计世界上 23 个特大城市将有 15 个在亚洲。④ 满足这些人口的环境、能源、卫生等基本需要的基础设施远远跟不上,污水处理设施、住房、饮用水管道、电力、交通等都需要进一步加强。

亚太地区国家快速、破坏性地开发森林资源还导致了洪涝干旱的恶性循环、土壤侵蚀以及气候变化。很多国家通过森林采伐获取了大量的财富,部分原因是国内农业用地开垦以及薪柴的需要。但是,正如中国一样,更主要的原因则是木制品可以带来的巨额利润,由此而造成森林面积减少。经济发展也导致宝贵的耕地和林地消失。比如,泰国将肥沃的土地转让给高尔夫球场、度假村和工业开发商。森林面积占土地面积的比例从 1961 年的 53% 下降到 2005 年的 28.4%。⑤ 在菲律宾,森林面

① 乌玛·朗库尔森、瓦尼达·金萨特、卡纳·卡瑞特:《曼谷儿童的呼吸道症状和肺功能》,《欧洲公共卫生杂志》,第 16 卷,2006 年第 6 期,第 676—681 页。
② T.J.柏哥尼欧:《空气污染每年致城市居民死亡近 5000 人》,《菲律宾每日问讯报》,2007 年 9 月 4 日,www. newsinfo. inquirer. net/breakingnews/nation/view/20070904 - 86654/air_pollution_kills_nearly_5%.
③ 卡特·布兰登:《亚洲日益严重的污染问题》,《社会、政治和经济研究》,第 21 卷,1996 年第 2 期(夏季卷),第 199 页。
④ 《亚洲人口的未来:人口、自然资源与环境》,美国东西方中心,2002 年。
⑤ 《泰国森林数据》,Mongabay.com 门户网站,www. rainforests. mongabay. com/20thailand. htm.

积同样减少,占土地面积的比例从 1969 年到 1993 年下降了几乎 50%,使菲律宾从 20 世纪 80 年代的一个世界主要木材出口国变成了 90 年代的木材进口国。[①] 目前,菲律宾依然是木材净进口国,森林面积继续减少,从 1990 年的 35.5% 减少到 2005 年的 24%。[②]

除了大规模地出口木材,亚太地区的一些国家和地区还是世界上主要的木材消费市场。虽然日本自己保持 70% 的森林覆盖率,严格控制国内森林采伐,但仍然是世界第三大软木与硬木进口国,仅次于中国和芬兰。[③] 另外,韩国和中国台湾也大量进口木材,韩国 1994—2003 年的木材进口量翻了三番还多。

资源开发的政治学

尽管在经济不断繁荣的同时环境状况在恶化,但亚太地区国家的领导人一直消极应对环境保护的挑战。其制约因素主要是环保官员与企业之间有着密切的经济、友情甚至是家族关系。由于环境法制体制不健全,这种联系使得环境保护变得更加艰难,在经济不甚发达的亚洲国家尤其如此。

比如,在马来西亚,国家领导人从传统上就具有向其政治支持者分配森林采伐特许权的权力。尽管采取措施改善环境状况,一些国际非政府组织,比如,"地球之友"和"绿色和平组织"依然认为腐败问题影响了这些措施的实施,并指出政治结构和既得利益集团有着错综复杂的关系。[④] 在印尼,专家在 2003 年斥责非法砍伐。因为非法砍伐,发生洪涝

---

① 弗朗西斯科·玛格诺:《菲律宾的环境运动》,见李煜绍、苏耀文编:《亚洲的环境运动:比较研究》,纽约:M.E.夏普出版社,1999 年,第 143 页。

② 《亚洲和太平洋关键指标:2009》,亚洲开发银行,第 123 页。

③ 鲍勃·弗林:《全球视野下的森林:现状和未来》,在美国林务员协会俄勒冈分会会议上的报告,2009 年 4 月,www.forestry.org/pdf/osaf 2009/flynn.pdf.

④ 迈克尔·瓦提裘提斯:《马来西亚森林:明确的保护法令》,《远东经济评论》,1993 年 10 月 28 日,第 54 页。

灾害,导致 100 多人死亡。当时的环境部部长说:"制止非法砍伐非常困难,因为我们必须面对那些金融大款以及他们的无耻保护者,这些保护者既有印尼的武装警察和公安,也有其他政府部门。"①菲律宾的情况同样如此,采伐者时常贿赂森林监管人员,以便进行非法砍伐,在菲律宾,非法木材贸易是合法木材贸易的 4 倍。②

环保部门职能弱是亚太地区几乎每一个国家都存在的问题,是环保政策不能有效执行的一个核心问题。之所以出现这种状况,部分原因是亚太国家的环境保护部门设立得晚,或者是将环保职能赋予其他部门,而这些部门的主要任务不是环保。马来西亚至今没有独立的政府环保机构,环保职能被赋予科学技术与环境部,环保事业与科学发展混在一起。一般来说,这些环境保护机构经费少,人员素质不高,设备和技术差,业务职能和其他强势部门有交叉或冲突。比如,在泰国,有"大约 20个政府部门负责与水污染有关的问题……很多部门根本就不执行环境规定"③。

而且,尽管环保部门有监管权力,但大多数部门又无权管理一些行业比如能源和交通部门的污染。在日本,环境署通常被认为是政府部门中权力最小的机构。比如,1993 年,环保署力图推进一个新的《环境基本法》,但是由于方方面面的企业和政府官员的反对,这个法律最后几乎就没保留什么内容,因为企业和其他政府官员担心如果通过该法,会提升环保署的地位,阻碍日本经济的发展。④ 韩国也是如此。1994 年以前,自来水水质的监管一直是由卫生与社会福利部和建设部负责,1994 年,

---

① 《北苏门答腊的洪水是非法森林砍伐引起的吗?》,印度尼西亚媒体观察,2003 年 11 月 7 日,www.rsi.com.sg/en glish/indonesiamediawatch/view/2003110718209/1/.html.

② 玛格诺:《菲律宾的环境运动》,第 149 页。

③ 李煜绍、苏耀文:《泰国的环境运动》,见李煜绍、苏耀文编:《亚洲的环境运动:比较研究》,第 120 页。

④ 井村秀文:《日本的环境平衡法:促进可持续发展》,《亚洲调查》,第 34 卷,1994 年第 4 期,第 356—357 页。

韩国发生了几个主要水源遭受严重污染的事件,从那以后,自来水水质监管才划由环境部负责。然而,由于环境部只有两三个职员有专业技术人员资格证书,因此,只好把监管职能转由企业负责。①

即便是中央政府支持开展强有力的环境保护工作,地方政府也常常消极对待。比如,在马来西亚,地方政府的财政收入来自木材采伐许可费,因此对于中央政府打击非法砍伐的政策就会有所抵触。而且,马来西亚每个州都有管理森林的自治权,负责发布自己的森林管理条例,制定自己的执法机制。20世纪90年代中期,在森林砍伐最严重的一个地区沙捞越(Sarawak),当地政府中仅有一名负责森林管理的人员。

亚太地区的国家领导人不愿意在环境保护方面加大投资、提高污染费用或者加强执法,因此在整个地区的环境保护上就留下了很多的漏洞,填补这些漏洞的是非政府组织、媒体、当地个人以及企业负责人组成的混合力量所开展的环保活动,这些活动有的得到政府的积极鼓励,有的没有得到政府的鼓励,完全是自发的。这种以多种力量的大合唱来应对环境挑战的情况也和中国有相似之处。

和中国一样,亚太有几个地区在环保方面走在了全国的前面,原因是当地居民尤其是当地官员、名流对环境保护非常热心、积极。比如,在日本,川崎市批准实施了一个"基本环境计划",目的是改善空气、水、土壤的质量,提高城市供热能源效率,其标准比全国标准严得多。在水俣湾(Minimata Bay),20世纪60年代发生了汞污染事件,给生活在水俣湾附近的居民造成了严重影响,催生了日本的环保主义。现在,当地市政府已经把该地区建成了环境样板市。该市实施了详尽的垃圾分类计划,居民要把生活垃圾分成23个大类,然后这些垃圾还要再细分为84个小类。1999年,有5000名企业和政府代表参观水俣市,学习该市的环保

---

① 《新闻评论》,1994年5月21日,第7页。

经验。①

在一些比较富裕、工业比较发达的亚洲国家,企业在推动环境保护方面发挥着积极的作用。比如,在日本,索尼公司于 2001 年推出了绿色伙伴计划,要求其供应商为了公司的全球运营,提供的原材料要达到规定的环境标准。2003 年以来,索尼公司要求所有新加盟的材料供应商都必须加入这个计划,而已经加入绿色伙伴的成员每两年要接受一次检查。② 索尼公司的绿色伙伴计划执行国际环境 ISO 14001 认证标准。

突破政府限制:非政府组织

不过,在整个亚太地区,环境保护最强大的力量之一是非政府组织。当地非政府组织和新闻媒体以及国际非政府组织一道在提高政府官员和普通民众的环保意识方面发挥了关键作用。这些非政府组织传播信息,教育群众,监督法律实施,挑战政府,同时还提供重要的技术和专家支持,既发现问题,又提出解决问题的办法。

但一旦放开,政府就发现非政府组织是一支很难控制的力量。它们常常逾越中央政府的管理限制,不仅向地方政府挑战,而且向中央政府挑战。

印尼、马来西亚、越南的情况显示了政府和 NGO 之间关系的复杂性。从某种程度上说,这些国家都认识到 NGO 在环境保护方面的重要性,因此呼吁 NGO 提高公众的环保意识。比如,印尼的《环境管理法》规定,环境保护"包括社区利益……这一目标可以通过个人、环境组织,比如非政府组织、传统社团以及其他开展并不断扩大环境活动、提高环保

---

① 《环境运动走向正确之路》,《读卖新闻》,2000 年 10 月 22 日。
② 《采购活动:面向提供商的绿色采购》,索尼公司网站,www. sony. net/SonyInfo/procurementinfo/green. html.

能力的团体来实现,这些已成为可持续发展的主要力量"①。越南副总理武宽(Vu Khoan)2003年称赞环境NGO时说:"越南将继续创造有利条件,改善NGO在越南开展活动的法律环境。"②马来西亚环境部首任部长丹·斯里·王其辉(Tan Sri Ong Kee Hui)也赞赏马来西亚NGO在促进环境运动发展方面做出的贡献。③

同时,政府对新闻媒体和NGO等也加强管理和监督,必要时甚至动用武力。2009年9月中旬,马来西亚沙捞越省4个当地社团的15名负责人在向省长递交大坝建设抗议书后被逮捕。该抗议书称,这两座大坝没有经过当地社区的同意。这15名负责人在交了3000马来西亚林吉特(约866美元)的罚款后被释放,但被叫到法庭询问。④ 当地一家报纸报道,其中一座大坝的运行将迫使1000名槟城人和20户肯雅族居民迁移,同时还会破坏他们的土地、庄稼和墓地。⑤

2009年5月,在印尼北苏拉威西省(North Sulawesi),据报道,当地政府强迫解散农民和环境人士联合在省会城市万鸦老(Manado)召开的一个会议。警察不仅逮捕了与会的渔民和环境人士,还向会议召开地的主人施压,声称要取消"万鸦老联盟"的宾馆预定,从而调查会议的策划者。⑥

尽管面临政府介入的潜在威胁,这些NGO还是和国内其他NGO

---

① 《环境管理的法律问题》,《法学》,第23卷,1997年,亚太环境法中心,国立新加坡大学,www. law. nus. edu. sg/apcel/dbase/indonesia/primary/inaem. html.

② 《政府首脑赞赏NGO和越南的合作》,越南驻美国大使馆网站,2003年11月19日,www. vietnamembassy - usa. org/news/story. php? d = 20031119162130.

③ 詹尼·坦·苏亚特·伊姆:《可持续发展的教育网络——从地方和地区的角度分析》,在可持续发展专家教育地区中心的发言,马来西亚槟城,2006年6月19—22日。

④ 《新闻简报:马来西亚土著领袖在巴厘岛被释放》,布鲁诺曼梳基金会(Bruno Manser Fund)新闻,2009年9月。

⑤ 杰瑞米·汉斯:《15名土著领袖因抗议修建可能毁掉他们岛屿的大坝在博尼奥被捕》,2009年9月16日,www. mongabay. com.

⑥ 印尼绿色联盟:《抗议警察部门对万鸦老联盟的镇压和恐吓行动》,2009年5月11日,www. sarekathijauindonesia. org/id/content/protest - against - represive - and - intimidative.

一起进行抗议。在沙捞越省和万鸦老市这两个事件中,其他 NGO 也采取抗议政府的行动。在沙捞越省,布鲁诺曼梳基金会发出请愿书,呼吁当局撤销所有对当地 NGO 负责人的指控,向所有被捕者道歉。在北苏拉威西省,印尼绿色联盟(Sarekat Hijau)印发其致印尼警察局局长的一封信,谴责"警察在万鸦老的残暴行为"。①

在菲律宾、泰国、韩国,非政府组织都突破政府对其限定的环境领域,经常就国家的政策发出反对的声音。在这些国家的军政府或极权统治时期,环境保护和政治抗议活动紧密地交织在一起。

在泰国,1974—1975 年期间,发生了一场学生运动,抗议政府授予泰国开发与矿业公司(TEMCO)非法采矿的特许权。泰国军政府受到这样的挑战还是第一次,但是,最终学生赢了,政府废除了特许权,随后,环境团体在全国蓬勃发展起来。② 渐渐地,在一些因素的促进下,非政府组织成为泰国决策程序中被认可的一部分。这些因素有:泰国中产阶级在 20世纪 80 年代发展起来,更加关心环境退化问题;军政府同意公众参与环境事宜;国际社会参与并提供经费和组织援助。③ 比如,泰国非政府组织和电力局一道重新审核巴蒙(Pak Mun)水电站项目,将需要迁移的人口数量降至最小。这一决策程序之所以能够顺利进行,是因为政府完全希望在工程启动前,充分听取公众的意见。④

在菲律宾和韩国,环保主义和呼吁民主的关系更加紧密。20 世纪70 年代初期,在独裁者费迪南·马科斯(Ferdinand Marcos)统治时期,菲律宾的环境抗议就和广泛的争取民主的斗争紧紧联系在一起。民主运动提出环境恶化和极权主义之间的关系,并将自己的活动纳入环境议程之中,指出"不让公民参与国家发展计划,将资源集中在少数人手里,

---

① 布鲁诺曼梳基金会新闻:《新闻简报:马来西亚土著领袖在巴厘岛被释放》;印尼绿色联盟:《抗议警察部门对万鸦老联盟的镇压和恐吓行动》。
② 李煜绍、苏耀文:《泰国的环境运动》,第 123—124 页。
③ 同上书,第 124—125 页。
④ 《1992 世界发展报告》,纽约:牛津大学出版社,1992 年,第 88 页。

不容许提出其他发展战略,这些权力滥用都是在非民主的政治和经济结构中形成的。"①

到阿基诺夫人(Corazon Aquino)1986年掌权的时候,菲律宾的非政府组织已经成长为一支强大、独立的力量,部分原因是国际社会的援助是通过非政府组织,而不是通过政府的某个部门进行的,因为政府通常被认为容易产生腐败,而且效率低下。② 1997年,政府停止马尼拉城外的一个火电厂建设,很大程度上是由于环境NGO"可持续发展十字军"施加的政治压力。该环境NGO证实电力公司和地方官员联合隐瞒公众对工程的反对意见,并证实该工程违反了很多环境法规。③

在韩国,民主运动也披着环保运动的政治外衣。整个20世纪70年代,环境保护是当时军政府所允许进行公开示威的为数不多的几个组织之一。④ 同时,环保运动也从民主运动中学到了不少经验,比如采取示威和对抗的策略。⑤

与菲律宾一样,在韩国1987—1988年向民主转型的过程中,环保运动的策略开始从积极对抗转为和平行动,把重点放在"建立广大的群众基础,取得丰富的专业知识……争取新闻媒体的关注和公众的同情上"⑥。在2000年,韩国最大的环境组织之一"绿色韩国联合协会"通过全国100个儿童起诉政府,宣称政府由于"无度的、盲目的城市开发",导致人们的生活质量下降。⑦

因此,在亚洲国家,非政府组织在推动环境议程方面有时可以发挥重要的作用,成为一支重要的力量。然而,很多政府仍然密切注意非政

---

① 玛格诺:《菲律宾的环境运动》,第150页。
② 同上书,第152页。
③ 高峰司:《亚洲的环境NGO:兴起的力量?》,《雅加达邮报》,1999年6月14日。
④ 李苏红、萧新黄、刘华建、赖昂扩、弗朗西斯科·玛格诺、苏爱文(译名均为音译):《环境运动的民主化影响》,见李煜绍、苏耀文编:《亚洲的环境运动:比较研究》,第233页。
⑤ 同上。
⑥ 同上书,第234页。
⑦《绿色韩国联盟发起拯救环境的法律行动》,《韩国时报》,2000年3月31日。

府组织的活动,并通过各种各样的规定、要求,限制它们的活动。政府对非政府组织密切关注的部分原因源于环保运动和社会变革之间的联系。根据马来西亚一家报纸的社论,这种联系有两方面的负面影响。首先,这种联系表明环境非政府组织并不是重点关心其核心业务,比如关心"非法建筑占用国家公园土地以及侵占保护耕地"。① 第二点无疑也是最让政府担忧的一点:环境非政府组织可能利用公众支持鼓吹人权。该社论评论道:

> 曾经单纯的环保运动现在已经和其他活动纠结在一起了,这样说一点也不夸张。事实上,这些非政府组织的作为与 20 世纪 90 年代因开展人权活动而被捕的人相比有过之而无不及。非政府组织的这种变化源于欧洲,而且对其他活动的涉猎越来越多,特别是对发展中国家积极促进民主进程起到了很大作用……因此,现在需要对所有的非政府组织进行重新审查,以便环境非政府组织不被人权组织所利用,避免人权组织以环境非政府组织的面目出现。通过这个办法,那些所谓西方的观点或意识形态才不会扰乱环保领域的法律和技术问题。②

在亚洲相对富裕的国家和地区,比如日本和中国台湾,环保主义一直沿着两条明显的道路发展,这一点很像美国。第一条路是,非政府组织主要关注当地事宜,采取"事不关己高高挂起"的行为方式,比如主要关注污染企业、垃圾焚烧炉或者核电厂等。这些非政府组织可能通过一些传统的仪式、宗教、民间节日等宣传环保。

第二条路是,台湾地区相当一部分环保运动致力于国际环境事宜。由于参加人员多是在美国接受教育的知识分子,因此这些非政府组织的活动反映了西方关注的焦点,主要关注森林减少、核电、臭氧层以及气候

---

① 《环境 NGO 已经失去灵魂》,《国家日报》(泰国),2000 年 5 月 18 日。
② 同上。

变化等全球性事宜。①

在日本,绝大多数非政府组织都是地区性的,只有10%的非政府组织认为它们是全国性组织。② 日本非政府组织首先是关注自然保护,其次是关注全球性的环境保护和污染问题。它们将主要精力用于垃圾分类回收、反污染、有机食品以及其他联合行动。③

日本的政治结构不利于环境非政府组织的发展。比如,环境非政府组织要想取得免税资格,需要有250万美元的资产或者广大的会员。(具体需要多少会员才能获得免税资格由非政府组织的主管部门确定。)④而且,非政府组织的经费来源主要依靠政府拨款,特别是环境署的拨款。20世纪90年代中期,环境署由于将非政府组织经费拨给"政府附属企业以及半官方组织"而备受指责。⑤ 最后,非政府组织很难涉入日本的政治。比如,日本没有任何条款允许公众参与环境政策制定和实施。由于环保分子活动范围小,因此有关环境方面的诉讼极少,况且最高法院也是倾向于支持政府的。⑥

亚太地区的环境非政府组织尽管已经有几十年的历史,但很多非政府组织仍然面临巨大的困难。在日本、菲律宾、泰国,非政府组织的经费主要依靠国外资助,很多非政府组织80%—90%的资金来自海外。⑦ 在亚洲一些国家,政府仍然控制着新闻媒体,从而限制了信息的传播。

亚洲很多的非政府组织也得到政府和企业的支持。比如,在泰国,

① 萧新黄、赖昂扩、刘华建、弗朗西斯科·玛格诺、拉拉·伊豆斯、苏爱文:《环境运动的文化内涵和亚洲模式》,见李煜绍、苏耀文编:《亚洲的环境运动:比较研究》,第214页。
② 伊粟口韩、古村晴彦:《日本环境运动不高涨? 日本环境组织研究》,南部政治科学协会年会论文,2005年1月8日,www. allacademic. com//meta/p_mla apa_research_citation/0/6/6/9/2/pages66926-1. php.
③ 罗伯特·梅森:《日本环境运动走向何处? 国家层面上的问题和前景估计》,《太平洋事务》,1999年7月1日,第193页。
④ 同上书,第197页。
⑤ 同上书,第199页。
⑥ 同上书,第198页。
⑦ 李煜绍、苏耀文编:《亚洲的环境运动:比较研究》,第128—129页。

尽管草根非政府组织仍然反对建设大坝、开采矿业、推进城市化进程等，但一些大企业已经开始采取"合作"的态度，开展绿色技术和环境美化行动，促进环境保护。[①] 因此，这些企业就不再受社会的责难，而且在很大程度上中和了环保分子的潜在批评。

当然，环境非政府组织推动了亚太地区环境保护的发展，对中央政府的计划形成了挑战，而且在有些情况下，还促进了普通民众参与地方环境保护。尽管由于经济或政治原因而受到限制，这些非政府组织仍然为中国未来的环境保护提供了借鉴。

给中国的经验教训

20 世纪 80 年代，在亚太地区、东欧和前苏联，环境保护的实践相对比较简单。这就是，高层政府官员优先发展经济，认为经济发展是社会稳定的关键。然而，这种发展模式带来的环境后果已经开始危害人们的健康，影响人们的生活水平以及社会福利和进步。

对于环境挑战，政府领导人一开始采取的是政治上的举措，即在中央政府建立环保机构（有些政府也设立地方环保机构）；制定一系列的环境法规；在一定程度上让公众参与政府环境决策。20 年后，在经济繁荣的国家，比如日本、韩国、波兰、匈牙利以及捷克，政府领导人把更多的资源投入环境保护，支持环保部门开展活动，从而让政府环保部门、草根环境组织以及环境法规部门充分发挥它们在环境保护方面的作用。在中欧国家，欧盟等国际上的压力也是推动政府实现环境承诺的关键因素。

不过，亚洲的大多数国家、中欧以及俄罗斯仍然以经济发展为中心，几乎完全忽视环境保护，避免采取更进一步的措施，比如投入资金进行

---

① 李煜绍、苏耀文编：《亚洲的环境运动：比较研究》，第 139 页。

环境保护,对污染企业和破坏环境的行为给予重罚,提高自然资源的价格等,因为这些政府担心,如果这样做,会影响经济的发展。这些国家参与国际经济循环对环境保护来说也是喜忧参半,一方面通过国际贸易和国外投资带来了先进的环境技术,另一方面也加速了自然资源的开发,引进了其他国家的污染企业,甚至进口其他国家的垃圾废品。在一些国家,非政府组织蓬勃发展,但其活动往往受到合法或非法的制约。即便是在富裕的民主国家和地区,如日本和中国台湾,环境非政府组织的作用也受到政治因素的很大影响。

同美国和欧洲相比,亚洲的非政府组织和新闻媒体的组织化程度还不够高,主要依靠政府和国际金融机构的经费支持,从而在很大程度上削弱了自主性。[①] 而且,在东亚,"从文化上来说,人们没有强烈的参与意识",没有"成熟的慈善道德规范"[②],因此很难开展公众踊跃参加的环境运动。在东欧和前苏联加盟共和国,特别是在俄罗斯,情况也是这样,非政府组织在开展环保运动时遭遇了很大的政治障碍。当政府感到环保运动有威胁时,比如在俄罗斯或马来西亚,他们就会起诉环境非政府组织和环保活动人士,说他们危害了国家利益。

这些国家的环保实践有很多和当今中国的环保实践很相似,因此可以预见,中国环境保护的未来既有挑战,也有机遇。正如我们前面所分析的,经济发展已经为中国的几个地区积极应对环境挑战提供了资金基础,这些地区加大资源保护投入力度,强化地方环保机构的职能,大规模地吸引国外对环境的投入。东欧国家由于加入欧盟的需要而加快环境保护的步伐,同样有可能的是,中国加入世界贸易组织以后由于受到更严格的环境限制,也会加快环境保护的步伐。

另外,由于很多国家继续把经济发展放在首位,其环境部门职能弱,

---

① 高峰司:《亚洲的环境 NGO:兴起的力量?》,《雅加达邮报》,1999 年 6 月 14 日。
② 罗伯特·梅森:《日本环境运动走向何处? 国家层面上的问题和前景估计》,第 196 页。

实施环境法、吸引可靠外资治理环境的愿望不强烈,对各种独立的环境活动不宽容。中国看起来也在走这条环境治理的老路。

更大的政治变革和环境因素

然而,除改善环境外,东欧等国家在应对环境退化和污染方面所选择的道路对政治经济也有着巨大的影响。

东欧的绿色运动有几个共同特点。参与者多是知识分子(作家、学者、科学家和其他专业技术人员)和青年一代,特别是大学生。[1] 他们还宣称一些卓越的领导者也对政治变革和环境改革有浓厚的兴趣。比如亚历山大·杜布切克(Alexander Dubcek)是一名林业专家,他领导了捷克斯洛伐克 1968 年的"布拉格之春"运动,在苏联军队进入之前,推行了6 个月的政治开放。在亚美尼亚,首批环境抗议活动之一是由 350 名知识分子发起的,其中有作家左里·巴拉扬(Zori Balayan),他呼吁苏联总书记戈尔巴乔夫(Mikhail Gorbachev)解决亚美尼亚首府埃里温(Yerevan)严重的空气污染问题。[2] 尤里·斯维巴克(Yury Shcherbak)是著名的心脏病专家兼作家,也是乌克兰非政府组织"绿色世界"的负责人[3],他后来担任乌克兰环境事务部部长。

环境运动还是"培养新生的民间社团的独立学校",格卢克称其有"庇护所功能",因为这些环保运动或环保组织为发泄对政府不满、开展民间联合,提供了合法的外衣。[4] 他说:

> 环保运动可以引起心灵深处的震动,比如受侮辱的民族感情、

---

① 格卢克:《颠覆性的环境主义:东欧、拉脱维亚、捷克、斯洛伐克的绿色抗议和民主反抗主义的发展》,第 30 页。

② 费什巴赫、弗兰德里:《苏联的环境屠杀》,第 232 页。

③ 同上书,第 233 页。

④ 格卢克:《颠覆性的环境主义:东欧、拉脱维亚、捷克、斯洛伐克的绿色抗议和民主反抗主义的发展》,第 2 页。

道德污染和社会无助等。环境退化是在不负责任的政府管理之下发生的,是在越来越强烈的社会失望中发生的,是在没有信息自由、没有公共监督、没有听取意见的情况下发生的。这些问题和初生的民主社会一起,在生态政治背景下爆发了。①

他接着写道:

> 绿色运动和绿色组织是富有自由思想的人士的集聚地,是运动分子和其他精英的孕育场,是组织和策略的培训所。它们教育那些等待政府命令的人自己行动起来,教育那些不信任邻居的人加强合作。通过利用"不涉入政治活动"这个幌子,它们组织活动,挑战国家对言论和结社的控制。②

格卢克还指出环保运动的"价值功能",这就是,在年轻人和知识阶层当中,环保主义提供了一种新的世界观,实行一种更"和谐的、后物质主义的、有爱心的政治,这种政治和新极权主义者倡导的物质主义的、自我价值的世界观截然相反"③。格卢克把匈牙利反对多瑙河大坝建设作为这种功能的代表,该事件激发了以价值为导向的多种关切:环境主义(大坝将破坏不可复原的生态系统,匈牙利最大的地下水源将失去自我清洁功能,并将最终干涸);爱国主义(大坝将毁灭一个国家的历史遗址);民主化进程(大坝意味着一个鼓动群众批评体制的机会)。④

在有些情况下,跨境的环境污染或大型的、不受欢迎的政府工程成为环保主义和爱国主义的旗帜,导致广大群众一致反对工程建设和执政政府。在那些极权国家,环保事件成为政府许可的民众发泄不满的出口。环境退化和其他政治问题提高了人们的意识,推动了政治运动,而

---

① 格卢克:《颠覆性的环境主义:东欧、拉脱维亚、捷克、斯洛伐克的绿色抗议和民主反抗主义的发展》,第6页。
② 同上书,第22页。
③ 同上书,第2—3页。
④ 同上书,第28页。

环境非政府组织则成为释放社会和政治不满的避雷针。其结果可能并不必然带来环境状况的改进,但在有些情况下却会是对整个执政体制的再调整。

第八章　遏制危机

中国领导人面临着艰巨的任务。中国有世界 1/4 的人口，数百年来大规模地开展役使自然的运动，改革开放以后全力推进经济发展，尤其是近年来，中国融入国际经济，这一切让中国过度开发、使用了其自然资源。结果是显而易见的：水荒已经成为一个首要问题，1/4 以上的土地已经变成沙漠，森林面积减少 2/3，很多主要城市的空气质量位居世界最差行列。

然而，经济发展造成的甚至比环境代价更大的是日益突出的社会、政治和经济问题，这些问题是由经济发展和环境保护之间的冲突引起的。中国领导人现在必须解决越来越严重的健康问题，癌症、新生儿畸形和其他环境污染导致的疾病发病率上升在全国普遍存在。

中国环境退化导致经济成本迅速攀升。最直接的是，空气、水污染引起粮食减产或绝产，导致工人由于呼吸道疾病误工，使得工厂因缺水而关闭。更大的挑战也已经来临。中国几条主要的河流在某些河段已经断流、干涸，因而不得不实施规模巨大、投入巨大的引水工程。中国北方正面临越来越严重的沙漠化威胁，因此不得不开展大范围的植树造林活动，但是效果却并不显著。

这些日趋衰竭的土地资源和水资源,再加上引水工程,将导致今后十年数千万人移民。虽然这种移民会缓解一些已经过度垦殖、精耕细作的农田上的人口压力,但将会加剧很多城市地区的人口紧张。中国政府正面临着城镇先富起来的居民不断增长的水需求问题。

当然,希望还是有的。

改革开放以来,中国政府建立了更加完善的管理机构,制定了一系列的法律。对于环境保护来说,这是关键的一步。20 世纪 70—80 年代,中国成立了环保局,召开了一系列与环境有关的重要会议,出台了加强环境保护的法律法规。中央政府在环境保护方面的投入所占 GDP 的比重在 20 世纪末增加到 1.3%,而在 70 年代是一点也没有的。

随着时间的推移,中国的环保官员在制定新政策、出台法律法规甚至执法方面逐渐得心应手。在很多情况下,他们还在加强环境保护的过程中,充分利用其他方面的资源,比如引进国外环保技术知识和资金,在基层依靠草根环保机构和媒体的力量向环境污染者施压。

当然,在很多方面,中国国家环保部的权力仍然很弱。中国的人口是美国人口的大约 5 倍,而中央环保机构的编制只有美国的 1/6,尽管在多次政府机构改革中不断提升环保部门的级别,但仍然达不到专家建议的层次,因而不能很好地制止环境恶化。1998 年以来,中央环保部门由于级别低,不能召开各部委参加的全体会议,协调解决跨部门的、复杂的环境事件。即便是颁布了法律,下发了规章,制定了规定,但是复杂的政治问题仍能让环保努力不见效果。另外,由于缺乏强有力的法律措施,滋生了腐败现象,导致了环保执法的体制危机。

不过,中国政府设立小的环保机构、赋予其相对小的权力看起来似乎是有意设计的。在整个改革过程中,中国政府认为,就像经济一样,依靠地方政府以及民间力量可能会比依赖中央权力取得更好的效果。

环保权力从中央下放到地方就是这种改革的一个重要组成部分,当然由于区域差异,所产生的结果也有所不同。有些地区的政府积极主动,行动有力,推进了环境保护,而有些地区则落在了后面。

大连、上海、厦门等城市都在正常财政支出中拿出大量经费用于环境保护,积极与国际社会联系,争取国外技术和资金援助,建立人员编制相对健全、经费相对充足的地方环保机构。在所有这些城市中,环保最主要的推动力是当地市长,他把个人的升迁和城市的声誉紧紧与环境改善联系在一起,当然经济发展也提供了应对环境挑战的实力。

然而,正如几百年前的情况一样,只有那些官员开明、经济富裕的地区才能够减少或控制环境污染和退化,这些地区加强环境保护的资金有的是本地的,有的是国外资助的。在很多其他城市,权力下放反而导致应对地方环境挑战的不力,取得的效果差。这些城市的环保部门人员少,经费少,最重要的是,其工资、行政经费等均依靠地方财政。所以,这些地方环保部门在政府中缺乏监管的政治权力,在解决当地环境问题中作为不大。中央政府和省市县政府环保部门之间经费、执法方面联系不多,更加重了中央政令很难执行的问题。在更为贫困的地区,比如四川省,即便是地方政府认识到加强环境保护的必要性,也因缺乏经费而难以作为。

中国改革的另一个方面是决定加入国际经济贸易组织和国际社会,这也使得中国领导人比其前任有了更多的政治和经济手段去应对环境挑战。中国张开双臂,热情欢迎国际社会的技术援助、政策建议以及资金支持,帮助改善环境状况。

中国的环境治理不仅越来越采用国外的技术,而且采用国外的标准。中国参加 1972 年联合国人类环境大会和 1992 年联合国环境与发展大会以后,极大地改变了对环境的态度。中国对环境的关注开始不再局限于精英阶层,而是通过教育扩展到更多的平民百姓。2002 年在约翰内斯堡召开的联合国可持续发展世界论坛也产生了类似的影响,推动中国宣布同意签署加入《京都议定书》,参与应对全球气候变化的挑战。2008 年奥运会在北京举办,也推动了环保技术的推广应用,比如推动北京使用天然气,而不再使用煤;比如推动北京购置了一批汽油替代型汽车。随着中国经济的高速发展,中国领导人也开始寻求利用新技术,比如电动汽车和风能,来替代重要的自然资源。

国际社会也充分利用中国经济改革的契机介绍推广自己保护环境的新政策。世界银行和亚洲开发银行等国际政府间组织、日本、德国、美国等国家以及国际非政府组织,在劝说中国采取市场机制应对环境污染方面发挥了重要作用,这些市场机制有自然资源价格改革、有害物排放许可贸易制度以及兴办能源服务公司。在有些情况下,市场化措施比如水价改革,是在资源短缺以及人口压力下启动的,从而使人们更清楚地看到人口是如何影响环境的。

另外,中国加入世界贸易组织已经使中国的一些产品,尤其是农产品使用新的标准。有几种中国产品被认为不够环保,因此在出口到WTO成员国的时候,价格有很大的下降。不过,WTO还会给一些高污染产业比如纺织工业一定的机会,以促进那些工业产品的出口。

也有人对中国日益增长的对外贸易以及更广阔的投资环境表示忧虑。很多跨国公司把最好的技术和环境经验带到中国。荷兰皇家壳牌公司大量参与中国的环境保护,向环境非政府组织提供资金援助,坚持在西气东输管道工程中实行最高级别的环境和社会经济影响评估,在国际公司如何以建设性的方式影响中国的环境发展方面提供了范例。然而,也有很多国外公司只是把污染最严重的产业转移到那些盼望外国投资的中国地区。

环境执法力度不够,也影响了外国环境投资的效果。很多跨国公司抱怨,尽管他们做出了最大的努力,但地方官员和企业负责人不愿意使用他们提供的污染控制技术,目的是要降低合资企业的生产运行成本。或者,在其他一些情况下,外国公司根本竞争不过那些不遵守国家环保法规的国内企业。

中国政府已经把环境保护的未来交到中国人民手上,为草根环保行动、非政府组织和新闻媒体推动环保工作打开了大门,为制定环保政策、提高执法能力建立了一个富有活力的渠道。环境非政府组织、专门的环境律师、积极的新闻媒体都给中国的环境保护注入了新的思想和方法,反映了政府负责环保事宜这种传统观念的改变。而且,非政府组织和新闻媒体已经开始提高社会公众和一些政府官员的环保和政治意识,对于促进环境保护和实现更大的政治变革都是非常重要的。互联网为环保主义者、中国政府和普通民众提供了一个交流环保意见的重要平台。

最后,这是一个相互影响的过程。政治、经济改革影响中国环境的同时,环境也在影响着中国的改革进程。对中国经济来说,环境污染和退化的代价是巨大的,导致了数千万的环境移民,危害了公众健康。而且,正如其他国家所发生的那样,环境还可能成为发泄政治不满、呼吁政治改革的策源地。因此,中国的改革进程既为环境带来了挑战,也为环境保护带来了巨大的活力和能量,但是也使得中国未来的环境之路呈现出更大的不确定性。

中国未来环境保护展望

考虑到中国经济的快速发展以及政治制度的不断改革,评价中国的环境未来以及其对中国和世界的意义实非易事,将数百年来对待环境的历史态度和传统,与目前的新思想和新技术融合在一起,形成经济发展和环境治理密切结合的新思路,需要考虑很多潜在的因素和结果。

以中国经济为出发点,中国未来的环境展现出三幅不同的前景,对中国和世界也有着截然不同的意义。

走向绿色

在第一幅前景中,中国经济的继续发展,使得环境遇到更大的挑战,同时中央和地方都在环境保护方面投入更多的资金。通过实行更加有效的法治、更大规模的公众政治参与以及更强有力的民主社会建设,不仅中国的经济和环境会得到发展和改善,而且中国的政治制度、中国的民权也会得到加强。

在这幅前景中,中国最活跃的城市上海、大连等将会成为其他沿海和内陆城市引进更多外资、获得更大认可的样板。随着城市化进程的继续,卫星城市将认真学习其中心城市好的环境治理经验,而不会成为城市污染企业的承接地或垃圾场。上海已经成为拥有最先进环境思想和清洁生产的中心,通过开展环境美化运动使街道变清洁,发展了来往卫星城市的高速交通系统,因而极大地减少了城市和周边地区的汽车拥有率。城市不断增加的财富以及学校开展的环境教育掀起了更具活力的绿色行动,促进了垃圾分类回收和节水,其他草根环保组织也积极开展环境保护以及城市资源保护。在 10 年的时间里,黄浦江的水将再度变清,达到饮用标准,人们可以放心地在黄浦江上休闲娱乐,黄浦江岸会成为一个生机勃勃的社区。

同时,在环境方面,温家宝总理的继任者会积极协调各政府部门之间的关系,推动实施绿色 GDP 等政策。前任官员通过治理环境取得的政治上的成功激励后来者效仿其做法,把环境治理作为更大的进身之阶。在全中国,数以万计的环境或生态模范城市如雨后春笋般涌现出来,为中国人及其子孙后代创造更加美好的未来。

中国在全球贸易中的地位强化了其提高产品质量、完善法制建设、增强执法能力的趋势。中国的一些公司,比如尚德公司(Sun Tech)在可再生能源技术方面居世界领先水平,这些技术在国内外都有应用。其他的公司比如海尔集团和万年基业分别在节能技术和节能建筑方面走在世界前列。随着人们对高效、清洁环境的要求和生活质量的提高,煤的使用逐渐减少。中国重新思考定位农村发展和农业战略,达到 WTO 要求的食品安全标准,因此,环境污染引起的公共健康问题会逐步销声匿迹。随着改变精耕细作的农业生产方式,种植更加环保、可持续、更有经济效益的作物,中国成为有机食品生产量最大、质量最好的国家,在国际上享有盛誉,特别是水果和蔬菜。在汽车行业,中国的汽车制造商成为节油汽车生产的领航者。中国政府适应消费者对国家能源安全的考虑,开发新的汽车,因此大路上奔驰的主要是替代燃料的电池汽车。

在环境治理方面,中国的非政府组织持续繁荣发展,不仅得到国际社会的支持,而且越来越得到中国人的支持,中国人更加珍惜清洁的环境,愿意在资金和行动上保持清洁环境的可持续性。中国的知名企业在新税法和越来越多的富裕中国人的推动下,成为环境非政府组织资金新的重要来源。小型的以群众为基础的 NGO 不断涌现,在新一代环境NGO 负责人温波、马军等的领导下建立起运转良好的 NGO,不断扩大其会员数量和活动范围,越来越多地与国际社会加强合作,利用游说和诉讼方法保护环境。

随着人们实现了经济繁荣,提高了生活质量,环境可能从政治责任转变为政治力量的来源。当然,由于人们关注的事情不再满足于基本的生活条件,环境问题在基层政治选举中变得越来越重要。根除违反环保法和腐败现象成为有抱负的领导人建立政治威望和号召发动群众的一个法宝。在新闻媒体和不断壮大的环境非政府组织的帮助下,政府开展了有组织、有目标的跨省区的环境运动,成为以环境为核心,广泛涉及社会和政治利益的政治平台,包括人口计划生育、环境保护、法治以及经济发展等。随着中国公民日益要求在社会、经济和政治等事务中发出更大的声音,中国的政治改革将不断深入,不断扩大。

国际社会,包括企业、政府以及非政府组织等,也与国内非政府组织和积极推动环保的中国领导人合作,一道提高中国环境保护的技术和政策能力。这一合作关系还把中国的城市化进程转型为可持续发展的大实验。城市规划者、生态保护者以及企业负责人联合起来,以环境友好型的方式发展中国,实行清洁生产,实施新项目之前充分听取公众意见,建设太阳能办公大楼、垃圾回收中心以及高水平的交通系统。新闻媒体和社会公众一道进行监督,确保新发展起来的城市不会成为资源浪费、工业污染的新中心。

对国际社会来说,这幅前景将提供一幅改进中国对国际环境协议的履行情况、降低或稳定温室气体排放水平、提高对酸雨等跨境空气问题应对能力的美好画面。而且,中国可能更愿意全面加入国际环境和其他方面的协议以及机制。中国的环境倡导者将是支持中国全面加入地区性以及全球性环境组织的国际环境运动的重要成员,并通过中国所加入的国际环境组织敦促中央政府履行对环境的承诺。

一如既往

第二幅前景就是今天状况的延伸。中国经济继续增长,但是巨大的经济财富只是缓慢地用于环境保护。环境继续拉经济发展的后腿。国内外都抱怨中国的空气和水质量不断恶化的状况。

在这幅前景中,比如,不断增多的汽车就不符合快速发展替代能源型汽车的要求。普通民众喜欢购置那些不采用最先进制造技术的低成本、低档次汽车。有钱的中国人不喜欢欧洲、日本流行的节油型小汽车,而是走美国人的路子,购买高耗油的豪华轿车和运动型多功能车(SUV)。公共交通最不受欢迎。尽管北京2008年奥运会积极推广,但是混合动力汽车和电动汽车仍没有被大众接受。

环保权力下放只取得了一些地区性的效果,在市长重视环保、城市比较富裕的情况下,才利用其经济能力改善当地的环境状况。环保技术和政策经验很少能推广到其他地区。东北老工业地区的环境依旧没有改善,内陆省份为了吸引国内外投资正在成为环境的地狱。由于中国领导人重治理、轻保护,环境修复工程、大规模的引水工程和植树造林战略的支出继续增加,这些工程和战略主要是作为公共项目实施的,所以刺激了经济发展,为那些农村富余劳动力和移民工人创造了就业岗位,但是同时也会耗干中国的国库。

中国加入 WTO 使得知识产权等领域的执法力度得到加强,但在企业里面对这种执法能力的培训仍显不足,而且也没有扩展到其他领域。由于激励措施弱、执法力度小,大规模的环保技术转让仍然面临很大阻力。甚至在技术开发出来以后也不加以利用,中国自身仍然不能发展、保持一个环保技术产业。

由于中央政府不鼓励,非政府组织依旧在数量和活动范围上受到很大限制。由于政治的限制,下一代环保分子满怀忧虑,从而转而向媒体和其他组织实现自己的环境抱负和政治追求。人们对制定环境法律的兴趣大减,因为都相信在这方面没有多少前途。

国际社会仍然参与中国的环境保护,但是由于地方政府不积极、激励措施少、技术转让难、示范项目可推广性差,因此取得的环保效果很有限。对国际社会来说,中国仍然是国际环境事业的合作伙伴,但不一定是可信赖的伙伴。中国领导人视发展为硬道理,政治稳定压倒一切,将继续拒绝履行其做出的应对气候变化等问题的环境承诺。同时,由于中国企业的主要资源供应是煤,汽车拥有量不断增加,因此中国对气候变化和其他跨境空气污染的影响也会加大。

环境崩溃

当然,谁也不能保证中国的经济能继续保持 7% 的发展速度,这一速度是一些分析家预测保持政治稳定所必需的。事实上,如果经济发展速度减慢这种情况持续较长一段时间的话,环境倒有可能得到一些改善。比如,工业生产下降以后,温室气体排放就会减少。然而,总体来说,环境将可能是最先受到影响的领域。

在第三幅前景中,中国的经济发展持续一个较长的衰退期,地方官员继续以牺牲环境为代价发展经济以求维持社会稳定。其结果会是,随着继续依赖陈旧、落后的污染技术和设备,中国的空气质量难有改善。全国各主要水系污染升级。最重要的是,由于短视行为成为主导,废物处理和新的环保设施方面的投资大幅度减少。

走哪条路？美国的作用

国际社会依然有机会推动中国加强环境保护。过去,国际社会对中国的环境实践产生了重要影响,从技术转让、环境治理和政策制定等各个方面都促进了中国环保事业的发展。幸运的是,国际社会对中国环境保护的参与,现在不仅没有减弱的迹象,而且看起来在将来还有进一步深化的可能。

不过,还有很多需要改进的地方。技术转移和新政策实施都需要有更强有力的立法和执法机构。在这方面,国际社会特别是美国,有着强有力的环境执法部门以及公众参与环保的成功经验,可能在推动中国未来环保发展方面发挥更大的作用。[①]

在中美战略与经济对话的推动下,气候变化已经引起中美之间一些国家层面和公司层面的合作,以后这样的合作还会更多。美国的跨国公司和投资商也积极在中国寻找机会,在清洁能源和环境技术方面寻求合作。但要想使这一切努力取得成果,还需要在帮助中国营造良好的政策环境方面多下工夫。推动中国未来环境、政治和经济的发展,需要采取几个简单的措施。首要的是解除对美国海外私人投资公司(OPIC)和其他国外资助的限制。

美国有机会从中国目前的改革中获得巨大的利益。不仅如此,美国还可以从资助中国未来的改革中获得巨大的利益,使得中国未来的改革符合美国更广泛的政治、经济和环境利益。这需要美国领导人切实了解

---

① 美国的 NGO、企业和大学积极与中国合作,加强中国的法制建设,提高中国环境 NGO 的能力,利用市场机制解决环境问题,但是,美国政府却远远躲在后面。其中的原因不是缺乏尝试,而是缺乏资金和机会。美国联邦政府机构,包括商务部、国务院、环保署和农业部等,认为涉足中国的环境保护不能推动美国的利益。美国能源部在清洁煤技术以及核能的合作研发方面似乎有所行动,原因可能是这些行动可以直接给美国带来商业利益。

中国未来发展之路上所面临的机遇,还要大胆采取新的、形势需要的措施。这是美国所不能忽视的一个挑战。目前,美国认为中国大陆对于地区稳定、世界经济发展和全球环境状况都有着重要的作用,因此不能满足于过去在亚洲地区所取得的成功,而需要认识到在中国发展的关键时期,美国面临着难得的机遇,可以发挥类似的催化作用。不管中国与美国和世界其他国家的经济、政治等交往多么密切,中国国内的各种挑战主要是应由中国人自己解决。中国今后要进行全面的环境保护,必须采取经济发展和环境保护协调一致的新策略。

译名对照表

China   中国

China: Air, Land, and Water (World Bank)   《中国:气、土、水》(世界银行)

China Central Television(CCTV)   中央电视台

China Construction Bank   中国建设银行

China Council for International Cooperation on Environment and Development
(CCICED)   中国环境与发展国际合作委员会(国合会)

China Daily   《中国日报》

China Democratic Party(CDP)   中国民主党

China Development Brief   《中国发展简报》

China Huaneng Group   中国华能集团

China Metallurgical Group   中国冶金矿业总公司

China National Machinery and Equipment Import and Export Corporation(CMEC)
中国机械设备进出口总公司

China National Petroleum Corporation(CNPC)   中国石油天然气集团公司

China – U.S. Center for Sustainable Development   中美可持续发展中心

China Youth Daily   《中国青年报》

Chinese Academy for Environmental Planning   中国环境规划院

Chinese Academy of Agriculture   中国农科院

Chinese Academy of Social Sciences   中国社科院

Chinese alligator   扬子鳄

Chinese Communist Party(CCP)   中国共产党

Chinese Society for Sustainable Development   中国可持续发展研究会

Chinese Tianjin TEDA Investment Holding Company   中国天津泰达投资公司

Chongming Island   崇明岛

Chongqing   重庆

Citigroup   花旗集团

citizen complaints   群众举报

Clean Development Mechanism(CDM)   清洁发展机制

Clean Water Act (U.S.)   《清洁水法案》(美国)

climate change 气候变化

Climate Summit(Copenhagen,2009) 世界气候大会(哥本哈根,2009)

coal 煤炭

Combustion Engineering 美国太平洋资源国际有限公司

Committee for the Defence of Ruse 保卫鲁塞委员会

Confucianism 儒家思想

Confucius 孔子

conservation 保护

Convention on International Trade in Endangered Species(CITES) 《濒危野生动物植物物种国际贸易公约》

Copsa Mica(Romania) 考伯萨·米卡(罗马尼亚)

Crusade for Sustainable Development(Philippines) 可持续发展十字军(菲律宾)

Cultural Revolution 文化大革命

Czechoslovakia 捷克斯洛伐克

Czech Republic 捷克共和国

D

Dacheng Lane Neighborhood Committee 大乘巷居民委员会

Daching protest(2002) 大庆抗议(2002)

Dai Qing 戴晴

Dai Xiaolong 代小龙

Dalian 大连

Danube Committee/Circle 多瑙河委员会/多瑙河之圈

Danube Dam 多瑙河大坝

Dao De Jing(Laozi) 《道德经》(老子)

Daughters of the Earth(Liao) 《地球的女儿》(廖晓义)

deforestation 森林砍伐

democracy 民主

Deng Nan 邓楠

员会

Energy Research Institute　能源研究所

Environment Agency(Japan)　环境署(日本)

environmental activism　环境保护行动

environmental cooperation, international　国际环境合作

Environmental Defense Fund(EDF)　环保基金会

environmental degradation　环境退化

Environmental Impact Assessment Law　《环境影响评价法》

environmental protection　环境保护

Environmental Protection Agency(U.S.)　环保署(美国)

Environmental Protection and Resources Conservation Committee(EPRCC)　全国

人大环境与资源保护委员会

environmental protection bureaucracy　环保部门

environmental protection bureaus(EPBs)　环保局

Environmental Protection Commission　国务院环境保护委员会

Environmental Protection Committee　环境保护委员会

environmental protection courts　环境保护法庭

Environmental Protection Law　《环境保护法》

environmental protection strategy　环保战略

environmental protests　环境抗议

environmental responsibility system　环境保护目标责任制

Erdos Municipal Government　鄂尔多斯市政府

ethnic clashes　少数民族冲突

European Commission　欧洲委员会

European Union　欧盟

F

Fengdu　丰都

Feshbach, Murray　费什巴赫,默里

Finland　芬兰

flooding　洪涝

Focus(television program)　《焦点访谈》(电视节目)

Food and Drug Administration(U.S.)　食品药品管理局(美国)

food security　食品安全

Ford Motor Company　福特汽车公司

foreign investment　外国投资

Foshan　佛山

France　法国

Friendly, Alfred　弗兰德里,阿尔弗雷德

Friends of Nature　"自然之友"

Fukuda, Yasuo　福田康夫

Furtado, Jose　富尔塔多,乔塞

future environmental scenarios　未来环境前景

Fuyang　阜阳

G

Gabcikovo-Nagymaros Dam　加布奇科沃-大毛罗斯大坝

Gabon　加蓬

Gao Guangsheng　高广生

Ge, Grace　葛芮

General Electric(GE)　通用电气

General Motors(GM)　通用汽车公司

Georgia　格鲁吉亚

German Democratic Republic(GDR)　民主德国(即东德)

Germany　德国

Getty Museum(Los Angeles)　盖蒂博物馆(洛杉矶)

Gisang Sonam Dorje　索南达杰

Global Environment Facility(GEF)　全球环境基金

Huangbaiyu　黄柏峪

Hucker, Charles　贺凯

Hu Jingcao　胡劲草

Hu Kanping　胡堪平

Human Rights Watch　人权观察

Hungary　匈牙利

Huo Daishan　霍岱珊

Hu Yaobang　胡耀邦

I

India　印度

Indonesia　印度尼西亚

Inglehart, Ronald　英格勒哈特,罗纳德

Institute of Ecological Conservation and Development　生态保护发展研究中心

Institute of Public and Environmental Affairs(IPE)　公众与环境研究中心

Intel　英特尔

intellectual property rights protection　知识产权保护

International Bank for Reconstruction and Development　国际复兴与开发银行

International Coalition Against Large Dams　国际反对大坝建设联盟

International Conference on the Integration of Economic Development and Environment in China(1990)　中国经济与环境协调发展国际会议

International Energy Agency(IEA)　国际能源署

International Rivers Network　国际江河网

International Standards Organization(ISO) 14001 standard　国际标准化组织 14001 标准

International Union for the Conservation of Nature(IUCN)　世界自然保护联盟

Internet　互联网

Ivindo National Park(Gabon)　伊温多国家公园(加蓬)

J

Japan　日本

Jiang Fan　江帆

Jiang Gaoming　蒋高明

Jiangsu Meilan Chemical Company　江苏梅兰化工有限公司

joint implementation scheme　联合实施

judiciary　司法

K

Kawasaki City(Japan)　川崎市(日本)

Kedoga, Ben　克多加,本

Keppel Group　吉宝集团

Kongou River Dam(Gabon)　康果河大坝(加蓬)

Kyoto Protocol 　《京都议定书》

L

land subsidence　地表沉降

Laozi　老子

Latvia　拉脱维亚

Latvian Environmental Protection Club　拉脱维亚环保俱乐部

Lawrence, Gary　劳伦斯,盖瑞

Lawrence Berkeley National Laboratory(LBNL)　劳伦斯伯克利国家实验室

leaded gasoline　含铅汽油

Leading Group on Environmental Protection　(国务院)环保领导小组

Leading Group on Water Resources Protection　水资源保护领导小组

lead poisoning　铅污染

Lee, Yok-shiu　李韶鹤

Lees, Martin　里斯,马丁

Legalism　法家

Lhasa　拉萨

Li, Jinchang　李金昌

Liang Congjie　梁从诫

Liang Qichao　梁启超

Liang Sicheng　梁思成

Liang Xi　梁希

Liao Xiaoyi　廖晓义

Liaoyang protest(2002)　辽阳抗议

Li Bo　李波

Liebman, Benjamin　李本

Li Keqiang　李克强

Li Mingjiang　李明江

Li Rui　李锐

Li Si　李斯

Lithuania　立陶宛

Liu Chuxin　刘楚新

Liukuaizhuang　刘快庄

Liu Yan　刘晏

Li Xiaoping　李小平

logging, illegal　非法砍伐

Loh, Christine　陆恭蕙

London Amendments to the Montreal Protocol on Substances That Deplete the Ozone Layer and the Framework Convention on Climate Change　《蒙特利尔破坏臭氧层物质管制议定书伦敦修订案》

London Convention against Ocean Dumping　《伦敦倾废公约》

Lu Buwei　吕不韦

Lu Zhi　吕植

Lysenko, Trofim　李森科,特罗菲姆

M

Ministry of Construction　建设部

Ministry of Electric Power　电力部

Ministry of Energy　能源部

Ministry of Environmental Protection(MEP)　环保部

Ministry of Finance　财政部

Ministry of Foreign Affairs　外交部

Ministry of the Medical and Microbiological Industry(Soviet Union)　医学和微生物工业部(苏联)

Ministry of Urban and Rural Construction and Environmental Protection　城乡建设环境保护部

Ministry of Water Conservancy　水利部

Mitsui Babcock　三井巴布科克能源有限公司

Morgan Stanley　摩根士丹利

multinational corporations　跨国公司

Murphey, Rhoads　墨菲,罗兹

N

Nagle, John Copeland　纳格尔,约翰·卡普兰

Nanjing　南京

National Bureau of Statistics(NBS)　国家统计局

National Committee for the Protection of Nature(Bulgaria)　全国自然保护委员会(保加利亚)

National Development and Reform Commission(NDRC)　发改委

National Environmental Protection Agency(NEPA)　国家环保总局

National Environmental Protection Bureau　国家环保局

National Human Rights Action Plan(2009—2010 年)　《2009—2010 国家人权行动计划》

Nationalists　民族主义者

National People's Congress(NPC)　全国人大会议

National Population and Family Planning Commission　国家计生委

national security　国家安全

Natural Forest Conservation Project　原始森林保护工程

Natural Resources Defense Council(NRDC)　自然资源保护委员会

Natural Resources Ministry(Russia)　自然资源部(俄罗斯)

nature reserves　自然保护区

Neo-Confucianism　新儒学

Newsprobe(television program)　《新闻调查》(电视节目)

1911 revolution　辛亥革命

nongovernmental organizations(NGOs)　非政府组织

O

Open Construction Initiative　公盟法律援助中心

Open Government Regulations(2008)　《政府信息公开条例》

Ortolano, Leonard　奥托兰诺,伦纳德

Our Common Future　《我们共同的未来》

Overseas Private Investment Corporation　海外私人投资公司

ozone depletion　臭氧层损耗

P

Pandas　大熊猫

Pan Yue　潘岳

Papua New Guinea　巴布亚新几内

Paulson, Henry　鲍尔森,亨利

People's Bank of China　中国人民银行

People's Daily　《人民日报》

Persányi, Miklós　波萨伊,米克罗斯

Pesticides　杀虫剂

Peterson, D. J.　皮特森,D. J.

Petro China 中国石化公司

Philippines 菲律宾

Poland 波兰

Polanyi, Karl 波兰尼,卡尔

Polish Academy of Sciences 波兰科学院

Polish Ecology Club 波兰生态俱乐部

pollution fines 排污费

pollution prevention 污染防治

population control policies 计划生育政策

population growth 人口增长

Poyang Lake 鄱阳湖

Probe International 国际探索

product safety incidents 产品安全事件

public health crisis 公共健康危机

Putin, Vladimir 普京,弗拉基米尔

Q

Qatar Investment Authority 卡塔尔投资局

Qinghua University 清华大学

Qingshan 青山村

Qiu Jun 邱浚

Qu Geping 曲格平

R

Ramsar Convention on Wetlands 《拉姆萨尔湿地公约》

Ramu mine(Papua New Guinea) 拉穆镍钴矿(巴布亚新几内亚)

Regulations for Registration and Management of Social Organizations 《社会团体登记管理条例》

Resources for the Future 未来资源研究所

Sinopec　中国石化

Slovak Association of Guardians of Nature and the Homeland　斯洛伐克自然和国
土保护者协会

Slovenia　斯洛文尼亚

Smil, Vaclav　斯密尔,瓦茨拉夫

So, Alvin　苏耀昌

Social Organizations Registration and Administrations Act　《社会团体登记管理
条例》

social unrest　社会不稳定

Society for Nature and the Environment(GDR)　自然和环境学会

soil erosion　土壤侵蚀

Solidarity(Poland)　"团结工会"(波兰)

Songhua River benzene spill(2005)　松花江苯污染(2005)

Song Jian　宋健

Sony Green Partner program　索尼绿色伙伴计划

The Source of the Yangtze(Yang)　《长江源》(杨欣)

South China Morning Post　《南华早报》

South Korea　韩国

South-North Water Transfer Project　南水北调引水工程

Southwest Jiaotong University　西南交通大学

Soviet Union, former　前苏联

The Spring and Autumn of Mr. Lü　《吕氏春秋》

State Committee on the Environment(Russia)　国家环境委员会(俄罗斯)

State Council　国务院

State Department(U.S.)　国务院(美国)

State Development and Planning Commission(SDPC)　国家发改委

State Economic and Trade Commission(SETC)　国家经贸委

State Environmental Protection Administration(SEPA)　国家环保总局

State Environmental Protection Commission(SEPC)　国务院环境保护委员会

State Forestry Administration　国家林业总局

State Oceanic Administration　国家海洋局

state-owned enterprises(SOEs)　国有企业

State Planning Commission　国家计委

Stockholm Environment Institute　斯德哥尔摩环境研究所

Straits Times　《海峡时报》

Shu Kaisheng　疏开生

Sun Weilin　孙伟林

Sun Yat Sen　孙中山

Supreme People's Court　最高人民法院

sustainable development　可持续发展

Swedish International Development Cooperation Agency　瑞典国际发展合作署

Swiss Federal Institutes of Technology　瑞士联邦技术研究院

T

Tai Lake　太湖

Taiwan　台湾

Tang Xiyang　唐锡阳

Tan Sri Ong Kee Hui　丹·斯里·王其辉

Tao　道

Taoism　道家

technology transfer　技术转让/转移

Thailand　泰国

Thailand Exploration and Mining Corporation(TEMCO)　泰国开发与矿业公司

Three Gorges Dam　三峡大坝

Three Rivers and Three Lakes campaign　"三河三湖"治理活动

Tian Dasheng　田达生

Tian Guirong　田桂荣

Tianjin　天津

Tianjin Eco-city　天津生态城

Tibet　西藏

Tibetan antelope　藏羚羊

Time for the Environment(television program)　《绿色访谈录》(电视节目)

Top-100 Energy-Consuming Enterprises Program　千家企业节能行动

township and village enterprises(TVEs)　乡镇企业

trade and foreign investment　对外贸易和外国投资

transboundary environmental disputes　跨境环境争端

Trillium Asset Management　延龄草资产管理公司

U

Ukraine　乌克兰

Union of Democratic Forces(Bulgaria)　民主力量联盟(保加利亚)

United Arab Emirates(UAE)　阿联酋

United Kingdom(UK)　英国

United Nations Conference on Environment and Development(UNCED)　联合国环境与发展大会

United Nations Conference on the Human Environment(UNCHE)　联合国人类环境大会

United Nations Development Programme(UNDP)　联合国开发计划署

United Nations Environment Programme(UNEP)　联合国环境规划署

United Nations Framework Convention on Climate Change(UNFCCC)　联合国气候变化框架公约

United Nations Multilateral Fund　联合国多边基金

United Nations World Summit on Sustainable Development　联合国可持续发展世界论坛

United States　美国

United States Agency of International Development(USAID)　美国国际开发署

U.S.‐China Clean Energy Research Center　中美清洁能源研究中心

Wenchuan Earthquake Recovery Project   汶川地震重建工程

Westinghouse   西屋电气公司

"*Who Will Feed China?*"(Brown)   《谁来养活中国》(布朗)

Wildlife Conservation Society   野生动物保护协会

Wild Yak Brigade   野牦牛队

William McDonough & Partners   威廉·麦克唐纳设计公司

" *Will Saving People Save Our Planet* "(Carey)   《减少人口能拯救我们的地球吗》
（卡利）

Wolfenson, James   沃尔芬森,詹姆士

Women's Hotline   妇女热线

Worker's Daily   《工人日报》

World Bank   世界银行

World Heritage Convention (1985)   《世界遗产公约》

World Trade Organization(WTO)   世界贸易组织

World Wildlife Fund(WWF)   世界自然基金会

Wu Dengming   吴登明

Wu Fengshi   吴逢时

Wu Lihong   吴立宏

X

Xiamen   厦门

Xi'an Thermal Power Research Institute   西安动力研究所

Xie Lingli   谢玲丽

Xie Zhenhua   解振华

Xihuan   西环

Xin Qiu   裘欣

Xishan   西山村

Xiuzhou   秀洲

Xi Zhinong   奚志农

Zhang Guangdou　张光斗

Zhangjiakou　张家口

Zhang Lijun　张力军

Zhang Ping　张平

Zhang Weiqing　张维庆

Zhang Zai　张载

Zhangzhou demonstration(2008)　漳州抗议(2008)

Zhawa Dorje　扎巴多杰

Zhengzhou Yutong Bus Company　郑州宇通客车股份有限公司

Zhongshan　中山

Zhou Enlai　周恩来

Zhou Jian　周建

Zhou Shengxian　周生贤

Zhu Guangyao　朱光耀

Zhu Zhiqun　朱志群

Zhu Rongji　朱镕基

Zi Si　子思

Zvosec, Christine　佐塞克,克里斯丁

凤凰文库·海外中国研究系列书目

《帝国的隐喻:中国民间宗教》 [英]王斯福 著　赵旭东 译

《王弼〈老子注〉研究》 [德]瓦格纳 著　杨立华 译

《章学诚的生平及其思想》 [美]倪德卫 著　杨立华 译

《中国与达尔文》 [美]浦嘉珉 著　钟永强 译

《千年末世之乱:1813 年八卦教起义》 [美]韩书瑞 著　陈仲丹 译

《中华帝国晚期的欲望与小说叙述》 黄卫总 著　张蕴爽 译

《私人领域的变形:唐宋诗歌中的园林与玩好》 [美]杨晓山 著　文韬 译

《六朝精神史研究》 [日]吉川忠夫 著　王启发 译

《中国社会史》 [法]谢和耐 著　黄建华 黄迅余 译

《大分流:欧洲、中国及现代世界经济的发展》 [美]彭慕兰 著　史建云 译

《近代中国的知识分子与文明》 [日]佐藤慎一 著　刘岳兵 译

《转变的中国:历史变迁与欧洲经验的局限》 [美]王国斌 著　李伯重 连玲玲 译

《中国近代思维的挫折》 [日]岛田虔次 著　甘万萍 译

《为权力祈祷》 [加拿大]卜正民 著　张华 译

《洪业:清朝开国史》 [美]魏斐德 著　陈苏镇 薄小莹 译

《儒教与道教》 [德]马克斯·韦伯 著　洪天富 译

《革命与历史:中国马克思主义历史学的起源,1919—1937》 [美]德里克 著　翁贺凯 译

《中华帝国的法律》 [美]德克·布迪　克拉伦斯·莫里斯 著　朱勇 译

《文化、权力与国家:1900—1942 年的华北农村》 [美]杜赞奇 著　王福明 译

《中国的亚洲内陆边疆》 [美]拉铁摩尔 著　唐晓峰 译

《古代中国的思想世界》 [美]史华兹 著　程钢 译　刘东 校

《中国近代经济史研究:明末海关财政与通商口岸市场圈》 [日]滨下武志 著　高淑娟 孙彬 译

《中国美学问题》 [美]苏源熙 著　卞东波 译　张强强 朱霞欢 校

《翻译的传说:中国新女性的形成(1898—1918)》 胡缨 著　龙瑜宬 彭珊珊 译

《〈诗经〉原意研究》 [日]家井真 著　陆越 译

《缠足:“金莲崇拜”盛极而衰的演变》 [美]高彦颐 著　苗延威 译

《从民族国家中拯救历史:民族主义话语与中国现代史研究》 [美]杜赞奇 著　王宪明 高继美 李海燕 李点 译

《传统中国日常生活中的协商:中古契约研究》 [美]韩森 著　鲁西奇 译

《欧几里得在中国:汉译〈几何原本〉的源流与影响》 [荷]安国风 著　纪志刚 郑诚 郑方磊 译

《毁灭的种子:战争与革命中的国民党中国(1937—1949)》 [美]易劳逸 著　王建朗 王贤知 贾维 译

《理解农民中国:社会科学哲学的案例研究》 [美]李丹 著　张天虹 张洪云 等译

《十八世纪中国社会》 [美]韩书瑞 罗友枝 著　陈仲丹 译

《开放的帝国:1600 年前的中国历史》 [美]韩森 著　梁侃 邹劲风 译

《中国人的幸福观》 [德]鲍吾刚 著　严蓓雯 韩雪临 吴德祖 译

《明代乡村纠纷与秩序:以徽州文书为中心》 [日]中岛乐章 著　郭万平 高飞 译

《朱熹的思维世界》 [美]田浩 著

《礼物、关系学与国家:中国人际关系与主体性建构》 杨美惠 著　赵旭东 孙珉 译　张跃宏 校

《美国的中国形象:1931—1949》 [美]T.克里斯托弗·杰斯普森 著　姜智芹 译

《清代内河水运史研究》 [日]松浦章 著 董科 译

《中国的经济革命:二十世纪的乡村工业》 [日]顾琳 著 王玉茹 张玮 李进霞 译

《明清时代东亚海域的文化交流》 [日]松浦章 著 郑洁西 译

《皇帝和祖宗:华南的国家与宗族》 科大卫 著 卜永坚 译

《中国善书研究》 [日]酒井忠夫 著 刘岳兵 孙雪梅 何英莺 译

《大萧条时期的中国:市场、国家与世界经济》 [日]城山智子 著 孟凡礼 尚国敏 译

《虎、米、丝、泥:帝制晚期华南的环境与经济》 [美]马立博 著 王玉茹 关永强 译

《矢志不渝:明清时期的贞女现象》 [美]卢苇菁 著 秦立彦 译

《山东叛乱:1774 年王伦起义》 [美]韩书瑞 著 刘平 唐雁超 译

《一江黑水:中国未来的环境挑战》 [美]易明 著 姜智芹 译

《施剑翘复仇案:民国时期公众同情的兴起与影响》 [美]林郁沁 著 陈湘静 译

《工程国家:民国时期(1927—1937)的淮河治理及国家建设》 [美]戴维·艾伦·佩兹 著 姜智芹 译

《西学东渐与中国事情》 [日]增田涉 著 由其民 周启乾 译

《铁泪图:19 世纪中国对于饥馑的文化反应》 [美]艾志端 著 曹曦 译

《危险的边疆:游牧帝国与中国》 [美]巴菲尔德 著 袁剑 译

《华北的暴力和恐慌:义和团运动前夕基督教传播和社会冲突》 [德]狄德满 著 崔华杰 译

《历史宝筏:过去、西方与中国的妇女问题》 [美]季家珍 著 杨可 译

《姐妹们与陌生人:上海棉纱厂女工,1919—1949》 [美]韩起澜 著 韩慈 译

《银线:19 世纪的世界与中国》 林满红 著 詹庆华 林满红 译

《寻求中国民主》 [澳]冯兆基 著 刘悦斌 徐砠 译

《中国乡村的基督教:1860—1900 年江西省的冲突与适应》 [美]史维东 著 吴薇 译

《认知诸形式:反思人类精神的统一性和多样性》 [英]G.E.R.劳埃德 著 池志培 译

《假想的"满大人":同情、现代性与中国疼痛》 [美]韩瑞 著 袁剑 译

《男性特质论:中国的社会与性别》 [澳]雷金庆 著 [澳]刘婷 译

《中国的捐纳制度与社会》 伍跃 著

《文书行政的汉帝国》 [日]富谷至 著 刘恒武 孔李波 译

《城市里的陌生人:中国流动人口的空间、权力与社会网络的重构》 [美]张骊 著 袁长庚 译

《重读中国女性生命故事》 游鉴明 胡缨 季家珍 主编

《跨太平洋位移:20 世纪美国文学中的民族志、翻译和文本间旅行》 黄运特 著 陈倩 译

《近代日本的中国认识》 [日]野村浩一 著 张学锋 译

《性别、政治与民主:近代中国的妇女参政》 [澳]李木兰 著 方小平 译

《狮龙共舞:一个英国人笔下的威海卫与中国传统文化》 [英]庄士敦 著 刘本森 译

《中国社会中的宗教与仪式》 [美]武雅士 著 彭泽安 邵铁峰 译 郭潇威 校

《大象的退却:一部中国环境史》 [英]伊懋可 著 梅雪芹 毛利霞 王玉山 译

《自贡商人:近代早期中国的企业家》 [美]曾小萍 著 董建中 译

《人物、角色与心灵:〈牡丹亭〉与〈桃花扇〉中的身份认同》 [美]吕立亭 著 白华山 译

《明代江南土地制度研究》 [日]森正夫 著 伍跃 张学锋 等 译 范金民 夏维中 审校

《儒学与女性》 [美]罗莎莉 著 丁佳伟 曹秀娟 译

《权力关系:宋代中国的家族、地位与国家》 [美]柏文莉 著 刘云军 译

《行善的艺术:晚明中国的慈善事业》 [美]韩德林 著 吴士勇 王桐 史桢豪 译

《近代中国的渔业战争和环境变化》 [美]穆盛博 著 胡文亮 译

《工开万物:17 世纪中国的知识与技术》 [德]薛凤 著 吴秀杰 白岚玲 译

《权力源自地位：北京大学、知识分子与中国政治文化，1898—1929》　［美］魏定熙 著　张蒙 译

《忠贞不贰？——辽代的越境之举》　［英］史怀梅 著　曹流 译

《两访中国茶乡》　［英］罗伯特·福琼 著　敖雪岗 译

《古代中国的动物与灵异》　［英］胡司德 著　蓝旭 译

《内藤湖南：政治与汉学(1866—1934)》　［美］傅佛果 著　陶德民 何英莺 译

《他者中的华人：中国近现代移民史》　［美］孔飞力 著　李明欢 译　黄鸣奋 校

《缔造选本：〈花间集〉的文化语境与诗学实践》　［美］田安 著　马强才 译

《扬州评话探讨》　［丹麦］易德波 著　米锋 易德波 译　李今芸 校译

《〈左传〉的书写与解读》　［美］李惠仪 著　文韬 许明德 译

《以竹为生：一个四川手工造纸村的 20 世纪社会史》　［德］艾约博 著　韩巍 译 吴秀杰 校

《佛教征服中国：佛教在中国中古早期的传播与适应》　［荷］许理和 著　李四龙 裴勇 等译

《技术、性别、历史：重新审视帝制中国的大转型》　［英］白馥兰 著　吴秀杰 白岚玲 译

《"地域社会"视野下的明清史研究：以江南和福建为中心》　［日］森正夫 著

《东方之旅：1579—1724 耶稣会传教团在中国》　［美］柏理安 著　毛瑞方 译

《斯文：唐宋思想的转型》　［美］包弼德 著　刘宁 译

《中国小说戏曲史》　［日］狩野直喜 著　张真 译

《历史上的黑暗一页：英国外交文件与英美海军档案中的南京大屠杀》　［美］陆束屏 编著 翻译